职业技能鉴定国家题库石化分库试题选编

循环水操作工

中国石油化工集团公司职业技能鉴定指导中心　编

中国石化出版社

内 容 提 要

《循环水操作工》为《职业技能鉴定国家题库石化分库试题选编》丛书之一，由中国石油化工集团公司职业技能鉴定指导中心按照《国家职业标准》和《职业技能鉴定国家题库开发技术规程》组织编写。内容包括：循环水操作工初级工、中级工、高级工和技师的鉴定要素细目表、理论知识试题和技能操作试题，是循环水操作工进行职业技能鉴定的必备学习资料。

图书在版编目(CIP)数据

循环水操作工/中国石油化工集团公司职业技能鉴定指导中心编．—北京：中国石化出版社，2006(2023.4重印)
(职业技能鉴定国家题库石化分库试题选编)
ISBN 978-7-80229-168-3

Ⅰ.循… Ⅱ.中… Ⅲ.火电厂-水循环系统-职业技能鉴定-习题 Ⅳ.TM621.9-44

中国版本图书馆CIP数据核字(2006)第107738号

未经本社书面授权，本书任何部分不得被复制、抄袭，或者以任何形式或任何方式传播。版权所有，侵权必究。

中国石化出版社出版发行

地址：北京市东城区安定门外大街58号
邮编：100011　电话：(010)57512500
发行部电话：(010)57512575
http://www.sinopec-press.com
E-mail：press@sinopec.com.cn
北京力信诚印刷有限公司印刷
全国各地新华书店经销

*

787×1092毫米 16开本 18.5印张 427千字
2006年9月第1版　2023年4月第7次印刷
定价：60.00元

职业技能鉴定国家题库
石化分库开发领导小组

组　长：刘根元

副组长：傅兴顺　高　滨　孙祖岭　孙金瑜

顾　问：袁　芳　李钰年

成　员（以姓氏笔画为序）：

丁新兴　王凤维　王运才　王虎刚　王瑞萍　石惟理
刘子才　刘文玉　刘忠华　向守源　朱长根　朱正建
朱立群　江毅平　汤　豪　许立明　许　坚　曲子洲
吴　云　何　波　邱　颖　张云燕　张月娥　张全胜
张佐军　张树忠　陈建国　陈若平　周志明　郑洵美
钟文标　徐洪源　贾铁成　郭为民　顾甬明　崔　昶
曹宗祥　黄　进　彭连军　温振丽　童子飞　谢学民
韩　伟　雷建忠　靳良成　潘　慧　穆晓秋　魏洪大
魏根兴

特邀专家（以姓氏笔画为序）：

尤宝英　王　权　丛新泽　刘　欧　刘孝祖
李荣兴　沈洪源　陆　勇　巫建忠　徐　燕
黄世文　黄劲松

编辑出版负责人：

王子康　王力健　邓敦夏

前　言

受劳动和社会保障部职业技能鉴定中心委托，按照中国石油天然气集团公司、中国石油化工集团公司职业技能鉴定工作协议，中国石油化工集团公司职业技能鉴定指导中心组织有关专家，依据《职业技能鉴定国家题库开发技术规程》和《国家职业标准》，开发了32个职业95个工种的职业技能鉴定国家题库石化分库，并于2006年5月正式启用。

为满足员工学习专业知识、提高操作技能的需要，我们选编了石化分库的部分试题，按职业(工种)出版《职业技能鉴定国家题库石化分库试题选编》套书。该套书内容包括国家职业标准、鉴定要素细目表、理论知识试题和技能操作试题等，其中，理论知识试题约占分库中该职业(工种)试题的50%，技能操作试题约占70%。

《循环水操作工》分册由安庆石化主编，扬子石化、燕山石化等单位参编。主要执笔人：黄明、王贵。参审人员：沈洪源、雷建忠、曹宗祥、黄劲松、曹文彬、解玉峰、孙稳山、王成、唐广奎、黄克根、周黎明、龚华琴、程小武。

由于水平有限，书中难免有遗漏或欠妥之处，敬请谅解并提出宝贵意见。

职业技能鉴定国家题库

石化分库开发领导小组办公室

目录

第四部分　技师

第一部分

初 级 工

一、理论知识鉴定要素细目表

行业通用理论知识鉴定要素细目表

鉴定范围						鉴定点		
一级		二级		三级		代码	名称	重要程度
代码	名称	代码	名称	代码	名称			
A	基本要求	B	基础知识	A	记录填写基础知识	001	运行记录的种类	X
						002	运行记录的填写要求	X
				B	识图基础知识	001	工艺流程图管线的表示方法	X
						002	工艺流程图管件的表示方法	X
						003	工艺流程图阀门的表示方法	X
						004	工艺流程图仪表电气控制点的表示方法	X
				C	安全环保基础知识	001	石化行业生产的不安全因素	X
						002	国家安全生产的方针	X
						003	三级安全教育的内涵	X
						004	头部的防护	X
						005	眼睛和面部的防护	X
						006	脚部的防护	X
						007	手部的防护	X
						008	耳部的防护	X
						009	口鼻的防护	X
						010	皮肤的防护	X
						011	机械设备对人体伤害的防护	X
						012	厂内交通安全知识	X
						013	石化行业防火防爆十大禁令的内容	X
						014	尘毒物质的分类	X
						015	职业中毒的种类	X
						016	急性中毒的现场抢救	X
						017	高处作业的防护措施	X
						018	石化行业污染的来源	X
						019	石化行业污染的途径	X
						020	石化行业污染的特点	X
						021	清洁生产的定义	X
						022	清洁生产的内容	X
						023	燃烧的三要素	X
						024	干粉灭火器的适用范围	X
						025	泡沫灭火器的适用范围	X
						026	1211 灭火器的适用范围	X

续表

鉴定范围						鉴定点		
一级		二级		三级		代码	名称	重要程度
代码	名称	代码	名称	代码	名称			
						027	ISO 14000 系列标准的含义	X
						028	HSE 管理体系的概念	X
						029	建立 HSE 管理体系的意义	X
						030	石化行业事故处理的原则	X
				D	质量基础知识	001	标准化的概念	X
						002	标准等级划分的类别	X
						003	标准的使用范围	X
						004	ISO 9000 族标准的特点	X
				E	计算机基础知识	001	计算机硬件的组成	X
						002	计算机的安全防护	X
						003	Word 文档的录入与排版	X
						004	计算机浏览器的使用	X
						005	电子邮件的收发	X
				F	法律常识	001	《劳动法》关于劳动者权益的规定	X
						002	劳动合同包含的条款	X
						003	劳动争议解决的途径	X
						004	《劳动法》关于劳动者工作时间的规定	X
						005	《劳动法》关于劳动安全卫生的规定	X
						006	《产品质量法》关于生产者的产品质量责任	X
						007	《产品质量法》关于生产者的产品质量义务	X
						008	《安全生产法》对从业人员的规定	X
						009	《消防法》关于对公民责任的规定	X
B	相关知识	F	培训与指导	B	鉴定与考评	001	职业技能鉴定的定义	X
						002	职业技能鉴定的目的	X
						003	职业资格等级的划分	X
						004	职业资格证书的用途	X
						005	职业、岗位与工种的关系	X

工种理论知识鉴定要素细目表

鉴定范围						鉴定点		
一级		二级		三级		代码	名称	重要程度
代码	名称	代码	名称	代码	名称			
A	基本要求	B	基础知识	G	石化基本常识	001	石油的一般性质	X
						002	石油的分类	Y

续表

鉴定范围						鉴定点		
一级		二级		三级		代码	名称	重要程度
代码	名称	代码	名称	代码	名称			
						003	石油中元素组成	Y
						004	石油中烃类组成	Z
						005	石油馏分的概念	X
						006	油品的燃烧性质	Y
						007	汽油的特性	Z
						008	柴油的特性	Z
				H	化学基础知识	001	元素符号	X
						002	元素周期表的组成	X
						003	元素化合价的概念	X
						004	溶解过程的特点	X
						005	饱和溶液的概念	X
						006	溶解度的概念	X
						007	氧气的基本性质	X
						008	空气的组成	X
						009	水分子的结构特点	X
						010	氧化反应的概念	X
						011	还原反应的概念	X
						012	分子的概念	X
						013	原子的概念	X
						014	元素的概念	X
						015	水的特性	X
						016	溶液的概念	X
						017	溶质的概念	X
						018	溶剂的概念	X
						019	氧化剂的概念	X
						020	还原剂的概念	X
						021	物质的量的概念	X
				I	水力学基础知识	001	流体的概念	X
						002	流体的密度	X
						003	流体的黏度	X
						004	流体的流量	X
						005	压强的概念	X
						006	真空的概念	X
						007	液体压强的特性	X
						008	流体的流动类型	X
						009	流动阻力的分类	X

续表

鉴定范围						鉴定点		
一级		二级		三级		代码	名称	重要程度
代码	名称	代码	名称	代码	名称			
				J	机械设备基础知识	001	常见泵的种类	X
						002	常见泵型号含义	Y
						003	常用管件的使用	X
						004	风机的种类	X
						005	压缩机的种类	Y
						006	常用阀门的种类	X
						007	常用阀门型号含义	Y
						008	常用法兰的类型	Z
						009	垫片的种类	Z
						010	螺栓的种类	Z
						011	常见管路连接方法	X
						012	密封的概念	Y
						013	润滑的概念	X
						014	常用润滑剂的种类	X
						015	静设备常见失效形式	Z
						016	常见金属材料的种类	Y
				K	电气基础知识	001	照明的基本常识	Y
						002	电流的常识	X
						003	直流电的概念	X
						004	交流电的概念	X
						005	电阻的概念	Y
						006	电压的概念	X
						007	串联电路的概念	X
						008	并联电路的概念	X
						009	防触电常识	X
						010	人工呼吸常识	X
						011	装置电器设备灭火常识	X
				L	仪表基础知识	001	常规控制的概念	X
						002	仪表误差的概念	Y
						003	简单调节系统的组成	X
						004	控制室常规仪表的种类	Y
						005	常用控制阀的分类	X
						006	压力测量仪表的分类	X
						007	流量测量仪表的分类	X

续表

鉴定范围						鉴定点		
一级		二级		三级		代码	名称	重要程度
代码	名称	代码	名称	代码	名称			
						008	常用液位计的种类	X
						009	温度测量仪表的分类	X
						010	控制阀的风开风关原则	Y
						011	DCS 系统的基本概念	X
						012	DCS 操作系统的组成	X
				M	计量基础知识	001	计量工作的作用	Y
						002	计量的特点	X
						003	法定计量单位的概念	X
						004	国际单位制的概念	X
						005	国际单位制的基本单位	X
						006	国际单位制的词头	X
						007	SI 词头的使用要求	X
						008	常用法定计量单位的使用要求	X
						009	单位的换算	X
B	相关知识	A	工艺操作	A	循环水基础知识	001	水资源分布概况	Y
						002	天然水中悬浮物成分	X
						003	冷却水系统的概念	X
						004	浊度的概念	X
						005	冷却水系统中微生物概念	X
						006	格栅的分类	Y
						007	混凝的概念	Z
						008	澄清池的类型	X
						009	沉淀的概念	Z
						010	沉淀池的基本类型	Z
						011	滤池的类型	X
						012	斜板隔油池的优点	X
						013	冷却水系统中沉积物分类	X
						014	冷却水系统中沉积物来源	X
						015	腐蚀的概念	X
						016	冷却水中金属腐蚀的形态	X
						017	冷却塔的分类	X

续表

鉴定范围						鉴定点		
一级		二级		三级		代码	名称	重要程度
代码	名称	代码	名称	代码	名称			
						018	金属钝化的概念	Y
						019	冷却水系统清洗的分类	X
						020	冷却水水质监测的概念	Y
						021	细菌的概念	X
						022	真菌的定义	Y
						023	藻类的定义	X
						024	微生物的分类	X
						025	微生物的营养概念	X
						026	金属的微生物腐蚀概念	X
						027	酸度的概念	X
						028	碱度的概念	X
						029	硬度的概念	X
						030	循环水处理的目的	X
						031	给水工程的任务	X
						032	给水系统的组成	X
						033	给水系统的布置形式	X
						034	给水水源的分类	Y
						035	地下水的水质特点	X
						036	江河水的水质特点	X
						037	湖泊及水库水的特点	Y
						038	水的用途	Y
						039	工业用水的特点	X
						040	水的色度概念	X
						041	混凝过程的特点	X
						042	生活水的常规处理工艺流程	X
						043	生活水卫生标准感官性状指标	Y
						044	生活水水质标准细菌学指标	Y
						045	生活水水质标准的化学指标	Y
				B	循环水原、辅材料	001	水的特性	X
						002	混凝剂的种类	Z
						003	阻垢剂概念	X
						004	缓蚀剂概念	X

续表

鉴定范围						鉴定点		
一级		二级		三级		代码	名称	重要程度
代码	名称	代码	名称	代码	名称			
						005	杀生剂的分类	X
						006	缓蚀剂的分类	X
						007	阻垢剂的分类	X
						008	常用的冷却水缓蚀阻垢剂	X
						009	清洗剂概念	X
						010	剥离剂概念	X
						011	消泡剂概念	X
						012	预膜剂概念	X
						013	氯气的特点	X
						014	聚合氯化铝的物理化学性质	X
						015	离子交换树脂的分类	X
						016	离子交换树脂的物理性能	X
						017	硫酸的物理化学性质	X
						018	盐酸的物理化学性质	X
						019	氢氧化钠的物理化学性质	X
						020	氯化钠的物理化学性质	X
						021	石灰的物理化学性质	Y
						022	离子交换剂的种类	Y
						023	离子交换树脂的交换容量	X
				C	开、停工操作	001	岗位开工确认事项	X
						002	化工辅材准备情况	Y
						003	离心泵启动前的准备工作	X
						004	滤池投用前准备工作	X
						005	透平泵启动前的准备工作	X
						006	平流隔油池工作原理	X
						007	加氯应采取的安全措施	X
						008	系统注水时要注意的问题	X
						009	水联运要点	X
						010	旁滤池投用操作要点	X
						011	透平泵启动操作要点	X
						012	隔油池停工操作要点	X
						013	投用计量表的操作方法	X
						014	更换压力表的操作方法	X
						015	更换温度计的操作方法	X
						016	水冲洗操作方法	X
						017	无阀滤池的停用方法	X
						018	pH 试纸使用的注意事项	X

续表

鉴定范围						鉴定点		
一级		二级		三级		代码	名称	重要程度
代码	名称	代码	名称	代码	名称			
				D	正常操作	001	循环冷却水处理的任务	X
						002	污水回用时除臭、除味的原理	Z
						003	沉淀池的运行管理	X
						004	无阀滤池的工作原理	X
						005	垢的形成机理	X
						006	隔油池的操作方法	X
						007	旁滤池的操作方法	X
						008	凉水塔巡检内容	X
						009	凉水塔的调节方法	Y
						010	泵房巡检内容	X
						011	加氯的操作方法	X
						012	冷却水系统压力的控制方法	X
						013	循环冷却水温的调节方法	X
						014	循环水场补水的控制方法	X
						015	微生物的控制方法	X
						016	氯气瓶更换方法	X
						017	水样的采集	X
						018	液氯钢瓶入库的验收标准	X
						019	排污中的注意事项	Y
						020	循环水场污染物种类及排放要求	X
						021	泵的能量传递过程	X
						022	泵站的引水方法	X
						023	水射器加药系统的组成	X
						024	水的消毒方法	Y
		B	设备使用与维护	A	使用设备	001	常用给水管道材料	Z
						002	常用给水管道配件	Y
						003	法兰的种类	X
						004	阀门的分类	X
						005	阀门的作用	X
						006	离心泵的使用常识	X
						007	计量泵的种类	X
						008	风机类型	X
						009	水泵填料的分类	X
						010	轴流泵的性能特点	X

续表

鉴定范围						鉴定点		
一级		二级		三级		代码	名称	重要程度
代码	名称	代码	名称	代码	名称			
						011	离心水泵的操作方法	X
						012	电动阀门的使用方法	X
						013	测温仪的使用方法	X
						014	测振仪的使用方法	X
						015	计量泵的使用方法	X
						016	球阀的特点	Y
						017	蝶阀的特点	X
						018	闸阀的特点	X
						019	截止阀的特点	X
						020	压力滤池的工作特点	X
						021	常见的阀门型号表示方法	X
						022	逆止阀的性能特点	Y
						023	电压对电机性能的影响	Y
						024	铸铁管的特点	X
						025	钢管的特点	X
						026	平流式沉淀池的构造	X
						027	转子加氯机的构造	X
						028	柱塞式往复泵的工作原理	X
						029	潜污泵的特点	Y
						030	集油管的作用	Y
						031	管道的概念	X
						032	污泥泵的特点	X
						033	常见的搅拌机类型	Z
				B	维护设备	001	阀门的维护	X
						002	垫片的选用原则	X
						003	管件的应用原则	X
						004	滤池承托层的规格要求	X
						005	离心泵运行时的注意事项	X
						006	机泵、管线的防冻防凝要点	X
						007	设备完好率的定义	X
						008	盘根的种类及性能	X
						009	润滑油的作用	X
						010	润滑油“五定”的内容	X
						011	机泵盘车操作注意事项	Y

续表

鉴定范围						鉴定点		
一级		二级		三级		代码	名称	重要程度
代码	名称	代码	名称	代码	名称			
						012	电机运行中的维护方法	X
						013	给水管道的腐蚀特点	Y
						014	润滑油的选择原则	Z
						015	润滑脂的选择原则	Z
						016	无阀滤池的维护保养	X
		C	事故判断与处理	A	判断事故	001	无阀滤池过滤效果的影响因素	X
						002	混凝效果的影响因素	Y
						003	离心泵不上量的原因	X
						004	氯气泄漏的判断	X
						005	阀门常见故障	X
						006	离心泵常见故障	X
						007	计量泵常见故障	X
						008	离心泵倒转原因	X
						009	离心泵振动大原因	X
						010	离心泵填料函发热原因	X
						011	离心泵轴承发热原因	X
						012	水锤的基本概念	Y
				B	处理事故	001	提高过滤效果的途径	X
						002	提高混凝效果的途径	Y
						003	离心泵的流量调节方法	X
						004	氯气泄漏的处理方法	X
						005	干粉灭火器的使用方法	X
						006	过滤式防毒面具使用方法	X
						007	长管式防毒面具使用方法	X
						008	氯气中毒的救治方法	X
						009	离心泵振动大处理	X
						010	离心泵填料函发热处理	X
						011	离心泵轴承发热处理	X
						012	无阀滤池过滤效果差的处理方法	X
						013	无阀滤池反冲洗不能形成的处理方法	X
						014	无阀滤池反冲洗不正常的操作调整方法	X
		D	绘图与计算	A	绘图	001	识别平面布置图	Y
						002	识别管道图例	X
						003	识别阀门图例	X
						004	识别管件图例	X
						005	化工设备图的画法	Y

续表

鉴定范围						鉴定点		
一级		二级		三级		代码	名称	重要程度
代码	名称	代码	名称	代码	名称			
				B	计算	001	常用单位的换算	X
						002	浓缩倍数的计算	X
						003	容积的计算	Y
						004	流量的计算	X
						005	流速的计算	X
						006	电机工作电流的计算	Y
						007	水泵扬程的计算	X
						008	药剂稀释计算	X
						009	冲洗强度的计算	X
						010	滤速的计算	X
						011	滤池面积的计算	X

二、理论知识试题

行业通用理论知识试题

判断题

1. 岗位交接班记录不属于运行记录。 (√)

2. 填写记录要求及时、准确、客观真实、内容完整、字迹清晰。 (√)

3. 工艺流程图中，主要物料(介质)的流程线用细实线表示。 (×)

正确答案： 工艺流程图中，主要物料(介质)的流程线用粗实线表示。

4. 在工艺流程图中，表示法兰堵盖的符号是。 (√)

5. 在工艺流程图中，符号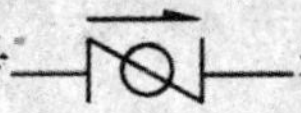表示的是减压阀。 (×)

正确答案： 在工艺流程图中，符号表示的是减压阀。

6. 带控制点的工艺流程图中，表示压力调节阀的符号是。 (×)

正确答案： 带控制点的工艺流程图中，表示压力调节阀的符号是。

7. 石化生产中存在诸多不安全因素。事故多，损失大。 (√)

8. 防护罩、安全阀等不属于安全防护装置。 (×)

正确答案： 防护罩、安全阀等均属于安全防护装置。

9. 安全检查的任务是发现和查明各种危险和隐患，督促整改；监督各项安全管理规章制度的实施；制止违章指挥、违章作业。 (√)

10. 女工在从事转动设备作业时必须将长发或发辫盘卷在工作帽内。 (√)

11. 从事化工作业人员必须佩戴防护镜或防护面罩。 (×)

正确答案： 从事对眼睛及面部有伤害危险作业时必须佩戴有关的防护镜或面罩。

12. 穿用防护鞋时应将裤脚插入鞋筒内。 (×)

正确答案：穿用防护鞋的职工禁止将裤脚插入鞋筒内。

13. 对于从事在生产过程中接触能通过皮肤侵入人体的有害尘毒作业人员，只需发放防护服。（×）

正确答案：对于从事在生产过程中接触能通过皮肤侵入人体的有害尘毒作业人员，需发放防护服，并需有工业护肤用品，涂在手臂、脸部，以保护职工健康。

14. 在超过噪声标准的岗位工作的职工，要注意保护自己的听力，可戴上企业发给的各种耳塞、耳罩等。（×）

正确答案：在超过噪声标准的岗位工作的职工，要注意保护自己的听力，一定要戴上企业发给的各种耳塞、耳罩等。

15. 口鼻的防护即口腔和鼻腔的防护。（×）

正确答案：口鼻的防护即呼吸系统的防护。

16. 人体皮肤是化工生产中有毒有害物质侵入人体的主要途径。（√）

17. 一般情况下，应将转动、传动部位用防护罩保护起来。（√）

18. 在设备一侧的转动、传动部位要做好外侧及内侧的防护。（×）

正确答案：在设备一侧的转动、传动部位要做好外侧及周边的防护。

19. 各种皮带运输机、链条机的转动部位，除装防护罩外，还应有安全防护绳。（√）

20. 在传动设备的检修工作中，只需在电气开关上挂有“有人作业，禁止合闸”的安全警告牌。（×）

正确答案：在传动设备的检修工作中，电气开关上应挂有“有人作业，禁止合闸”的安全警告牌，并设专人监护。

21. 限于厂内行驶的机动车不得用于载人。（√）

22. 严禁在生产装置罐区及易燃易爆装置区内用有色金属工具进行敲打撞击作业。（×）

正确答案：严禁在生产装置罐区及易燃易爆装置区内用黑色金属工具进行敲打撞击作业。

23. 烟、雾、粉尘等物质是气体，易进入呼吸系统，危害人体健康。（×）

正确答案：烟、雾、粉尘等物质是气溶胶，易进入呼吸系统，危害人体健康。

24. 烟尘的颗粒直径在 $0.1\mu m$ 以下。（√）

25. 职业中毒是指在生产过程中使用的有毒物质或有毒产品，以及生产中产生的有毒废气、废液、废渣引起的中毒。（√）

26. 毒物进入人体就叫中毒。（×）

正确答案：毒物对有机体的毒害作用叫中毒。

27. 低毒物质进入人体所引发的病变称慢性中毒。（×）

正确答案：低浓度的毒物长期作用于人体所引发的病变称慢性中毒。

28. 急性中毒患者呼吸困难时应立即吸氧。停止呼吸时，立即做人工呼吸，气管内插管给氧，维持呼吸通畅并使用兴奋剂药物。（√）

29. 急性中毒患者心跳骤停应立即做胸外挤压术，每分钟30～40次。（×）

正确答案：急性中毒患者心跳骤停应立即做胸外挤压术，每分钟60～70次。

30. 休克病人应平卧位，头部稍高。昏迷病人应保持呼吸道畅通，防止咽下呕吐物。（×）

正确答案：休克病人应平卧位，头部稍低。昏迷病人应保持呼吸道畅通，防止咽下呕吐物。

31. 高处作业人员应系用与作业内容相适应的安全带，安全带应系挂在施工作业处上方的牢固挂件上，不得系挂在有尖锐的棱角部位。（√）

32. 高处作业可以上下投掷工具和材料，所用材料应堆放平稳，必要时应设安全警戒区，并设专人监护。（×）

正确答案：高处作业严禁上下投掷工具和材料，所用材料应堆放平稳，必要时应设安全警戒区，并设专人监护。

33. 高处作业人员不得站在不牢固的结构物上进行作业，可以在高处休息。（×）

正确答案：高处作业人员不得站在不牢固的结构物上进行作业，不得在高处休息。

34. 燃烧产生的废气是石化行业污染的主要来源之一。（√）

35. 工艺过程排放是造成石化行业污染的主要途径。（√）

36. 成品或副产品不会造成石化行业的污染。（×）

正确答案：成品或副产品的夹带也会造成石化行业的污染。

37. 石化行业污染的特点之一是污染物种类多、危害大。（√）

38. 清洁生产通过末端治理污染来实现。（×）

正确答案：清洁生产通过应用专门技术，改进工艺、设备和改变管理态度来实现。

39. 清洁的服务不属于清洁生产的内容。（×）

正确答案：清洁的服务属于清洁生产的内容之一。

40. 引起闪燃的最高温度称为闪点。（×）

正确答案：引起闪燃的最低温度称为闪点。

41. 燃点是指可燃物质在空气充足条件下，达到某一温度时与火源接触即行着火，并在移去火源后继续燃烧的最低温度。（√）

42. 自燃点是指可燃物在没有火焰、电火花等火源直接作用下，在空气或氧气中被加热而引起燃烧的最高温度。（×）

正确答案：自燃点是指可燃物在没有火焰、电火花等火源直接作用下，在空气或氧气中被加热而引起燃烧的最低温度。

43. 干粉灭火器能迅速扑灭液体火焰，同时泡沫能起到及时冷却作用。（√）

44. 抗溶性泡沫灭火剂可以扑灭一般烃类液体火焰，但不能扑救水溶性有机溶剂的火灾。（×）

正确答案：抗溶性泡沫灭火剂可以扑灭一般烃类液体火焰，同时能扑救水溶性有机溶剂的火灾。

45. 1211 灭火器仅适用于扑灭易燃、可燃气体或液体，不适用于扑灭一般易燃固体物质的火灾。（×）

正确答案：1211 灭火器不仅适用于扑灭易燃、可燃气体或液体，也适用于扑灭一般易燃固体物质的火灾。

46. ISO 14000 系列环境管理标准是国际标准化组织（ISO）第 207 技术委员会（ISO/TC207）组织制定的环境管理体系标准，其标准号从 14001 到 14100，共 100 个标准号，统称为 ISO 14000 系列标准。（√）

47. HSE 管理体系是指实施安全、环境与健康管理的组织机构、职责、做法、程序、过

程和资源等而构成的整体。(√)

48. HSE中的S(安全)是指在劳动生产过程中，努力改善劳动条件、克服安全因素，使劳动生产在保证劳动者健康、企业财产不受损失、人民生命安全的前提下顺利进行。(×)

正确答案： HSE中的S(安全)是指在劳动生产过程中，努力改善劳动条件、克服不安全因素，使劳动生产在保证劳动者健康、企业财产不受损失、人民生命安全的前提下顺利进行。

49. 建立HSE管理体系可改善企业形象，取得经济效益和社会效益。(√)

50. 建立HSE管理体系不能控制HSE风险和环境影响。(×)

正确答案： 建立HSE管理体系可有效控制HSE风险和环境影响。

51. 对工作不负责任，不严格执行各项规章制度，违反劳动纪律造成事故的主要责任者应严肃处理。(√)

52. 标准化是指在经济、技术、科学及管理等社会实践中，对事物和概念通过制订、发布和实施标准达到统一，以获最佳秩序和社会效益。(×)

正确答案： 标准化是指在经济、技术、科学及管理等社会实践中，对重复性事物和概念通过制订、发布和实施标准达到统一，以获最佳秩序和社会效益。

53. 任何标准，都是在一定条件下的"统一规定"，标准化的统一是相对的。(√)

54. 对已有国家标准、行业标准或地方标准的，鼓励企业制订低于国家标准、行业标准或地方标准要求的企业标准。(×)

正确答案： 对已有国家标准、行业标准或地方标准的，鼓励企业制订高于国家标准、行业标准或地方标准要求的企业标准。

55. 按约束力分，国家标准、行业标准可分为强制性标准、推荐性标准和指导性技术文件。(√)

56. 只要企业活动和要素具有"重复性"，都可以进行标准化。(√)

57. 2000版ISO 9000族标准可适用于所有产品类型、不同规模和各种类型的组织，并可根据实际需要增加某些质量管理要求。(×)

正确答案： 2000版ISO 9000族标准可适用于所有产品类型、不同规模和各种类型的组织，并可根据实际需要减少某些质量管理要求。

58. ISO 9000族标准是质量保证模式标准之一，用于合同环境下的外部质量保证。可作为供方质量保证工作的依据，也是评价供方质量体系的依据。(√)

59. 计算机内存是可以由CPU直接存取数据的地方。(√)

60. 杀毒软件对于病毒来说永远是落后的，也就是说，只有当一种病毒出现后，才能产生针对这种病毒的消除办法。(√)

61. 在计算机应用软件Word中输入文字，当打满一行时，必须按一下Enter键换到下一行继续输入。(×)

正确答案： 在Word中输入文字，当打满一行时，不需按一下Enter键，系统可自动换到下一行继续输入。

62. 中国大陆地区的顶级域名是"cn"。(√)

63. 使用应用程序Outlook Express可以同时向多个地址发送电子邮件，也可以把收到的邮件转发给第三者。(√)

64.《劳动法》规定，对劳动者基本利益的保护是最基本的保护，不应由于用人单位所有制的不同或组织形式不同而有所差异。(√)

65. 依据《劳动法》的规定，劳动争议当事人对仲裁裁决不服的，可以自收到仲裁裁决书之日起三十日内向人民法院提起诉讼。一方当事人在法定期限内不起诉又不履行仲裁裁决的，另一方当事人可申请人民法院强制执行。(√)

66. 劳动安全卫生工作“三同时”是指：新建工程的劳动安全卫生设施必须与主体工程同时设计、同时施工、同时投入生产和使用。(×)

正确答案：劳动安全卫生工作“三同时”是指：新建、改建或扩建工程的劳动安全卫生设施必须与主体工程同时设计、同时施工、同时投入生产和使用。

67.《产品质量法》规定，生产者不得生产国家明令淘汰的产品；不得伪造或者冒用认证标志等质量标志。(√)

68. 产品质量义务分为积极义务和消极义务，“生产者不得伪造产地，不得伪造或者冒用他人的厂名、厂址”属于产品生产者的积极义务。(×)

正确答案：产品质量义务分为积极义务和消极义务，“生产者不得伪造产地，不得伪造或者冒用他人的厂名、厂址”属于产品生产者的消极义务。

69. 从业人员在发现直接危及人身安全的紧急情况时，有权停止作业或者在采取可能的应急措施后撤离作业场所。(√)

70.《消防法》第四十八条规定：埋压、圈占消火栓或者占用防火间距、堵塞消防通道的，或者损坏和擅自挪用、拆除、停用消防设施、器材的，处警告、罚款或者十日以下拘留。(×)

正确答案：《消防法》第四十八条规定：埋压、圈占消火栓或者占用防火间距、堵塞消防通道的，或者损坏和擅自挪用、拆除、停用消防设施、器材的，处警告或者罚款。

71. 职业技能鉴定是按照国家规定的职业标准，通过政府授权的考核鉴定机构对劳动者的专业知识和技能水平进行客观、公正、科学规范地评价与认证的活动。(√)

72. 职业技能鉴定是为劳动者颁发职业资格证书。(×)

正确答案：职业技能鉴定是为劳动者持证上岗和用人单位就业准入提供资格认证的活动。

73. 职业技能鉴定考试是以社会劳动者的职业技能为对象，以规定的职业标准为参照系统，通过相关知识和实际操作的考核作为综合手段，为劳动者持证上岗和用人单位就业准入提供资格认证的活动。(√)

74. 职业资格证书分一级、二级、三级、四级、五级五个级别。(√)

75. 职业资格证书是劳动者的专业知识和职业技能水平的证明。(√)

76. 职业资格证书是劳动者持证上岗和用人单位录用员工的资格认证。(√)

77. 职业是指从业人员为获取主要生活来源所从事的社会工作类别。(√)

78. 一个职业可以包括一个或几个工种，一个工种又可以包括一个或几个岗位，它们是一种包含与被包含的关系。(√)

单选题

1. 运行记录填写错误需要更正时，必须采用(C)。

A. 撕页重写　　B. 用刀片刮去重写　　C. 划改　　D. 涂改

2. 化工管路图中，表示蒸汽伴热管道的规定线型是(C)。

A. B. C. D.

3. 化工管路图中，表示热保温管道的规定线型是(A)。

A. B. C. D.

4. 在工艺流程图中，下列符号表示活接头的是(C)。

A. B. C. D.

5. 在工艺流程图中，表示法兰连接的符号是(D)。

A. B. C. D.

6. 在工艺流程图中，表示闸阀的符号是(B)。

A. B. C. D.

7. 在工艺流程图中，表示球阀的符号是(D)。

A. B. C. D.

8. 在工艺流程图中，表示截止阀的符号是(A)。

A. B. C. D.

9. 带控制点的工艺流程图中，仪表控制点以(A)在相应的管路上用代号、符号画出。

A. 细实线　　B. 粗实线　　C. 虚线　　D. 点划线

10. 带控制点的工艺流程图中，表示指示的功能代号是(C)。

A. T　　B. J　　C. Z　　D. X

11. 带控制点的工艺流程图中，表示电磁流量计的代号是(B)。

A. B. C. D.

12. 石化生产存在许多不安全因素，其中易燃、易爆、有毒、有(A)的物质较多是主要的不安全因素之一。

A. 腐蚀性　　B. 异味　　C. 挥发性　　D. 放射性

13. 石化生产的显著特点是工艺复杂、(C)要求严格。

A. 产品　　B. 原料　　C. 操作　　D. 温度

14. 我国安全生产的方针是“(C)第一，预防为主”。

A. 管理　　B. 效益　　C. 安全　　D. 质量

15.“防消结合，以(D)为主”。

A. 管　　B. 消　　C. 人　　D. 防

16.“三级安全教育”即厂级教育、车间级教育、(A)级教育。

A. 班组　　B. 分厂　　C. 处　　D. 工段

17. 工人的日常安全教育应以“周安全活动”为主要阵地进行，并对其进行(B)的安全教育考核。

A. 每季一次　　B. 每月一次　　C. 每半年一次　　D. 一年一次

18. 为保护头部不因重物坠落或其他物件碰撞而伤害头部的防护用品是(A)。

A. 安全帽　　B. 防护网　　C. 安全带　　D. 防护罩

19. 从事(B)作业时，作业人员必须穿好专用的工作服。

A. 电焊　　B. 酸碱　　C. 高空　　D. 气焊

20. 从事计算机、焊接及切割作业、光或其他各种射线作业时，需佩戴专用(C)。

A. 防护罩　　B. 防护网　　C. 防护镜　　D. 防护服

21. 从事有(B)、热水、热地作业时应穿相应胶鞋。

A. 硬地　　B. 腐蚀性　　C. 检修作业　　D. 机床作业

22. 从事(A)作业时应穿耐油胶鞋。

A. 各种油类　　B. 酸碱类　　C. 机加工　　D. 检查维护

23. 从事酸碱作业时，作业人员需戴(C)手套。

A. 布　　B. 皮

C. 耐酸碱各种橡胶　　D. 塑料

24. 线手套或(B)手套只可作为一般的劳动防护用品。

A. 皮　　B. 布　　C. 橡胶　　D. 塑料

25. 耳的防护即(A)的保护。

A. 听力　　B. 耳廓　　C. 头部　　D. 面部

26. 工作地点有有毒的气体、粉尘、雾滴时，为保护呼吸系统，作业人员应按规定携带戴好(A)。

A. 过滤式防毒面具　　B. 防护服

C. 口罩　　D. 防护面罩

27. 从事易燃、易爆岗位的作业人员应穿(B)工作服。

A. 腈纶　　B. 防静电　　C. 涤纶　　D. 防渗透

28. 从事苯、石油液化气等易燃液体作业人员应穿(D)工作服。

A. 耐腐蚀　　B. 阻燃　　C. 隔热　　D. 防静电

29. 各种皮带运输机、链条机的转动部位，除安装防护罩外，还应有(A)。

A. 安全防护绳　　B. 防护线　　C. 防护人　　D. 防护网

30. 厂内行人要注意风向及风力，以防在突发事故中被有毒气体侵害。遇到情况时要绕行、停行、(C)。

A. 顺风而行　　B. 穿行　　C. 逆风而行　　D. 快行

31. 不能用于擦洗设备的是(D)。

A. 肥皂　　B. 洗衣粉　　C. 洗洁精　　D. 汽油

32. 不属于有毒气体的是(C)。

A. 氯气　　B. 硫化氢　　C. 二氧化碳　　D. 一氧化碳

33. 属于气体物质的是(A)。

A. 氯气　　B. 烟气　　C. 盐酸雾滴　　D. 粉尘

34. 引起慢性中毒的毒物绝大部分具有(A)。

A. 蓄积作用　B. 强毒性　C. 弱毒性　D. 中强毒性

35. 急性中毒现场抢救的第一步是(C)。

A. 迅速报警　B. 迅速拨打 120 急救

C. 迅速将患者转移到空气新鲜处　D. 迅速做人工呼吸

36. 酸烧伤时，应用(B)溶液冲洗。

A. 5%碳酸钠　B. 5%碳酸氢钠　C. 清水　D. 5%硼酸

37. 高处作业是指在坠落高度基准面(含)(A)m 以上，有坠落可能的位置进行的作业。

A. 2　B. 2.5　C. 3　D. 5

38. 一般不会造成环境污染的是(B)。

A. 化学反应不完全　B. 化学反应完全

C. 装置的泄漏　D. 化学反应中的副反应

39. 不属于石化行业污染主要途径的是(C)。

A. 工艺过程的排放　B. 设备和管线的滴漏

C. 成品运输　D. 催化剂、助剂等的弃用

40. 不属于石化行业污染特点的是(B)。

A. 毒性大　B. 毒性小　C. 有刺激性　D. 有腐蚀性

41. 清洁生产是指在生产过程、产品寿命和(A)领域持续地应用整体预防的环境保护战略，增加生态效率，减少对人类和环境的危害。

A. 服务　B. 能源　C. 资源　D. 管理

42. 清洁生产的内容包括清洁的能源、(D)、清洁的产品、清洁的服务。

A. 清洁的原材料　B. 清洁的资源　C. 清洁的工艺　D. 清洁的生产过程

43. 不属于燃烧三要素的是(C)。

A. 点火源　B. 可燃性物质　C. 阻燃性物质　D. 助燃性物质

44. 气体测爆仪测定的是可燃气体的(D)。

A. 爆炸下限　B. 爆炸上限　C. 爆炸极限范围　D. 浓度

45. MF4 型手提式干粉灭火器的灭火参考面积是(B)m^2。

A. 1.5　B. 1.8　C. 2.0　D. 2.5

46. MF8 型手提式干粉灭火器的喷射距离大于等于(B)m。

A. 3　B. 5　C. 6　D. 7

47. MFT70 型推车式干粉灭火器的灭火射程在(D)m。

A. 8～10　B. 17～20　C. 30～35　D. 10～13

48. MPT100 型推车式干粉灭火器的灭火射程在(A)m。

A. 16～18　B. 14～16　C. 12～14　D. 18～20

49. MY2 型手提式 1211 灭火器的灭火射程是(C)m。

A. 1　B. 2　C. 3　D. 4

50. MY0.5 型手提式 1211 灭火器的灭火射程在(D)m。

A. 3　B. 4.5　C. 2.5　D. 2

51. ISO 14000 系列标准的核心是(B)标准。

A. ISO 14000　　B. ISO 14001　　C. ISO 14010　　D. ISO 14100

52.HSE 管理体系是指实施安全、环境与(C)管理的组织机构、职责、做法、程序、过程和资源等而构成的整体。

A. 生命　　B. 过程　　C. 健康　　D. 资源

53. 建立 HSE 管理体系可提高企业安全、环境和健康(A)。

A. 管理水平　　B. 操作水平　　C. 使用水平　　D. 能源水平

54. 事故处理要坚持(C)不放过的原则。

A. 二　　B. 三　　C. 四　　D. 五

55. 违章作业、违反纪律等造成的一般事故，对责任者应给予(D)。

A. 警告处分　　B. 记过处分　　C. 行政处分　　D. 处罚

56. 标准化包括(C)的过程。

A. 研究、制定及颁布标准　　B. 制定、修改及使用标准

C. 制定、发布及实施标准　　D. 研究、公认及发布标准

57. 根据《中华人民共和国标准化法》的规定，我国的标准分为(B)四级。

A. 国际标准、国家标准、地方标准和企业标准

B. 国家标准、行业标准、地方标准和企业标准

C. 国家标准、地方标准、行业标准和企业标准

D. 国际标准、国家标准、行业标准和地方标准

58. 我国在国家标准管理办法中规定国家标准的有效期一般为(C)年。

A. 3　　B. 4　　C. 5　　D. 7

59. 2000 版 ISO 9000 族标准适用的范围是(D)。

A. 小企业　　B. 大中型企业

C. 制造业　　D. 所有行业和各种规模的组织

60. 在电脑的存储设备中，数据存取速度从快到慢的顺序是(B)。

A. 软盘、硬盘、光盘、内存　　B. 内存、硬盘、光盘、软盘

C. 软盘、硬盘、内存、光盘　　D. 光盘、软盘、内存、硬盘

61. 计算机硬件系统最核心的部件是(C)。

A. 内存储器　　B. 主机　　C. CPU　　D. 主板

62. 键盘是计算机的一种(D)设备。

A. 控制　　B. 存储　　C. 输出　　D. 输入

63. 计算机病毒会给计算机造成的损坏是(B)。

A. 只损坏软件　　B. 损坏硬件、软件或数据

C. 只损坏硬件　　D. 只损坏数据

64. 一张加了写保护的软磁盘(C)。

A. 不会向外传染病毒，但是会感染病毒

B. 不会向外传染病毒，也不会感染病毒

C. 不会再感染病毒，但是会向外传染病毒

D. 既向外传染病毒，又会感染病毒

65. 计算机防病毒软件可(B)。

A. 永远免除计算机病毒对计算机的侵害

B. 具有查病毒、杀病毒、防病毒的功能

C. 消除全部已发现的计算机病毒

D. 对已知病毒产生免疫力

66. 在计算机应用软件 Word 编辑中，以下键盘命令中执行复制操作的命令是(B)。

A. Ctrl + A　　B. Ctrl + C　　C. Ctrl + X　　D. Ctrl + V

67. 在计算机应用软件 Word 中常用工具栏中的“格式刷”用于复制文本和段落的格式，若要将选中的文本或段落格式重复用多次，应进行(A)操作。

A. 双击格式刷　　B. 拖动格式刷

C. 右击格式刷　　D. 单击格式刷

68. 使用 IE 浏览某网站时，出现的第一个页面称为网站的(C)。

A. WEB 页　　B. 网址　　C. 主页　　D. 网页

69. 在浏览 WEB 网页的过程中，如果你发现自己喜欢的网页并希望以后多次访问，应当使用的方法是(A)。

A. 放到收藏夹中　　B. 建立浏览　　C. 建立地址簿　　D. 用笔抄写到笔记本上

70. 发送电子邮件时，不可作为附件内容的是(B)。

A. 可执行文件　　B. 文件夹　　C. 压缩文件　　D. 图像文件

71. 某电子邮件地址为 new@public.bta.net.cn，其中 new 代表(A)。

A. 用户名　　B. 主机名　　C. 本机域名　　D. 密码

72.《劳动法》规定，所有劳动者的合法权益一律平等地受我国劳动法的保护，不应有任何歧视或差异。这体现了对劳动者权益(B)的保护。

A. 最基本　　B. 平等　　C. 侧重　　D. 全面

73.《劳动法》规定，(A)的保护是对劳动者的最低限度保护，是对劳动者基本利益的保护，对劳动者的意义最重要。

A. 最基本　　B. 全面　　C. 侧重　　D. 平等

74. 依据《劳动法》规定，劳动合同可以约定试用期。试用期最长不超过(C)个月。

A. 12　　B. 10　　C. 6　　D. 3

75. 能够认定劳动合同无效的机构是(B)。

A. 各级人民政府　　B. 劳动争议仲裁委员会

C. 各级劳动行政部门　　D. 工商行政管理部门

76. 我国劳动法律规定，集体协商职工一方代表在劳动合同期内，自担任代表之日起(A)以内，除个人严重过失外，用人单位不得与其解除劳动合同。

A. 5 年　　B. 4 年　　C. 3 年　　D. 2 年

77. 依据《劳动法》的规定，发生劳动争议时，提出仲裁要求的一方应当自劳动争议发生之日起(D)日内向劳动争议仲裁委员会提出书面申请。

A. 三十　　B. 四十　　C. 五十　　D. 六十

78. 依据《劳动法》的规定，用人单位与劳动者发生劳动争议，当事人可以依法（ B ），也可以协商解决。

A. 提起诉讼　　B. 申请调解、仲裁、提起诉讼

C. 申请仲裁　　D. 申请调解

79. 我国《劳动法》规定，安排劳动者延长劳动时间的，用人单位应支付不低于劳动者正常工作时间工资的（ B ）的工资报酬。

A. 100%　　B. 150%　　C. 200%　　D. 300%

80. 我国劳动法律规定的最低就业年龄是（ C ）周岁。

A. 18　　B. 17　　C. 16　　D. 15

81. 依据《劳动法》的规定，用人单位必须为劳动者提供符合国家规定的劳动安全卫生条件和必要的劳动防护用品，对从事有（ B ）危害作业的劳动者应当定期进行健康检查。

A. 身体　　B. 职业　　C. 潜在　　D. 健康

82.《产品质量法》规定，因产品存在缺陷造成人身、缺陷产品以外的其他财产损害的，应当由（ D ）承担赔偿责任。

A. 生产者和销售者共同　　B. 销售者

C. 消费者　　D. 生产者

83. 产品质量义务中的行为人必须为一定质量行为或不为一定质量行为的（ C ）性，是义务区别于权利的质的差异和主要特征。

A. 必然　　B. 重要　　C. 必要　　D. 强制

84.《安全生产法》规定，从业人员有获得符合（ A ）的劳动防护用品的权利。

A. 国家标准、行业标准　　B. 行业标准、企业标准

C. 国家标准、地方标准　　D. 企业标准、地方标准

85. 不属于《安全生产法》规定的从业人员安全生产保障知情权的一项是（ D ）。

A. 有权了解其作业场所和工作岗位存在的危险因素

B. 有权了解防范措施

C. 有权了解事故应急措施

D. 有权了解事故后赔偿情况

86. 下列说法不正确的是（ C ）。

A. 任何单位和个人不得损坏或者擅自挪用、拆除、停用消防设备、器材

B. 任何单位和个人不得占有防火间距、不得堵塞消防通道

C. 营业性场所不能保障疏散通道、安全出口畅通的，责令限期改正；逾期不改正的，对其直接负责的主管人员和其他直接责任人员依法给予行政处分或者处警告

D. 阻拦报火警或者谎报火警的，处警告、罚款或者十日以下拘留

87. 以机动车驾驶技能为例，个人日常生活中驾驶是属于（ B ）。

A. 职业技能　　B. 生活技能　　C. 操作技能　　D. 肢体技能

88. 职业技能鉴定考试的主要目的是（ A ）。

A. 为劳动者持证上岗和用人单位就业准入资格提供依据

B. 为劳动者提供就业证书

C. 检验劳动者的技能水平

D. 测量劳动者职业技能的等级

89. 职业技能鉴定考试属于(D)。

A. 常模参照考试　　B. 上岗考试

C. 取证考试　　D. 标准参照考试

90. 职业资格证书初级、中级、高级、技师、高级技师对应的级别分别是(A)。

A. 五 、四、三、二、一　　B. 一、二、三、四、五

C. 二、三、四、五、六　　D. 六、五、四、三、二

91. 职业资格证书是由(B)机构印制。

A. 各级教育部门　　B. 劳动保障部门

C. 劳动者所在的劳资部门　　D. 职业技能鉴定部门

92. 可以作为劳动者就业上岗和用人单位准入就业的主要依据是(C)。

A. 毕业证书　　B. 介绍信

C. 职业资格证书　　D. 成绩单

93. 职业具有社会性、稳定性、规范性、群体性和(A)等特点。

A. 目的性　　B. 开放性　　C. 先进性　　D. 实用性

工种理论知识试题

判断题

1. 石油通常是一种易流动的液体。 (×)

正确答案：石油通常是一种流动或半流动的黏稠液体。

2. 硫含量低于1.0%的原油为低硫原油。 (×)

正确答案：硫含量低于0.5%的原油为低硫原油。

3. 石油是由烷烃、环烷烃、芳香烃等各种烃类组成的复杂混合物，含有少量硫、氮、氧等有机化合物和微量金属。 (√)

4. 在一定条件下，石油中芳香烃上的侧链会被氧化成有机酸，这是油品氧化变质的重要原因之一。 (√)

5. 石油馏分将直接成为石油产品。 (×)

正确答案：石油馏分并不就是石油产品，需要将各馏分进行进一步加工才能成为石油产品。

6. 通常轻质油品测定其开口闪点，重质油和润滑油多测定其闭口闪点。 (×)

正确答案：通常轻质油品测定其闭口闪点，重质油和润滑油多测定其开口闪点。

7. 卤族元素包括氧、氯、溴、碘，它们的原子最外层有6个电子。 (×)

正确答案：卤族元素包括氟、氯、溴、碘，它们的原子最外层有7个电子。

8. 元素化合价与其价电子构型有关，价电子构型的周期性变化决定了元素化合价的周期性变化。 (√)

9. 物质在溶解过程中，有的会放热，使溶液温度升高，有的会吸热，使溶液温度降低。 (√)

10. 在水溶液中电离度大的物质溶解度不一定大。 (√)

11. 空气是由 O_2 和 N_2 两种气体组成的混合物。 (×)

正确答案：空气是由 O_2、N_2、CO_2、H_2O 等多种物质组成的混合物。

12. 水分子是很强的极性分子。 (√)

13. 将氯气通入溴化钠溶液，溴被置换是还原。 (×)

正确答案：将氯气通入溴化钠溶液，溴被置换是氧化。

14. 原子是由居于原子中心的带正电的原子核和核外带负电的电子构成的。 (√)

15. 元素只分种类，不讲个数；而原子既讲种类又讲个数。 (√)

16. 水分子间因为有氢键，使分子间产生较强的结合力。 (√)

17. 一种以分子、原子或离子状态分散于另一种物质中构成的均匀而又稳定的体系叫溶液。 (√)

18. 固体、气体溶于液体时，固体、气体是溶质，液体是溶剂。 (√)

19. 溶剂可以是气体或液体，但不可能是固体。 (×)

正确答案：溶剂可以是气体、液体或固体。

20. 卤原子具有很强的电子特性，所以在化学反应中卤素单质一律是氧化剂。 (×)

正确答案：卤原子具有很强的电子特性，但在与水的反应中，除氟只做氧化剂外，其余卤素既做氧化剂又做还原剂。

21. 氧化剂越容易接受电子，其氧化能力越强。 (√)

22. 在 $C + H_2O$(气) $= CO\uparrow + H_2\uparrow$ 反应中，C 是还原剂。 (√)

23. 1mol 水含有少于 6.023×10^{23} 个水分子。 (×)

正确答案：1mol 水含有 6.023×10^{23} 个水分子。

24. 流体的抗剪和抗张能力大。 (×)

正确答案：流体的抗剪和抗张能力小。

25. 单位体积流体所具有的质量称为流体的密度。 (√)

26. 流体的运动黏度与密度有关。 (√)

27. 体积流量一定时，流速与管径的平方成正比。 (×)

正确答案：体积流量一定时，流速与管径的平方成反比。

28. 压力表上的读数表示被测流体的绝对压强比大气压小的数值。 (×)

正确答案：压力表上的读数表示被测流体的绝对压比大气压大的数值。

29. 真空度越高，则其绝对压力越高。 (×)

正确答案：真空度越高，则其绝对压力越低。

30. 一正方体悬浮于某种液体中，上表面与液体平行，则其上表面受到的液体压强小于下表面受到的液体压强。 (√)

31. 流体的流动类型分为层流和紊流。 (√)

32. 流体在管路中的流动阻力分为直管阻力和局部阻力。 (√)

33. 螺杆泵是依靠螺杆旋转产生的离心力而输送液体的泵，故属叶片式泵。 (×)

正确答案：螺杆泵是依靠螺杆旋转将封闭容积内液体进行挤压而提高压力的泵，故属容积式泵。

34. 往复泵是依靠泵内工作容积周期性变化来提高液体压力的泵。 (√)

35. 压缩机因压力变化大、温升高，应考虑气体的压缩性，因此需要装配冷却设备。 (√)

36. 螺杆压缩机是依靠螺杆旋转产生的离心力对气体进行压缩，故属离心式压缩机。 (×)

正确答案：螺杆压缩机是利用阴阳螺杆的相互填塞，使齿容积发生周期性变化对气体进行压缩，故属容积式压缩机。

37. 动力驱动阀只有电动阀和气动阀。 (×)

正确答案：动力驱动阀包括电动阀、气动阀和液动阀等。

38. Q21F—40P 型球阀为电动、外螺纹连接，其公称压力为 40MPa。 (×)

正确答案：Q21F—40P 型球阀为手动、外螺纹连接，其公称压力为 4MPa。

39. 平焊钢法兰可用于高温高压管道的连接。 (×)

正确答案：平焊钢法兰不能用于高温高压管道的连接。

40. 垫片可分为软质垫片、硬质垫片、液体密封垫片和填料等四类。 (×)

正确答案：垫片可分为软质垫片、硬质垫片、液体密封垫片等三类。

41. 在水处理装置中，用得最多的螺栓是方头螺栓。 (×)

正确答案：在水处理装置中，用得最多的螺栓是六角头螺栓。

42. 地脚螺栓是用于固定设备基础的。 (√)

43. 螺纹连接又叫丝扣连接，常用来连接天然气、炼厂气、低压蒸汽、水和压缩空气的大直径管路。 (×)

正确答案：螺纹连接又叫丝扣连接，只能用于小直径管路的连接。

44. 在各种压力管道中，由于生产工艺的要求，或考虑制造、运输、安装、检修的方便，常采用可拆的结构。常见的可拆结构有法兰连接、螺纹连接和插套连接。 (√)

45. 密封是防止工作介质从机器和设备中泄漏或防止外界杂质侵入机器和设备内部的一种装置或措施。 (√)

46. 流体动压润滑的润滑膜较厚，能形成流体动压力完全将金属表面分隔开，支承物体的接触面不弹性变形。 (√)

47. 容器破坏时，器壁平均压力远低于材料的抗拉强度、甚至屈服强度，这种破坏形式属于脆性破坏。 (×)

正确答案：容器破坏时，器壁平均压力远低于材料的抗拉强度、甚至屈服强度，这种破坏形式属于腐蚀破坏。

48. 钢按化学成分可分为碳素钢和合金钢。 (√)

49. 正电荷的运动方向为电流方向。 (√)

50. 我国的交流电频率是 60Hz。 (×)

正确答案：我国的交流电频率是 50Hz。

51. 如果交流电的频率是 50Hz，则该电流的方向每秒改变 100 次。 (√)

52. 已知 a 点的电位 $U_a = 5V$，b 点的电位 $U_b = 3V$，则电压 $U_{ab} = 2V$。 (√)

53. 在串联电路中，总电压等于各串联导体分电阻的端电压，即 $U = U_1 = U_2$。 (×)

正确答案：在串联电路中，总电压等于各串联导体分电阻的端电压之和。

54. R_1 和 R_2 两电阻接成并联电路，其总电阻应为 $R = \frac{R_1 R_2}{R_1 + R_2}$。 (√)

55. 有人低压触电时，应立即将他拉开。 (×)

正确答案：首先要使他脱离电源，可用绝缘物使他和电源分离。

56. 对于呼吸和心跳都停止的触电人员，应立即实施胸外心脏挤压法抢救。 (×)

正确答案：应同时实施人工呼吸法和胸外心脏挤压法抢救

57. 电动机容易起火的部位是大盖和小盖。（×）

正确答案：电动机容易起火的部位是定子绕组和转子绕组。

58. 当用仪表对被测参数进行测量时，仪表指示值总要经过一段时间才能显示出来，这段时间称为仪表的反应时间。（√）

59. 有一台温度变送器，其测量范围是0～400℃，精度等级是1级，误差为3℃。（×）

正确答案：温度变送器其测量范围是0～400℃，精度等级是1级，则其误差为±4℃。

60. 简单控制系统由被控对象、测量变送单元和调节器组成。（×）

正确答案：简单控制系统由被控对象、测量变送单元、调节器和执行器组成。

61. 安全栅的作用是为变送器供电。（×）

正确答案：安全栅的作用是限制能量。

62. 偏心阀特别适用于低压差、大口径、大流量的气体和浆状液体。（×）

正确答案：偏心阀特别适用于高黏度、高压差、流通能力大以及调节系统要求密封和可调范围宽的场合。

63. 单管压力计同U形管压力计相比，其读数误差不变。（×）

正确答案：单管压力计同U形管压力计相比，其读数误差减少一半。

64. 转子流量计对上游侧的直管要求不高。（√）

65. 测量液位用的差压计，其差压量程由介质密度和封液高度决定。（×）

正确答案：测量液位用的差压计，其差压量程由介质密度和取压点垂直高度决定，和封液高度无关。

66. 在热电偶测温回路中，只要显示仪表和连接导线两端温度相同，热电偶总电动势值不会因它们的接入而改变，这是根据中间导体定律而得出的结论。（√）

67. 储罐液位调节系统，当调节阀装在入口管线上时，应选风关式调节阀。（√）

68. DCS系统是(Distributed Control System)集散控制系统的简称。（√）

69. DCS操作站中，过程报警和系统报警的意义是一样的，都是由于工艺参数超过设定的报警值而产生。（×）

正确答案：DCS操作站中，过程报警和系统报警的意义是不一样的，过程报警是由于工艺参数超过设定的报警值而产生，系统报警是由于系统本身报警而产生的。

70. 保证测量器具的正确使用是计量工作的任务之一。（√）

71. 只有量值而无准确程度的结果，不是计量结果。（√）

72. 企业内部可以允许使用非法定计量单位。（×）

正确答案：企业内部不允许使用非法定计量单位。

73. “国际单位制(SI)”起源于法文，取其前两词的首位字母S和I构成它的国际简称“SI”。（√）

74. 开尔文是热力学温度单位，等于水的三相点热力学温度的1/273.16。（√）

75. 在国际单位制中，词头都有特定的含义，可以单独使用。（×）

正确答案：在国际单位制中，词头都有特定的含义，但不能单独使用。

76. 斜板隔油池池内水的停留时间一般为平流隔油池的1/4～1/2。（√）

77. 目前最常见的机械通风型的冷却塔是鼓风逆流或横流式冷却塔。（×）

正确答案：目前最常见的机械通风型的冷却塔是抽风逆流或横流式冷却塔。

78. 化学清洗是指通过化学药剂的作用，使被清洗设备中的沉积物溶解、疏松、脱落或剥离的一大类清洗方法。（√）

79. 聚磷酸盐易于水解为正磷酸盐，从而使其缓蚀能力降低，且易与水中钙离子生成磷酸钙垢。（√）

80. 产黏泥细菌又称黏液异养菌，是冷却水系统中数量最多的一类有害细菌。（√）

81. 真菌的生长不能产生黏泥而沉积覆盖在换热器中的换热管表面上。（×）

正确答案：真菌的生长能产生黏泥而沉积覆盖在换热器中的换热管表面上。

82. 冷却水系统中的藻类生长不需要阳光，死亡的藻类会变成冷却水系统中的悬浮物和沉积物。（×）

正确答案：冷却水系统中的藻类生长需要阳光，死亡的藻类会变成冷却水系统中的悬浮物和沉积物。

83. 微生物种类繁多，包括细胞型和非细胞型两大类。（√）

84. 冷却水系统中金属微生物腐蚀的形态可以是严重的均匀腐蚀，也可以是缝隙腐蚀和应力腐蚀破裂，但主要是均匀腐蚀。（×）

正确答案：冷却水系统中金属微生物腐蚀的形态可以是严重的均匀腐蚀，也可以是缝隙腐蚀和应力腐蚀破裂，但主要是点蚀。

85. 水的总酸度测定是用甲基橙指示剂指示滴定的终点。（×）

正确答案：水的总酸度测定是用酚酞指示剂指示滴定的终点。

86. 水的永久硬度主要由钙镁的硫酸盐、氯化物和硝酸盐等盐类所形成的硬度，它不能用加热分解的方法除去。（√）

87. 在地下水源中，承压水一般不易受到污染，一经污染，很容易净化和恢复。（×）

正确答案：在地下水源中，承压水一般不易受到污染，但一经污染，则很难净化和恢复。

88. 江河水的主要补给源是降水，所以水质较软。（√）

89. 真色是指未除去水中悬浮物时的颜色，该颜色是由于水中溶解性物质引起的。（×）

正确答案：真色是指除去水中悬浮物后的颜色，该颜色是由于水中溶解性物质引起的。

90. 按色度的测定标准，当水中铂的浓度为1mg/L时所产生的颜色深浅定为1度。（√）

91. 阻垢分散剂是控制循环冷却水系统污垢沉积的药品。（√）

92. 阻垢剂是指能阻止循环冷却水系统中颗粒(垢)物聚集沉降，并维持其悬浮状态的专用化学品。（×）

正确答案：分散剂是指能阻止循环冷却水系统中颗粒(垢)物聚集沉降，并维持其悬浮状态的专用化学品。

93. 循环水系统中经常使用的含磷有机缓蚀阻垢剂，一般分为有机膦酸酯和有机膦酸盐两大类。（√）

94. 清洗剂是能够将被清洗设备中的沉积物溶解、疏松的一种化学药剂。（√）

95. 在循环冷却水处理中能把生物及其生成的黏泥从换热设备的金属表面或冷却塔壁上剥离的药剂，称为阻垢缓蚀剂。（×）

正确答案：在循环冷却水处理中能把微生物及其生成的黏泥从换热设备的金属表面或冷却塔壁上剥离的药剂，称为剥离剂。

96. 使用聚合氯化铝作为混凝剂，对水的 pH 值变化有较强的适应性。 (√)

97. 离子交换树脂由酸性变为碱性或者离子交换树脂由碱性变为酸性，称为树脂转型。 (×)

正确答案： 离子交换基团中反离子的变换，称为树脂转型。

98. 当强碱溅入眼睛时，应立即送医院急救。 (×)

正确答案： 当强碱溅入眼睛时，应立即用大量流动清水冲洗，再用 2% 稀硼酸溶液清洗。

99. 交换器的周期制水量大，则说明离子交换树脂工作交换容量就大。 (×)

正确答案： 交换器的周期制水量大，并不代表离子交换树脂工作交换容量就大，因为周期制水量还与进水含盐量有关。

100. 滤池检修后首次投用时，应进行强制反冲洗，保证出水合格。 (√)

101. 透平泵开车前，进、出汽总阀应处于全关状态，旁通阀应处于全开状态。 (×)

正确答案： 透平泵开车前，进、出汽总阀及其旁通阀应处于全关状态。

102. 氯瓶在使用时应按照先入先取先用的原则，防止某些氯瓶存放期过长。 (√)

103. 循环水系统水联运前，应打开上塔阀、冷却器进出水阀及系统排污阀。 (×)

正确答案： 循环水系统水联运前，应打开上塔阀和冷却器进出水阀，全关系统排污阀。

104. 汽轮机调节系统的基本作用是：在汽轮机稳定工况或负荷变化时，保证转速不变并维持在规定值。 (×)

正确答案： 汽轮机调节系统的基本作用是：在汽轮机稳定工况下，保证转速不变并维持在规定值，当负荷变化时，保证转速的偏差不超过所规定范围。

105. 固定式集油管由蜗轮蜗杆作为传动系统，既可顺时针转动，也可以逆时针转动。 (√)

106. 安装压力表时，被测压力有激烈变化或振动时应装缓冲器、上限标志。 (√)

107. 工艺管线水冲洗应采用分段冲洗方法，上段合格后再冲洗下段。 (√)

108. 滤池短期停运可不排水，但使用前要进行手动强制反洗。 (√)

109. 循环冷却水的水质稳定处理的内容是缓蚀阻垢。 (×)

正确答案： 循环冷却水的水质稳定处理的内容是缓蚀阻垢、杀菌灭藻。

110. 平流沉淀池对排泥操作的要求是：既要把污泥排净，又要使污泥浓度低。 (×)

正确答案： 平流沉淀池对排泥操作的要求是：既要把污泥排净，又要使污泥浓度高。

111. 结晶的成长速度取决于溶液中溶质向结晶面扩散的速度和溶质在结晶表面上析出的速度。 (√)

112. 平流隔油池设计水力停留时间为 1.5～2.0h，斜板隔油池设计水力停留时间不超过 30min。 (√)

113. 滤料污染是指滤池运行了一段时间后，总有微量不易冲洗的污物残留在滤层内，特别是在反洗操作不当时，情况会更严重，这些污物有的是有机物，有的是滤料截留下来的杂物，造成了滤料的污染。 (√)

114. 氯气非常活泼，易与其他物质起化学反应，因此氯瓶内不允许进入其他气体，当有其他物质混入时，有发生爆炸的可能。 (√)

115. 循环水场补充水突然中断，应立即报告调度，停运滤池并停止系统排污等。 (√)

116. 氯瓶入库时，要仔细检查各部件是否完好齐全，如安全帽、压盖、角阀、阀杆、防震圈等，如缺少部件或不符合安全条件拒收。 (√)

117. 置换是循环水系统化学清洗时，在剥离清洗或除垢清洗进行到终点后，用新水置换系统中清洗后的污水的处理过程。 (√)

118. 在循环冷却水的排污水中含有不同程度的悬浮物、各种盐类、金属氧化物、阻垢缓蚀剂、杀生剂等，数量往往超过排放标准，应做必要处理，满足有关规定后才能排放。 (√)

119. 异步电动机的调速性能较好，并且不从电网吸取无功功率。 (×)

正确答案：异步电动机的调速性能较差，并从电网吸取无功功率而使电网的功率因素降低。

120. 湿投法所使用的混凝剂必须是液体药剂。 (×)

正确答案：湿投法所使用的混凝剂可以是液体药剂，也可以是固体药剂。

121. 水射器投加是利用高压水在水射器喷嘴处形成的压力将药液射入压力管。 (×)

正确答案：水射器投加是利用高压水在水射器喷嘴处形成的负压将药液射入压力管。

122. 滤后水消毒的加氯点一般设在滤池到清水池的管道上或在清水池的入口处。在暗杆阀门启闭时，阀杆随闸板而升降。 (×)

正确答案：在暗杆阀门启闭时，阀杆不随闸板而升降。

123. 对焊法兰不适用于有毒介质的管路中。 (×)

正确答案：对焊法兰适用于有毒介质的管路中。

124. 截止阀按介质流动方向的不同可分为直通式、直流式和角式三种。 (√)

125. 紧急切断阀是通过节流而使流体压力下降的一种减压装置。 (×)

正确答案：减压阀是通过节流而使流体压力下降的一种减压装置。

126. 单隔膜计量泵柱塞和隔膜不接触。 (√)

127. 气体压送机械可按其终压或压缩比分四类：往复式、离心式、旋转式和轴流式。 (×)

正确答案：气体压送机械可按其作用原理分四类：往复式、离心式、旋转式和轴流式。

128. 离心水泵常用的浸油、浸石墨的石棉绳填料，断面一般为菱形。 (×)

正确答案：离心水泵常用的浸油、浸石墨的石棉绳填料，断面一般为方形。

129. 电动阀门要设上行程的限位，但不需要设下行程的限位。 (×)

正确答案：电动阀门要设上、下行程的限位。

130. 空气中悬浮微粒的散射不会影响红外测温仪的测量准确度。 (×)

正确答案：空气中悬浮微粒的散射会影响红外测温仪的测量准确度。

131. 容积式泵出口必须设安全阀。 (√)

132. 闸阀的密封面易受冲蚀和擦伤且维修困难。 (√)

133. 与闸阀相比，截止阀调节性能好，密封性较强，流动阻力小。 (×)

正确答案：与闸阀相比，截止阀调节性能好，密封性较差，流动阻力大。

134. 若阀门型号为 Z61H－25，则该阀为法兰闸阀。 (×)

正确答案：若阀门型号为 Z61H－25，则该阀为焊楔式闸阀。

135. 若阀门型号为 Z11H－25，则该阀为内螺纹明杆楔式闸阀。 (√)

136. 止回阀一般用于清净的流体介质中，不宜用于含固体颗粒和黏度大的流体介质中。(√)

137. 电动机的过载系数是指其额定转矩与最大转矩的比值。 (√)

138. 铸铁给水管道承插口的接头材料分两层，里层为青铅或石棉水泥等填料，外层为油麻丝或胶圈。 (×)

正确答案：铸铁给水管道承插口的接头材料分两层，里层为油麻丝或胶圈，外层为青铅或石棉水泥等填料。 （√）

139. 均匀集水是指在平流沉淀池出口段出水要均匀，可以采用指形槽的集水方式解决这一问题。 （√）

140. 潜污泵是离心泵的一种型式，也会发生气蚀现象。 （×）

正确答案：潜污泵是离心泵的一种型式，不会发生气蚀现象。

141. 小型潜污泵在水下作业，电机产生的热量不易扩散出去。 （×）

正确答案：小型潜污泵在水下作业，电机产生的热量随四周的水流连续扩散出去。

142. 浮油可随时溢入集油管并沿集油管流到集油池。 （×）

正确答案：浮油达到一定高度时溢入集油管并沿集油管流到集油池。

143. 一般低压、常温和无腐蚀性的介质的容器多用石棉垫。 （×）

正确答案：一般低压、常温和无腐蚀性的介质的容器多用橡胶板。

144. 判断一台设备是否完好，其标准有三，即运行正常、效能良好；内部构件无损、质量符合要求；主体整洁、零附件齐全好用。 （×）

正确答案：判断一台设备是否完好，其标准有四，即运行正常、效能良好；内部构件无损、质量符合要求；主体整洁、零附件齐全好用；技术资料齐全准确。

145. 在设备统计中，全部设备是指生产、动力供应、机械加工、起重运输、土木防腐、机修、电气、探伤检验等在用、备用和停用设备，包括库存设备。 （×）

正确答案：在设备统计中，全部设备是指生产、动力供应、机械加工、起重运输、土木防腐、机修、电气、探伤检验等在用、备用和停用设备，但不包括库存、生活、医疗、分析仪表及工具等。

146. 波纹管用于密封，可以省填料，故称波纹管为无填料密封。 （√）

147. 石化工业企业设备管理制度规定，库存六个月以上润滑油(脂)须经分析，合格后方可使用。 （×）

正确答案：石化工业企业设备管理制度规定，库存三个月以上润滑油(脂)须经分析，合格后方可使用。

148. 加强废油管理工作，按品种分类回收，以便再生。再生后的油品要经质量分析，合格后方准使用。 （√）

149. 备用泵盘车时要求盘 90°，主要是为了防止轴弯曲。 （×）

正确答案：备用泵盘车时要求盘 180°，主要是为了防止轴弯曲。

150. 工业润滑轻油的恩氏黏度°E50 = 1.8 ~ 2.5。 （×）

正确答案：工业润滑轻油的恩氏黏度°E50 = 1.3 ~ 1.8。

151. 针入度表示润滑脂软硬的程度，针入度越大则润滑脂越硬。 （×）

正确答案：针入度表示润滑脂软硬的程度，针入度越小则润滑脂越硬。

152. 无阀滤池双层滤料的装入，应使相对密度大而粒径小的在上层。 （×）

正确答案：无阀滤池双层滤料的装入，应使相对密度大而粒径小的在底层。

153. 无阀滤池中格栅式集配水装置属于大阻力系统。 （×）

正确答案：无阀滤池中格栅式集配水装置属于小阻力系统。

154. 当混凝剂的投加量过大时，会出现絮凝池内矾花细小的现象。 （×）

正确答案：当混凝剂的投加量过小时，会出现絮凝池内矾花细小的现象。

155. 氯气在常温下加压至 8～12 个 atm，可变成液态。 （×）

正确答案：氯气在常温下加压至 6～8 个 atm，可变成液态。

156. 在膨胀石墨填料间加入锌粉，其目的是为了减少阀杆与填料间的摩擦力，提高阀门的灵敏度。 （×）

正确答案：在膨胀石墨填料间加入锌粉，其目的是为了防止膨胀石墨填料与阀杆发生电化学腐蚀而导致泄漏。

157. 离心泵在小流量下运行，会使泵内液体温度升高。 （√）

158. 离心泵的叶轮流道被堵塞、轴弯曲、轴承损坏、气蚀发生等都能引起泵振动大。 （√）

159. 双层及多层滤料的滤池因滤料组成改变，在滤池构造和过滤方式上与普通单层滤料滤池有较大差别。 （×）

正确答案：双层及多层滤料的滤池在滤池构造和过滤方式上与普通单层滤料滤池无多大区别，只是滤料组成改变。

160. 当发生氯瓶严重泄漏事故时，应立即寻找漏点，加以消除。 （×）

正确答案：当发生氯瓶严重泄漏事故时，应先配带气防用具，再将氯瓶推入碱液事故池。

161. 长胶管式防毒面具导气管吸入口应放在有毒区域的下方高处，保证吸入新鲜空气，并有专人监护。 （×）

正确答案：长胶管式防毒面具导气管吸入口应放在有毒区域的上风口，保证吸入新鲜空气，并有专人监护。

162. 使用离心泵填料压盖时，应避免出现压盖过紧引起的过热或压盖过松引起的大量泄漏。 （√）

163. 良好的润滑油及适当的润滑油量可以有效防止离心泵的轴承发热。 （√）

164. 在重力式无阀滤池的反洗期间，进水经过滤层反洗后排至地沟。 （×）

正确答案：在重力式无阀滤池的反洗期间，进水随反洗水直接排至地沟。

165. 在画设备平面布置图时，在一张图内，不可一并绘制多层平面图。 （×）

正确答案：在画设备平面布置图时，在一张图内，可以一并绘制多层平面图。

166. 管道布置图只要求完整地表示出车间内的全部管道、阀门、管件、仪表控制点、设备及建筑物的轮廓等内容。 （×）

正确答案：管道布置图除了要单独表示的部分系统外，均要完整地表示出车间内的全部管道、阀门、管件、仪表控制点、设备及建筑物的轮廓等内容。

167. 阀门在管道布置图上的表示法与其在带控制点工艺流程图上的表示法不同，主要是由于两类图样制图要求不同所致。 （×）

正确答案：阀门在管道布置图上的表示法与其在带控制点工艺流程图上的表示法不同，主要是由于两类图样作用、内容和深度不同所致。

168. 图 ——||—— 是活接头的表示图例。 （√）

169. 立式设备一般以主、左（右）视图表达主体结构。 （×）

正确答案：卧式设备一般以主、左（右）视图表达主体结构。

170. 某循环水[Ca^{2+}] = 90mg/L，其补充水[Ca^{2+}] = 30mg/L，则该循环水浓缩倍数小

于3.0。 （×）

正确答案：某循环水[Ca^{2+}]=90mg/L，其补充水[Ca^{2+}]=30mg/L，则该循环水浓缩倍数大于3.0。

171. 体积流速等于质量流速与流体密度的乘积。 （×）

正确答案：体积流速等于质量流速除以流体密度。

单选题

1. 石油的相对密度一般介于（ C ）g/cm^3之间。

A. 0.45～0.65　B. 0.6～0.88　C. 0.80～0.98　D. 0.90～1.10

2. 原油按密度进行分类，其中密度（15℃）在0.855～0.934g/cm^3之间的称为（ B ）。

A. 轻质原油　B. 中质原油　C. 重质原油　D. 特稠原油

3. 根据原油的特性因素分类，特性因素（ A ）为石蜡基原油。

A. 大于12.1　B. 11.5～12.1　C. 10.5～11.5　D. 小于10.5

4. 石油组成非常复杂，主要是由（ C ）两种元素组成的各种烃类。

A. 氮和氢　B. 氢和氧　C. 碳和氢　D. 碳和氧

5. 石油中，碳的平均含量一般为（ D ）。

A. 69%～74%　B. 74%～79%　C. 79%～83%　D. 83%～87%

6. 石油主要由各种不同的烃类组成的，其主要类型为（ B ）。

A. 烷烃、环烷烃、脂肪烃　B. 烷烃、环烷烃、芳香烃

C. 烷烃、芳香烃、脂肪烃　D. 脂肪烃、环烷烃、芳香烃

7. 烷烃是石油的主要组分，在常温常压下，C_1～C_4（即分子中含有1～4个碳原子）的烷烃为（ C ）。

A. 固体　B. 液体　C. 气体　D. 无法确定

8. 通常把沸点小于（ C ）℃的馏分称为汽油馏分。

A. 150　B. 180　C. 200　D. 250

9. 石油馏分是指原油蒸馏时分离出的具有一定馏程的组分，其中馏程指的是（ A ）。

A. 沸点范围　B. 压力范围　C. 密度范围　D. 闪点范围

10. 在规定条件下，当火焰靠近油品表面的油气和空气混合物时即着火并持续燃烧至规定时间所需的最低温度，称为（ A ）。

A. 燃点　B. 自燃点　C. 闪点　D. 沸点

11. 汽油的闪点约为（ A ）℃。

A. －50～30　B. 28～60　C. 50～120　D. 130～325

12. 下列选项中，（ C ）表示汽油在汽油机中燃烧时的抗震性指标。

A. 异辛烷值　B. 正庚烷值　C. 辛烷值　D. 十六烷值

13. 在测定车用汽油的辛烷值时，人为地选择了标准物，其中一种为（ B ），规定其辛烷值为100，它的抗爆性好。

A. 正辛烷　B. 异辛烷　C. 正辛烷　D. 正庚烷

14. 国产0号柴油表示其（ D ）不高于0℃。

A. 浊点　B. 结晶点　C. 冰点　D. 凝点

15. 测定柴油的十六烷值时，人为地选择了标准物，其中一种为(B)，它的抗爆性好，规定其十六烷值为100。

A. 异十六烷　B. 正十六烷　C. 异辛烷　D. α－甲基萘

16. 钙元素的符号是(A)。

A. Ca　B. Cr　C. Co　D. Cl

17. Hg为(D)元素的符号。

A. 铂　B. 银　C. 金　D. 汞

18. 在元素周期表中，除第一、第七周期外，其他周期都是从(D)元素开始。

A. 非金属　B. 惰性气体　C. 卤素　D. 碱金属

19. 镁元素的核外电子排布正确的是(A)。

A. $1S^2 2S^2 2P^6 3S^2$　B. $1S^2 2S^2 2P^6 3S^1$　C. $1S^2 2S^2 2P^6 3S^3$　D. $1S^2 2S^2 2P^6 3S^4$

20. H_2SO_4 中硫元素的化合价为(C)。

A. +2　B. +4　C. +5　D. +6

21. 在一定温度下，将固体物质放入水中，溶质表面的分子或离子由于本身的运动和受到水分子的吸引，克服固体物质分子间的引力，逐渐分散到水中，这个过程叫做(C)。

A. 熔化　B. 稀释　C. 溶解　D. 分解

22. 在常温下，在100g溶剂中，能溶解(C)g以上的物质称为易溶物质。

A. 1　B. 5　C. 10　D. 100

23. 饱和溶液在(C)情况下会向不饱和溶液转化。

A. 冷却　B. 增加溶质　C. 增加溶剂　D. 增加压力

24. 在一定条件下溶液达到饱和状态，下列说法错误的是(D)。

A. 溶解速度等于结晶速度　B. 溶液的浓度不变

C. 溶液中存在动态平衡　D. 溶液速度等于零

25. 溶解度的定义中，一定量的溶剂是指(C)g溶剂的饱和溶液。

A. 1　B. 10　C. 100　D. 1000

26. 液态氧为(C)，透明且易于流动。

A. 无色　B. 蓝色　C. 淡蓝色　D. 白色

27. 在 $2H_2 + O_2 = 2H_2O$ 中，O_2 是被(B)。

A. 氧化　B. 还原　C. 置换　D. 非氧化还原

28. 空气中的氮气体积分数为(B)。

A. 75%　B. 79%　C. 85%　D. 70%

29. 水分子中，∠HOH角度为(C)。

A. 102°40′　B. 103°40′　C. 104°40′　D. 105°40′

30. 下列关于氧化－还原反应的说法中，正确的是(C)。

A. 分解反应都是氧化－还原反应　B. 化合反应都是氧化－还原反应

C. 置换反应一定是氧化－还原反应

D. 复分解反应中，有一部分属于氧化－还原反应

31. 下列物质中，只具有氧化性的是(B)。

A. 氯酸钾　B. 氢离子　C. 氯气　D. 浓硝酸

32. 下列物质在高温时发生分解反应，但不属于氧化－还原反应的是(B)。

A. 碘化氢　　B. 碳酸钙　　C. 氯酸钾　　D. 高锰酸钾

33. 下列微粒中，还原性最强的是(A)。

A. 碘离子　　B. 氟离子　　C. 氯原子　　D. 碘原子

34. 能够独立存在并保持原物质化学性质的最小微粒的是(D)。

A. 原子　　B. 质子　　C. 电子　　D. 分子

35. 将100mL水与100mL酒精混合后，总体积将(B)mL。

A. 大于200　　B. 小于200　　C. 等于200　　D. 等于180

36. 下列物质各取10g时，其中所含原子最多的是(A)。

A. 钠　　B. 镁　　C. 铝　　D. 铜

37. 化学上将众多原子划分为不同元素的依据是(C)。

A. 原子核的大小　　B. 核内中子数　　C. 核电荷数　　D. 核外电子数

38. 地壳中含量最多的三种元素是(C)。

A. C、H、O　　B. N、O、S　　C. O、Si、Al　　D. Fe、Al、Cu

39. 水在(B)℃时密度最大。

A. 0　　B. 3.98　　C. 14.98　　D. 25

40. 分散相的粒子直径在(B)nm的分散体系称为胶体溶液。

A. ≥1　　B. 1～100　　C. 10～1000　　D. ≤100

41. 在氯化钠水溶液中，溶质是(C)。

A. 氯　　B. 钠　　C. 氯化钠　　D. 水

42. 在氯化钠水溶液中，溶剂是(D)。

A. 氯　　B. 钠　　C. 氯化钠　　D. 水

43. 实现下列变化，需要加入氧化剂的有(A)。

A. $HCl \rightarrow Cl_2$　　B. $NaCl \rightarrow HCl$　　C. $HCl \rightarrow H_2$　　D. $CaCO_3 \rightarrow CO_2$

44. 在 $3Fe + 4H_2O \xlongequal{\Delta} Fe_3O_4 + 4H_2$ 反应中，铁是(B)。

A. 氧化剂　　B. 还原剂　　C. 催化剂　　D. 脱水剂

45. 下列卤单质中，不具有还原性的是(A)。

A. F_2　　B. Cl_2　　C. Br_2　　D. I_2

46. 物质的量是表示组成物质的(B)多少的物理量。

A. 单元数目　　B. 基本单元数目　　C. 所有单元数目　　D. 阿伏加德罗常数

47. 下列流体的特点中，错误的是(B)。

A. 在外力作用下其内部发生相对运动　　B. 流体是不可压缩的

C. 在运动状态下，流体具有黏性　　D. 无固定形状，随容器的形状而变化

48. 在一定条件下，理想气体的密度(B)。

A. 与温度成正比　　B. 与温度成反比

C. 与温度的平方成正比　　D. 与温度的平方成反比

49. 液体的黏度随温度升高而(A)。

A. 减小　　B. 不变　　C. 增大　　D. 无法确定

50. 体积流量(V_s)和质量流量(ω_s)的关系为(B)，其中 u 表示流体流速，ρ 表示流体的密度。

A. $\omega_s = V_s u$　　B. $\omega_s = V_s \rho$　　C. $\omega_s = V_s/\rho$　　D. $\omega_s = V_s/u$

51. 表压应等于(B)。

A. 真空度减去大气压　　B. 绝对压力减去大气压

C. 真空度减去绝对压力　　D. 大气压减去真空度

52. 下列压强的单位换算中，错误的是(C)。

A. $1atm = 1.0133 \times 10^5 Pa$　　B. $1kgf/cm^2 = 735.6mmHg$

C. $1kgf/cm^2 = 1.0133 \times 10^5 Pa$　　D. $1atm = 760mmHg$

53. 真空度为 66.7kPa 时，则表压为(C)kPa。

A. 66.7　　B. 34.63　　C. －66.7　　D. －34.63

54. 关于液体压强的说法，正确的是(D)。

A. 液体只对容器的底和侧壁有压强

B. 液体的质量、体积越大，液体的压强越大

C. 液体的密度越大，液体的压强越大

D. 同一种液体的压强只与深度成正比

55. 流体的流动类型是用(D)来判断。

A. 流速　　B. 黏度　　C. 密度　　D. 雷诺数

56. 下列因素是流动阻力产生的根本原因为(A)。

A. 流体具有黏性　　B. 管壁的粗糙　　C. 流量大小　　D. 流动方向的改变

57. 下列各种类型泵中，(B)属于叶片式泵。

A. 齿轮泵　　B. 离心泵　　C. 往复泵　　D. 射流泵

58. 某泵型号为 10Sh－6，则该泵应为(A)。

A. 离心泵　　B. 往复泵　　C. 真空泵　　D. 轴流泵

59. 250JQ140 9 型潜水泵“JQ”表示(D)。

A. 浅井提水，电动机不潜入水中运行　　B. 浅井提水，电动机潜入水中运行

C. 深井提水，电动机不潜入水中运行　　D. 深井提水，电动机不潜入水中运行

60. 当管道系统因温差所引起的自由膨胀(或收缩)量过大，但由于结构原因而不能自由膨胀，以致引起过大的温差应力或温差应力和由内压引起的机械应力之和的总应力过大时，应设置(D)以起缓解作用，从而降低管道的轴向应力。

A. 活接头　　B. 弯头　　C. 异径管　　D. 膨胀节

61. 若两条垂直的管道需要连接时，应采用(C)。

A. 三通　　B. 45°弯头　　C. 90°弯头　　D. 活接头

62. 某两个长 6m 管径 25mm 的镀锌钢管需要延长使用，应采用(B)连接。

A. 外丝　　B. 内丝　　C. 异径管　　D. 弯头

63. 在设计条件下，出口风压小于(C)Pa 的风机叫通风机。

A. 3000　　B. 9000　　C. 15000　　D. 300000

64. 鼓风机按工作原理可分为(D)。

A. 混流式鼓风机、回转式鼓风机、轴流式鼓风机

B. 混流式鼓风机、离心式鼓风机、回转式鼓风机

C. 离心式鼓风机、轴流式鼓风机、混流式鼓风机

D. 离心式鼓风机、回转式鼓风机、轴流式鼓风机

65. 按结构形式分，属于容积式压缩机的是(A)。

A. 螺杆压缩机　　B. 罗茨风机

C. 离心式压缩机　　D. 轴流压缩机

66. 阀瓣在阀杆的带动下，沿阀座密封面的轴线作升降运动而达到启闭目的的阀门，称为(D)。

A. 闸阀　　B. 隔膜阀　　C. 旋塞阀　　D. 截止阀

67. 低压阀是指公称压力(B)的阀门。

A. ≤1.0MPa　　B. ≤1.6MPa　　C. 1.0～3.0MPa　　D. 1.0～5.0MPa

68. 在阀门型号表示方法中，一般不包含(D)要素。

A. 驱动方式　　B. 连接形式　　C. 密封面材料　　D. 介质类型

69. 下列各种法兰中，(D)通常用于铜、铝等有色金属及不锈耐酸钢容器和管线连接上。

A. 平焊法兰　　B. 对焊法兰　　C. 螺纹法兰　　D. 活套法兰

70. 下列垫片中，具有密封性好，密封面结构简单、耐腐蚀，涂敷方便，成本低，适用面广等优点的是(C)。

A. 软质垫片　　B. 硬质垫片　　C. 液体密封垫片　　D. 填料

71. 钢管、铜管以及塑料管，通常使用的连接方式为(D)，该方式不适用于铸铁管。

A. 螺纹连接　　B. 法兰连接　　C. 插套连接　　D. 焊接连接

72. 下列密封中，(A)属于接触型动密封。

A. 机械密封　　B. 迷宫密封　　C. O形环密封　　D. 液体密封

73. 下列密封形式中，(D)为非接触式密封。

A. 填料密封和普通机械密封　　B. 干气密封和O形圈密封

C. 浮环密封和泵耐磨环密封　　D. 浮环密封和迷宫密封

74. 滑动轴承的润滑主要为(A)。

A. 流体润滑　　B. 边界润滑　　C. 间隙润滑　　D. 混合润滑

75. 下列轴承中，一般使用石墨润滑脂润滑的是(A)。

A. 外露重载滑动轴承　　B. 滚动轴承

C. 高速运转滑动轴承　　D. 高温重载轴承

76. 金属材料在断裂前产生了明显塑性变形的破坏形式叫做(A)。

A. 韧性破坏　　B. 脆性破坏　　C. 腐蚀破坏　　D. 疲劳破坏

77. 20R是(D)。

A. 低合金高强度钢　　B. 奥氏体不锈钢

C. 耐热钢　　D. 优质碳素结构钢

78. 普通钢含杂质元素较多，其中规定(B)，S、P分别表示磷、硫含量。

A. $S \leqslant 0.030\%$、$P \leqslant 0.035\%$　　B. $S \leqslant 0.045\%$、$P \leqslant 0.055\%$

C. $S \leqslant 0.040\%$、$P \leqslant 0.040\%$　　D. $S \leqslant 0.035\%$、$P \leqslant 0.035\%$

79. 下列荧光灯的特点中，错误的是(D)。

A. 效率高　　B. 亮度高　　C. 寿命长　　D. 发光热量高

80. 下述各种照明灯，(D)的效率最高。

A. 白炽灯　　B. 荧光灯　　C. 高压汞灯　　D. 钠灯

81. 下列电流强度的说法中，正确的是(C)。

A. 通过导线横截面的电量越多，电流强度越大

B. 电子运动的速率越大，电流强度越大

C. 单位时间内通过导体横截面的电量越多，导体中的电流强度越大

D. 因为电流有方向，所以电流强度是矢量

82. 设在时间 t 内通过导体截面 S 的电量为 Q，已知导体电阻为 R，电压为 U，则电流强度 I 应为(B)。

A. $I=\frac{Q}{S}$　　B. $I=\frac{Q}{t}$　　C. $I=\frac{U}{t}$　　D. $I=\frac{Q}{R}$

83. 下列直流电的概念中，正确的说法为(B)。

A. 方向和强弱随时间而改变的电流　　B. 方向不随时间改变的电流

C. 强弱不随时间改变的电流　　D. 方向随时间改变的电流

84. 下列装置和设备中，不可以作为直流电的负载的是(A)。

A. 变压器　　B. 白炽灯　　C. 电炉丝　　D. 直流电动机

85. 交流电的有效值是根据(D)来规定的。

A. 电流的数值大小　　B. 电压的数值大小

C. 电阻的数值大小　　D. 电流的热效应

86. 某手电筒的电池电压为 3V，通过电珠的电流为 150mA，则该电珠的电阻应为(C)Ω。

A. 2　　B. 5　　C. 20　　D. 50

87. 当温度一定时，导体的电阻是由(D)决定的。

A. $R=\frac{L}{S}$　　B. $R=\rho\cdot L\cdot S$　　C. $R=\frac{\rho}{L\cdot S}$　　D. $R=\rho\frac{L}{S}$

88. 下列电压的概念中，错误的说法是(B)。

A. 电路中两点间的电势差，叫做电压

B. 电流是产生电压的条件

C. 电压可视为描述电场力做功大小的物理量

D. 电压越高，移动单位电荷做功越多

89. 在国际单位制中，电压的单位是(C)。

A. A　　B. Ω　　C. V　　D. W

90. 下列电路图中，(A)是串联电路。

A. 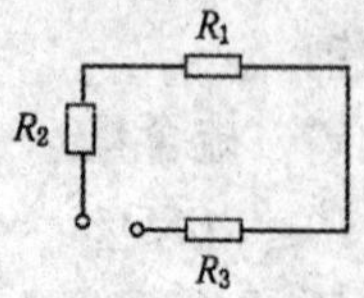

B. 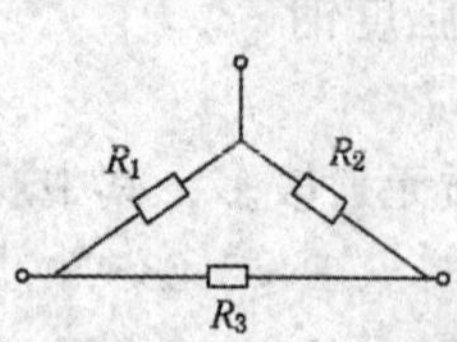

C. 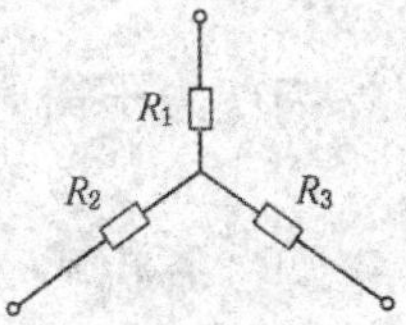

D. 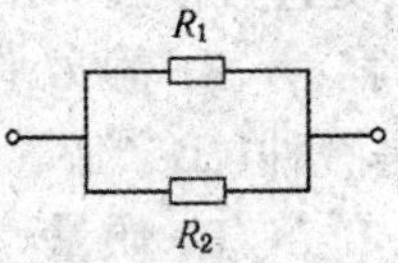

91. 关于串联电路的说法，错误的是(C)。

A. 在串联电路中，流过各串联导体的电流是相同的

B. 串联电路的总电压等于各串联导体电压之和

C. 在串联电路中，各串联导体的电压也是相同的

D. 在串联电路中，串联导体的电阻越大，该串联导体分电压越高

92. 下列电路图中，(C)是并联电路。

A. 

B. 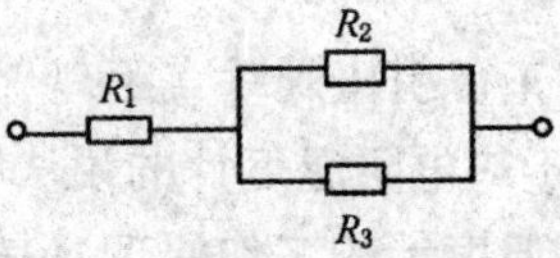

C. 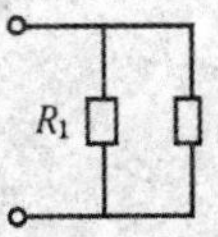

D. 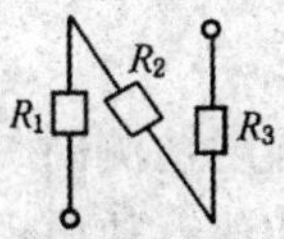

93. 国际规定，电压在(C)V 以下不必考虑防止电击的危险。

A. 36　　B. 65　　C. 25　　D. 110

94. 如果工作场所潮湿，为避免触电，使用手持电动工具的人应(C)。

A. 站在木板上操作　　B. 穿布鞋操作

C. 站在绝缘胶板上操作　　D. 穿防静电鞋操作。

95. 口对口(鼻)吹气法的吹气和换气时间分别为(B)。

A. 1s，2s　　B. 2s，3s　　C. 3s，4s　　D. 4s，5s

96. 若电气设备发生火灾，在许可的情况下应首先(D)。

A. 大声喊叫　　B. 打报警电话

C. 寻找合适的灭火器灭火　　D. 切断电源

97. 化工生产中要求保持的工艺指标称为(B)。

A. 测量值　　B. 给定值　　C. 输出值　　D. 偏差值

98. 自动调节对象应具备(A)。

A. 连续可测量　　B. 不断变化　　C. 不可测量　　D. 可以估算

99. 仪表的零点准确，但终点不准确的误差称(A)。

A. 量程误差　　B. 基本误差　　C. 允许误差　　D. 零点误差

100. 自动控制系统是一个(B)。

A. 开环系统　　B. 闭环系统　　C. 定值系统　　D. 程序系统

101. 对一个 3½位的显示仪表来说，其显示数(A)。

A. 0000 到 1999　　B. 0000 到 9999　　C. 1000 到 1999　　D. 1000 到 9999

102. 既要求调节，又要求切断时，可选用(C)。

A. 单座阀　　B. 隔膜阀　　C. 偏心旋转阀　　D. 蝶阀

103. 液柱式压力计是基于(A)原理工作的。

A. 液体静力学　B. 静力平衡　C. 霍尔效应　D. 力平衡

104. 椭圆流量计是一种(D)流量计。

A. 速度式　B. 质量　C. 差压式　D. 容积式

105. 用差压法测量容器液位时，显示液位的高低取决于(C)。

A. 容器上、下两点的压力差和容器截面

B. 压力差、容器截面和介质密度

C. 压力差、介质密度和取压位置

D. 容器高度和介质密度

106. 浮筒式液位计测量液位的最大测量范围就是(A)长度。

A. 浮筒　B. 玻璃液位计

C. 浮筒正负引压阀垂直距离　D. 玻璃液位计正负引压阀垂直距离

107. 下列关于热电阻温度计的说法中，错误的是(D)。

A. 电阻温度计的工作原理，是利用金属线(例如铂线)的电阻随温度作几乎线性的变化

B. 电阻温度计在温度检测时，有时间延迟的缺点

C. 与电阻温度计相比，热电偶温度计能测更高的温度

D. 因为电阻体的电阻丝是用较粗的线做成的，所以有较强的耐振性能

108. 控制阀风开风关的选定原则应根据(A)。

A. 工艺生产的安全要求　B. 控制闭环的要求

C. 现场安装的要求　D. 操作的方便性

109. 在 DCS 系统的控制面板中，如果回路在“MAN”时，改变输出将直接影响(B)参数。

A. 给定值　B. 输出值　C. 测量值　D. 偏差值

110. DCS 系统的硬件包括(B)。

A. 显示器、鼠标、键盘等

B. 操作站、工程师站、控制站、通讯单元等

C. 流程图画面、报警画面、报表画面、控制组画面等

D. 调节单元、显示单元、运算单元、报警单元等

111. 在操作 DCS 系统时，操作工无法改变(C)。

A. PID 参数　B. 阀位值　C. 正反作用　D. 给定值

112. 保证(D)的一致、准确是计量工作的任务之一。

A. 质量　B. 数字　C. 数值　D. 量值

113. 下列选项中，(D)表示计量结果与被测量的真值的接近程度。

A. 可靠性　B. 经济性　C. 精密性　D. 准确性

114. 任何一个计量结果都能通过连续的比较链溯源到(C)。

A. 计量误差　B. 计量单位　C. 计量基准　D. 真值

115. 国务院于(B)年 2 月 27 日发布了《关于在我国统一实行法定计量单位的命令》。

A. 1983　B. 1984　C. 1985　D. 1986

116. 国务院颁布的《关于在我国统一实行法定计量单位的命令》要求，我国的计量单位一律采用以(C)单位为基础的法定计量单位。

A. 市制　　B. 米制　　C. 国际单位制　　D. 基本单位制

117. 国际单位制是在1960年第(C)届国际计量大会(CGPM)上正式通过并被命名，它简称为"SI"。

A. 九　　B. 十　　C. 十一　　D. 十二

118. 米是国际单位制基本单位，1m是光在真空中于(B)s时间间隔内所经路程的长度。

A. 1/299458792　　B. 1/299792458　　C. 1/299692458　　D. 1/299692458

119. 在真空中，截面积可忽略的两根相距1m的无限长平行圆直导线内通以等量恒定电流时，若导线间相互作用力在每米长度上为(B)N，则每根导线中的电流为1A。

A. 1×10^{-7}　　B. 2×10^{-7}　　C. 3×10^{-7}　　D. 4×10^{-7}

120. 在国际单位制中，词头"兆"表示的因数为(B)。

A. 10^4　　B. 10^6　　C. 10^8　　D. 10^9

121. 在国际单位制中，词头"千"的符号为(A)。

A. k　　B. c　　C. n　　D. d

122. 下列选项中，(D)不是国际单位制规定的词头。

A. 十　　B. 百　　C. 千　　D. 万

123. 下列SI词头用法中，正确的是(D)。

A. 力矩的单位 N km　　B. 电场强度单位 kV/mm

C. 长度单位 mμm　　D. 质量单位 Mg

124. 下列质量单位中，(D)是法定计量单位。

A. 盎司　　B. 两　　C. 斤　　D. 吨

125. 下列压强单位中，(C)是法定计量单位。

A. bar(巴)　　B. mmHg(毫米汞柱)

C. Pa(帕)　　D. atm(标准大气压)

126. 下列能量单位中，(B)是法定计量单位。

A. cal(卡)　　B. kW·h(千瓦时)　　C. 马力小时　　D. kgf·m(千克力米)

127. 1cal等于(B)J。

A. 4.1686　　B. 4.1816　　C. 4.1818　　D. 4.1826

128. 1lb等于(C)kg。

A. 0.453259　　B. 0.453295　　C. 0.453592　　D. 0.453925

129. 1in等于(A)mm。

A. 25.4　　B. 25.5　　C. 25.6　　D. 50

130. 水是自然界中分布最广的一种资源，但实际上可供开发利用的淡水只约占总水量的(A)。

A. 0.3%　　B. 0.6%　　C. 1.7%　　D. 2.0%

131. 悬浮物的颗粒直径一般大于(C)nm，主要是泥土、砂粒、有机悬浮物、水藻、腐烂的植物和细菌等。

A. 1　　B. 10　　C. 100　　D. 1000

132. 当水静止时，相对密度较大的悬浮物则下沉，它们主要是(D)类无机化合物。

A. 腐殖质和胶体　B. 胶体和黏土　C. 黏土和腐殖质　D. 泥砂和黏土

133. 在直流冷却水系统中，水中各种矿物质和离子含量基本上(A)。

A. 保持不变　B. 上升　C. 下降　D. 无法判断

134. 当循环冷却水有较大的色度时，以未过滤水样直接测其浊度，则该循环水浊度与实际值相比(A)。

A. 偏高　B. 偏低　C. 不变　D. 不能确定

135. 循环冷却水系统中易引起故障的微生物是(C)。

A. 细菌、病毒和藻类　B. 细菌、病毒和真菌

C. 细菌、真菌和藻类　D. 真菌、病毒和藻类

136. 在常见格栅栅条断面形式中，(C)断面栅条的水流阻力小。

A. 正方形　B. 带半圆的矩形　C. 圆形　D. 矩形

137. 能够使水中的胶体微粒相互黏结和聚结的物质称为(C)。

A. 凝聚剂　B. 絮凝剂　C. 混凝剂　D. 助凝剂

138. 脉冲澄清池属于(A)型澄清池。

A. 悬浮泥渣　B. 循环泥渣　C. 水力循环　D. 锥底悬浮

139. 下列澄清池中，(D)属于循环泥渣型澄清池。

A. 单层锥底式悬浮澄清池　B. 双层水力悬浮澄清池

C. 脉冲澄清池　D. 机械加速澄清池

140. 理想沉淀池去除率一定时，下述说法错误的是(C)。

A. 增加沉淀池表面积可提高去除率　B. 沉淀池表面积越大则产水量越多

C. 增加沉淀池表面积不能提高去除率

D. 沉淀池容积一定时，池身浅则表面积大，去除率则高

141. 平流沉淀池和其他沉淀池相比，优点有(B)。

A. 占地面积小　B. 管理方便　C. 沉淀效率高　D. 维修量小

142. 下列滤池中，属于等速过滤的是(B)。

A. 普通快滤池　B. 虹吸滤池　C. 压力滤池　D. 移动冲洗罩滤池

143. 通常，虹吸管式双阀滤池是将普通快滤池四阀中的(C)用两个虹吸管代替。

A. 进水阀和清水出水阀　B. 反冲洗进水阀和反冲洗排水阀

C. 进水阀和反冲洗排水阀　D. 清水出水阀和反冲洗排水阀

144. 下列不是斜板隔油池优点的是(B)。

A. 增加了处理量　B. 加大了油珠上浮的距离

C. 占地面积小　D. 提高单位池容的分离表面

145. 循环冷却水系统沉积物主要是由(D)构成。

A. 水垢、淤泥和污垢　B. 水垢、淤泥和腐蚀产物

C. 水垢、腐蚀产物和生物沉积物　D. 水垢、淤泥、腐蚀产物和生物沉积物

146. 使用含重碳酸盐较多的水作为冷却水，当它通过换热器传热表面时，会受热分解产生(C)垢。

A. 硫酸钙　B. 硅酸钙　C. 碳酸钙　D. 磷酸钙

147. 冷却水通过冷却塔，溶解在水中的 CO_2 会逸出，因此水的 pH 值会(C)。

A. 降低　B. 不变　C. 升高　D. 无法判断

148. 在循环冷却水系统中，金属材料遇到的腐蚀是属于(C)范畴。

A. 化学腐蚀　B. 化学或电化学腐蚀

C. 电化学腐蚀　D. 物理和化学腐蚀

149. 均匀腐蚀是指在腐蚀介质作用下，金属整个表面发生的腐蚀破坏，基本上按(A)的腐蚀速度进行着。

A. 相同的　B. 不相同　C. 变化不大　D. 无法判断

150. 循环冷却水系统中碳钢换热器中沉积物下面金属的腐蚀形态，属于下列中的(D)。

A. 均匀腐蚀　B. 孔蚀　C. 电偶腐蚀　D. 缝隙腐蚀

151. 根据空气流动方向，机械通风型冷却塔又可分为(C)冷却塔。

A. 抽风式和鼓风式　B. 抽风式和机械通风

C. 横流式和逆流式　D. 鼓风式和自然通风

152. 正常情况下钝化膜在介质中的溶解速度(B)。

A. 很高　B. 很低　C. 为零　D. 不能确定

153. 当投加缓蚀剂进行冷却水处理时，对于含不锈钢换热设备的循环冷却水系统，氯离子浓度不宜大于(C)mg/L。

A. 100　B. 200　C. 300　D. 400

154. 冷却水系统中的真菌包括(C)两类。

A. 霉菌和细菌　B. 细菌和酵母　C. 霉菌和酵母　D. 霉菌和异养菌

155. 微生物细胞由许多化学元素组成，其中碳、氢、氧、氮、磷、硫六种元素占细胞干重的(C)。

A. 93%　B. 95%　C. 97%　D. 99%

156. 常用耐腐蚀金属中唯一已知有耐微生物腐蚀能力的合金是(C)。

A. 铜合金　B. 镍合金　C. 钛合金　D. 铝合金

157. 根据水的酸度定义，(D)不属于酸度范畴。

A. 强酸　B. 强酸弱碱盐　C. 弱酸　D. 弱酸强碱盐

158. 水的碱度通常主要由 HCO_3^-、CO_3^{2-}、OH^- 组成，但在水中不可能同时存在(B)离子。

A. OH^- 和 CO_3^{2-}　B. OH^- 和 HCO_3^-　C. HCO_3^- 和 CO_3^{2-}　D. 无

159. 在采用酚酞指示剂滴定水的碱度时，滴定的终点 pH 值为(D)，该碱度称为酚酞碱度或 P 碱度。

A. 7.6~7.8　B. 7.8~8.0　C. 8.0~8.2　D. 8.2~8.4

160. 硬度为 0.5mmol/L，相当于(C)mg/L 的 CaO。(相原子质量：Ca = 40，O = 16)

A. 2.8　B. 5.6　C. 28　D. 56

161. 下列不属于循环冷却优点的是(D)。

A. 节约用水　B. 防止水体热污染

C. 减少设备腐蚀　D. 减少药剂消耗

162. 为了保证用户对水压的需要，供应生活用水的给水系统必须在住户楼前总管道处保持一定的水压，通常称为最小服务水头，其值根据给水区建筑物的层数确定，一层 10m，二层 12m，二层以上每增加一层增加(A)m。

A. 2　　B. 3　　C. 4　　D. 5

163. 根据水源种类，给水系统可分为地面水源和(D)两类。

A. 井水　　B. 海水　　C. 泉水　　D. 地下水源

164. 下列不属于给水系统布置的影响因素的是(C)。

A. 城镇规划　　B. 水源　　C. 地形条件　　D. 交通条件

165. 水体资源种类很多，但并不是所有的水体都适于作为给水水源，如海水因(C)含量较高，处理难度大，不适于作为给水水源。

A. 硬度　　B. 酸度　　C. 盐分　　D. 浊度

166. 一般情况下，江河水的水质特点为(C)。

A. 硬度高　　B. 浑浊度低　　C. 细菌含量高　　D. 溶解氧低

167. 湖泊水的含盐量一般比江河水高，是由于(A)的原因。

A. 蒸发　　B. 降水　　C. 气候条件　　D. 湖的形成历史

168. 我国《地面水环境质量标准》将江、河、湖泊、水库等地面水水域按照使用目的和保护目标分为五类，(B)类适用于集中式生活饮用水水源地一级保护区。

A. Ⅰ　　B. Ⅱ　　C. Ⅲ　　D. Ⅳ

169. 我国小城镇一般采用(A)消防给水系统。

A. 低压　　B. 中压　　C. 中高压　　D. 高压

170. 在纺织、造纸等工业用水中，水的硬度过高会使织物或纸张产生(B)。

A. 锈斑　　B. 钙斑　　C. 水渍　　D. 皱折

171. 为了提高混凝效果，根据水质选用性能良好的药剂，创造适宜的化学和(C)条件，是混凝工艺的技术关键。

A. 反应　　B. 沉淀　　C. 水力　　D. 混合

172. 影响混凝的主要因素不包括(D)。

A. pH 值　　B. 水温　　C. 源水浊度　　D. 滤料

173. 生活饮用水的总硬度指标为(A)。

A. 不超过 450mg/L　　B. 不超过 500mg/L

C. 不超过 15mg/L　　D. 不超过 1mg/L

174. 生活饮用水的总大肠菌群指标为(C)。

A. 未检出/10mL　　B. 3 个/L　　C. 未检出/100mL　　D. 1 个/mL

175. 生活水中游离余氯的浓度，在管网末梢不低于(A)。

A. 0.05mg/L　　B. 0.3mg/L　　C. 0.1mg/L　　D. 1mg/L

176. GB 5749—85 标准规定，生活水水质标准的挥发酚(苯酚计)含量为(B)mg/L。

A. 0.02　　B. 0.002　　C. 0.05　　D. 0.005

177. 常压下，水的密度最大时水温为(B)℃。

A. 3.88　　B. 3.98　　C. 4.08　　D. 4.18

178. 下列属无机高分子混凝剂的是(B)。

A. 聚丙烯酰胺　　B. 聚合铝　　C. 硫酸亚铁　　D. 硫酸铝

179. 浓度为20%的聚丙烯酸水溶液呈(B)。

A. 强酸性　B. 弱酸性　C. 中性　D. 碱性

180. 用锌盐作缓蚀剂，是由于金属表面腐蚀微电池中，阴极区附近溶液中的局部pH值升高，锌离子与氢氧根离子生成氢氧化锌沉积，抑制了腐蚀过程的(B)而起缓蚀作用。

A. 阳极反应　B. 阴极反应　C. 阳极区　D. 阴极区

181. 下列杀生剂中属于非氧化型杀生剂的是(D)。

A. 氯　B. 臭氧　C. 二氧化氯　D. 季铵盐

182. 按在金属表面形成各种不同的膜来分，缓蚀剂可分为(D)缓蚀剂。

A. 氧化膜型和吸附膜型　B. 氧化膜型和沉淀膜型

C. 沉淀膜型和吸附膜型　D. 氧化膜型、沉淀膜型、吸附膜型

183. 下列缓蚀剂中属于有机缓蚀剂的是(D)。

A. 锌盐　B. 聚磷酸盐　C. 钼酸盐　D. 羟基亚乙基二膦酸

184. 下列药剂可作为铜和铜金属缓蚀剂的是(A)。

A. 苯丙三氮唑　B. 聚磷酸盐　C. 磷酸盐　D. 有机多元膦酸

185. 在循环水处理中，下列使用表面活性剂不能除去的是(C)。

A. 油类　B. 微生物产生的沉积物

C. 水垢　D. 脂类

186. 循环水处理中的剥离剂主要是剥离沉积在管壁内的(B)。

A. 铁锈　B. 生物黏泥　C. 硬垢　D. 藻类

187. 在下列循环冷却水处理过程中需投加消泡剂的是(C)。

A. 氯气　B. 活性溴　C. 黏泥剥离剂　D. 二氧化氯

188. 在下列循环冷却水处理过程中不需投加消泡剂进行相应处理的是(B)。

A. 加剥离剂　B. 投加活性溴

C. 清洗预膜中化学清洗　D. 投加表面活性剂

189. 提高浓度的预膜方案，通常是将该冷却水系统日常运行配方的浓度提高(B)倍作为预膜方案。

A. 1~2　B. 2~4　C. 4~6　D. 6~8

190. 氯气在常温下加压至(C)atm，可变成液态。

A. 0.1~0.6　B. 0.8~1.2　C. 6~8　D. 60~88

191. 用 R═NHOH 表示的树脂，属于(D)离子交换树脂。

A. 强酸性　B. 弱酸性　C. 强碱性　D. 弱碱性

192. 保留(C)树脂样品的筛孔孔径，称为离子交换树脂的有效粒径。

A. 80%　B. 85%　C. 90%　D. 95%

193. 离子交换树脂的含水率一般在(C)之间。

A. 20%~40%　B. 30%~50%　C. 40%~60%　D. 60%~80%

194. 苯能与(A)反应生成苯磺酸。

A. H_2SO_4　B. HCl　C. $NaHCO_3$　D. HNO_3

195. 工业盐酸显淡黄色主要是因为含有(A)杂质。

A. 铁离子　B. 钙离子　C. 悬浮物　D. 胶体

196. 氯化钠的溶解度随温度的升高而(A)。

A. 缓缓上升　B. 快速上升　C. 缓缓下降　D. 快速下降

197. 熟石灰的溶解度随温度升高而(B)。

A. 增大　B. 减小　C. 不变　D. 先增大后减小

198. 用石灰处理天然水，属于(A)。

A. 化学软化法　B. 钠型离子交换软化法

C. 氢型离子交换软化法　D. 热力软化法

199. 根据(C)的不同，可将阴离子交换树脂分为强碱性树脂和弱碱性树脂。

A. 反应速度　B. 交换能力　C. 电离度　D. pH 值

200. 离子交换树脂，根据其(B)，可分为苯乙烯系、酚醛系和丙烯酸系等。

A. 酸碱性　B. 单体的种类

C. 交换基团的性质　D. 交联剂的种类

201. 离子交换树脂的全交换容量与(D)有关。

A. 进水的流速　B. 树脂层高度

C. 进水中离子浓度　D. 树脂的类型

202. 循环水场开工前，不需关闭的阀门是(D)。

A. 泵出口阀　B. 水池排污阀

C. 系统管线排污阀　D. 管网排气阀

203. 循环水场开工前，不需准备的化工辅材是(D)。

A. 缓蚀阻垢剂　B. 杀菌剂　C. 清洗剂　D. 混凝剂

204. 离心泵启动前，不需检查的是(D)。

A. 盘根密封冷却水应送上　B. 盘车灵活

C. 确认泵内充满液体　D. 泵出口压力

205. 重力式无阀滤池投用前，不需检查的是(D)。

A. 人孔密封　B. 虹吸破坏斗无堵塞

C. 滤池内无杂物　D. 滤池放空阀是否关闭

206. 汽轮机大修后第一次开车，不应做的试验是(D)。

A. 油压低报警　B. 辅助油泵自启动

C. 手动停车试验　D. 盘根密封试验

207. 满足平流隔油池油水分离的基本条件是(B)。

A. 水平流速和水速　B. 停留时间和水平流速

C. 停留时间和水质　D. 水质和水温

208. 加氯间应配备的安全设施包括(B)。

A. 灭火工具、防毒面具

B. 灭火工具、防毒面具、通风设施、碱液事故池、氯气泄漏报警仪

C. 防毒面具、通风设施、碱液事故池

D. 灭火工具、通风设施、碱液事故池

209. 循环水系统管网注水时，以下做法正确的是(C)。

A. 不需与生产控制部门联系　B. 使用多台循环水泵注水

C. 系统管网排气　　D. 打开上塔阀

210. 重力式无阀滤池投用过程中，当(C)见水时，就可以开大进水阀，按正常旁滤水量控制。

A. 出水管　B. 进水管　C. 清水区　D. 虹吸下降管

211. 汽轮机正常运行时，轴和轴瓦之间将建立(C)摩擦。

A. 界限　B. 半液体　C. 完全液体　D. 无液体

212. 隔油池停车操作中，不正确的做法是(D)。

A. 停止进水前先将油收干净　　B. 手动操作是先收油，后排泥

C. 刮油刮泥机操作是收油排泥同时进行

D. 停止进水后进行收油、排泥

213. 精确度为1.5级的压力表其允许误差为表盘度极限值的(C)。

A. 1.5倍　B. 0.5倍　C. 1.5%　D. 1.5‰

214. 装在高处的压力表应稍微向前倾斜，倾斜角度应不大于(C)。

A. 10°　B. 20°　C. 30°　D. 45°

215. 双金属温度计的测温范围通常为(C)℃。

A. −500 ~ −200　B. −200 ~ 0　C. −80 ~ 600　D. 500 ~ 1000

216. 热电偶温度计的测温范围通常为(D)℃。

A. −200 ~ 0　B. −200 ~ 0　C. 0 ~ 500　D. 0 ~ 1600

217. 广泛 pH 试纸的测量范围是(C)。

A. 0 ~ 7　B. 7 ~ 14　C. 0 ~ 14　D. 4 ~ 10

218. 活性炭具有的特性是(B)。

A. 比表面积小　B. 微孔结构多　C. 堆密度大　D. 只能用于液体吸附

219. 平流沉淀池采用的较好的排泥方式是(D)。

A. 排泥斗　B. 排泥管　C. 排泥阀　D. 行架排泥机

220. 无阀滤池是(C)而进行反冲洗的。

A. 利用出水压力使虹吸上升管水位上升形成虹吸

B. 利用出水压力使虹吸上升管水位下降形成虹吸

C. 利用滤层阻力使虹吸上升管水位上升形成虹吸

D. 利用滤层阻力使虹吸上升管水位下降形成虹吸

221. 无阀滤池的特点是(D)。

A. 运行需手动进行、操作不便

B. 操作方便、结构简单，但工作稳定性差

C. 只有滤池反冲洗需手工进行，操作较为方便

D. 结构简单、操作方便、工作稳定可靠、能自动进行反冲洗

222. 碳酸钙、磷酸钙溶解度随温度上升而(C)。

A. 上升　B. 不变　C. 下降　D. 无法判断

223 在下列调节隔油池水平流速的方法中，不正确的操作方法是(C)。

A. 均匀各间水量　　B. 调节单间隔油池进水量

C. 调节出水量　　D. 增减隔油池运行间数

224. 下列情况中，不需要进行滤池强制反洗的是(C)。

A. 滤池运行时间很短，出水水质就变差

B. 滤层阻力增大，致使滤层上的水位升高快

C. 滤池需一定反洗强度

D. 滤池长期停用后的再次投用时

255. 不属于凉水塔巡检内容的是(D)。

A. 配水情况　　B. 风机工况　　C. 回水压力　　D. 旁滤池工况

226. 关于逆流凉水塔的工艺构造，下列说法正确的是(C)。

A. 配水系统和淋水装置

B. 配水系统、通风系统、淋水装置和集水池

C. 配水系统、淋水装置、通风系统、集水池和收水器

D. 配水系统、淋水装置和收水器

227. 下列不属于循环水岗位巡检内容的是(C)。

A. 机泵工况　　B. 管网压力　　C. 水中异养菌数　　D. 进出水温度

228. 规格在0.5t以上的氯瓶有两个角阀，在使用时必须将两个角阀处于(C)位置。

A. 45°角　　B. 水平　　C. 垂直　　D. 30°角

229. 在冷却水系统中冷却器进、出水阀和上塔阀等开度不变，仅增大循环水流量，则出水压力(A)、循环水压差(A)。

A. 上升、增大　　B. 下降、增大　　C. 上升、减小　　D. 下降、减小

230. 在冷却水系统中冷却器进、出水阀开度不变，提高循环水流量，调节上塔阀开度，控制出水压力不变，则回水压力(B)、循环水压差(B)。

A. 上升、增大　　B. 下降、增大　　C. 上升、减小　　D. 下降、减小

231. 冷却水系统状态不变的情况下，空气湿度变大，则冷却塔出水水温(C)。

A. 降低　　B. 不变　　C. 升高　　D. 无法判断

232. 在冷却水系统状态不变的情况下，空气湿度变大，若要使出水水温不变，则需要(A)风机运行台数。

A. 增加　　B. 减少　　C. 不变　　D. 无法判断

233. 石化循环冷却水系统中，异养菌的控制指标为(D)个/mL。

A. $\leqslant 10^2$　　B. $\leqslant 10^3$　　C. $\leqslant 10^4$　　D. $\leqslant 10^5$

234. 氯瓶有两个角阀，用一般加氯机时，不带蒸发器，接(C)角阀。

A. 左　　B. 下　　C. 上　　D. 右

235. 下列关于水样的说法中正确的是(C)。

A. 采集各种水样的方法是相同的

B. 采集河水水样时，必须要在不同的时间间隔采样，然后混匀

C. 水样采集后应及时化验，保存时间愈短分析结果则愈可靠

D. 采集工业废水时，最好的采集方法是瞬时采样

236. 决定采样量总的原则是在满足需要的前提下，样品量(A)。

A. 越少越好　　B. 越多越好

C. 至少满足二次全项重复检验的需要　　D. 取样量满足一次全分析

237. 下列不属于敞开式循环冷却水日常运行排污方式的是(D)。
A. 循环水场水池底的排污　B. 循环回水管的排污
C. 旁滤池反洗排污　D. 池底清渣排泥
238. 某给水泵站供水过程中，下列各项功率中(B)最小。
A. 电机输出功率　B. 管路出口净功率　C. 水泵轴功率　D. 水泵有效功率
239. 混凝剂泵前投加一般适用于(B)。
A. 使用金属盐类混凝剂者　B. 取水泵房距水厂较近者
C. 采用澄清池处理工艺的水厂　D. 大中型水厂
240. 混凝剂的投加设备包括(A)、提升设备、注入设备。
A. 计量设备　B. 反应设备　C. 混合设备　D. 机械设备
241. 下面(D)不是臭氧消毒的特点。
A. 有效去除细菌　B. 成本高　C. 接触时间短　D. 效果较差
242. 20# 优质碳素钢管中碳含量约为(B)。
A. 1.7% ~ 2.4%　B. 0.17% ~ 0.24%　C. 17% ~ 24%　D. 0.017% ~ 0.024%
243. 循环水给水管道使用的有缝钢管使用压力通常不能超过(C)MPa 。
A. 1.5　B. 10.0　C. 1.0　D. 0.4
244. 下列法兰中，压力适用最高的是(A)法兰。
A. 铸钢整体　B. 平焊　C. 对焊　D. 活套
245. 直径较大，工作温度较高，能用于腐蚀介质的截止阀的一般为(D)式。
A. 直通　B. 直流　C. 暗螺纹杆　D. 明螺纹杆
246. 截止阀广泛用来截断流体和调节(C)。
A. 压力　B. 流速　C. 流量　D. 流动方向
247. 250YSⅢ - 150 × 2 代表泵的型号，其中 YS 的含义是(B)。
A. 单吸离心油泵　B. 双吸离心油泵　C. 单吸离心水泵　D. 双吸离心水泵
248. 下列各项中，(A)计量泵通常称隔膜计量泵。
A. 液压隔膜式　B. 气压隔膜式　C. 机械隔膜式　D. 自动隔膜式
249. 离心风机和轴流风机相比，离心风机的特点是(D)。
A. 效率高、不易喘振、流量大，出口压力高
B. 效率低、易喘振、流量大，出口压力低
C. 效率低、易喘振、流量小，出口压力低
D. 效率低、不易喘振、流量小，出口压力高
250. 在水泵中，盘根是用于密封(D)之间间隙的材料。
A. 叶轮与泵轴　B. 叶轮与泵壳　C. 泵轴与轴承　D. 泵轴与泵壳
251. 轴流泵是一种比转数高、(B)、高效率的泵。
A. 高扬程、小流量　B. 低扬程、大流量
C. 高扬程、大流量　D. 低扬程、小流量
252. 轴流泵按叶片(A)是否可以改变的情况，可以分为固定式、半调式、全调节式三种类型。
A. 角度　B. 长度　C. 间隙　D. 孔隙

253. 下列离心泵的启动操作正确的是(C)。
A. 先开入口阀，再开出口阀，启动电机
B. 先开出口阀，再开入口阀，启动电机
C. 先开入口阀，启动电机，再开出口阀
D. 先开出口阀，启动电机，再开入口阀

254. 电动阀门设行程限位的目的是(D)。
A. 限制阀门最大开度　　B. 限制阀门最小开度
C. 防止阀体损坏　　D. 防止电机损坏

255. 下列不属于热电偶测温仪的优点的是(D)。
A. 测量精度高　　B. 测量范围广
C. 构造简单，使用方便　　D. 可以不与被测对象接触进行测量

256. 根据振动频率，可以把振动分为同步振动和非同步振动，同步振动的频率是机器转速的(B)。
A. 只能是整数倍　　B. 可以是整数或分数倍
C. 只能是分数倍　　D. 只能是非线性关系

257. 某蒸气透平在 1/4x 工频处有较大振动值，原因可能是(A)。
A. 轴承、支承自激振动、共振　　B. 转子衬套有问题
C. 基础变形　　D. 转子弯曲

258. 通常计量泵流量不可采用(D)来调节流量。
A. 旁路调节　　B. 转速调节　　C. 行程调节　　D. 出口阀节流

259. 下列与球阀的特点不相符的是(D)。
A. 结构简单　　B. 开关迅速　　C. 操作方便　　D. 流体阻力大

260. 球阀不适应的范围是(C)。
A. 低温　　B. 高压
C. 流量调节精度要求高　　D. 流体黏度大的介质

261. 下列不属于蝶阀优点的是(D)。
A. 启闭方便、迅速　　B. 调节省力
C. 结构简单　　D. 高压下仍密封性能良好

262. 以下不属于闸阀优点的是(C)。
A. 流体阻力小　　B. 密封性能好　　C. 开关行程短　　D. 介质流向不受限

263. 截止阀适用于(B)管路中。
A. 含有机械杂质的介质　　B. 蒸气介质
C. 易结焦介质　　D. 易沉淀介质

264. 压力式过滤器的运行周期可分为(B)几个步骤。
A. 反洗、过滤、正洗　　B. 过滤、反洗、正洗
C. 反洗、排气、过滤、正洗　　D. 过滤、反洗、过滤、正洗

265. 压力式过滤器按(D)来确定是否需要清洗。
A. 运行时间和出水浊度　　B. 出水浊度和压降
C. 出水浊度和流量　　D. 运行时间和压降

266. 止回阀根据结构形式的不同，可分为(A)。

A. 升降式和旋启式　　B. 直通式、互角式、直流式

C. 互通式、三通式、四通式　　D. 薄膜式、活塞式

267. 当电源电压降低到额定电压的80%时，则异步电动机的电磁转矩是原来的(C)。

A. 100%　　B. 80%　　C. 64%　　D. 51.2%

268. 铸铁管具有(D)的特点。

A. 重量轻　　B. 耐振动　　C. 易腐蚀　　D. 质地脆

269. 在给水管道中，钢管的特点是(C)差。

A. 耐高压　　B. 耐振动　　C. 耐腐蚀性　　D. 连接性能

270. 一般情况下，大口径给水钢管采用的接头形式为(C)。

A. 承插式和法兰式　　B. 承插式和焊接

C. 法兰式和焊接　　D. 承插式、法兰式和焊接

271. 平流式沉淀池按照作用分为四个部分，其中杂质颗粒大多数沉于(C)。

A. 进水区　　B. 沉淀区　　C. 存泥区　　D. 出水区

272. 转子加氯机中投加部分是(C)。

A. 弹簧膜　　B. 控制阀　　C. 水射器　　D. 转子流量计

273. 转子加氯机采用(B)加氯，保证消毒。

A. 正压　　B. 负压　　C. 无压力　　D. 不确定压力

274. 有型号为3DS - 1/200的柱塞泵，型号中的首位数字3表示该泵的(A)。

A. 缸数　　B. 吸入口直径　　C. 流量　　D. 压力

275. 固定式集油管转动范围不超过(A)。

A. 40°　　B. 50°　　C. 60°　　D. 70°

276. 管段是能独立进行加工的(A)。

A. 管子　　B. 管线　　C. 管道　　D. 管体

277. 高压管道是公称压力为(C)MPa的工业管道。

A. <2.5　　B. 4 ~ 6.4　　C. 10 ~ 100　　D. >100

278. PN型泥浆泵过流部分承磨件采用了(B)使用寿命长。

A. 铸钢　　B. 耐磨铸铁　　C. 陶瓷　　D. 塑料

279. PN型泥浆泵进口管不应有急剧弯转，尽可能(B)便于排气。

A. 向下　　B. 向下倾斜　　C. 向上　　D. 向上倾斜

280. JGB是(A)搅拌机型号。

A. 带罐框架式　　B. 推进式　　C. 管式　　D. 框式双桨

281. 推进式搅拌机型号是(B)。

A. JBK　　B. JBT　　C. JJB　　D. JTJ

282. 安装时，考虑方向的阀门是(A)阀。

A. 截止　　B. 球　　C. 蝶　　D. 闸

283. 铸铁阀体最高允许温度为(B)℃。

A. 100　　B. 200　　C. 300　　D. 400

284. 适于用在压力或温度波动较大，而且直径较大的低压容器的垫片是(B)垫片。

A. 非金属　　B. 缠绕　　C. 金属包　　D. 金属

285. 用来改变管路的方向，连结分支管路，改变管径以及封闭管路等配件，称为(D)。

A. 管道　　B. 管子　　C. 管线　　D. 管件

286. 下列属于管件的是(D)。

A. 螺栓　　B. 螺母　　C. 阀门　　D. 法兰盖

287. 大阻力配水系统的承托层，自上而下第二层的粒径为(C)mm。

A. 4~6　　B. 2~4　　C. 4~8　　D. 6~8

288. 离心泵正常运行时，轴承箱内润滑油面在油标的(C)之间。

A. 1/3~1/2　　B. 1/3~2/3　　C. 1/2~2/3　　D. 2/3~3/4

289. 对于设有防冻防凝跨线的备用泵，冬季防冻防凝时，应(D)。

A. 关闭泵的出入口阀门、关闭防冻防凝跨线阀门

B. 关闭泵的出入口阀门、打开防冻防凝跨线阀门

C. 打开泵的出入口阀门、关闭防冻防凝跨线阀门

D. 打开泵的入口阀门、关闭泵的出口阀门、打开防冻防凝跨线阀门

290. 冬季防冻防凝时，对于水系统管线末端应(C)。

A. 对管线增设保温　　B. 对管线增设保温和伴热

C. 稍开管线末端的排凝阀门　　D. 打开管线末端的排凝阀门

291. 阀门使用的密封填料种类有V型填料、O型填料、波纹管液体填料及(B)填料等。

A. 密封　　B. 压缩　　C. 石棉　　D. 金属

292. 由于磨擦面间有油膜存在，作用在磨擦面上的负荷比较均匀地通过油膜分布在磨擦面上，这种润滑称为(C)作用。

A. 减振　　B. 保护　　C. 卸荷　　D. 冷却

293. 润滑油的润滑作用与其(C)有密切关系。

A. 黏度和挥发性　　B. 挥发性和含油量

C. 黏度和油温　　D. 油温和挥发性

294. 大、中、小型电动机共用一台变压器时，启动的顺序是(A)。

A. 大、中、小　　B. 小、中、大　　C. 中、小、大　　D. 中、大、小

295. 给水钢管在水中和土壤中发生的腐蚀主要是(B)腐蚀。

A. 无电流的化学　　B. 形成原电池的电化学

C. 微生物　　D. 酸碱

296. 润滑油通常以(B)来划分牌号。

A. 闪点　　B. 黏度　　C. 凝固点　　D. 密度

297. 半固态的润滑剂称为润滑脂，它是根据(C)来划分牌号。

A. 滴点　　B. 黏度　　C. 针入度　　D. 皂分

298. 以下情况中，会引起重力式无阀滤池不能进行自动反洗的是(C)。

A. 进水量偏小　　B. 进水量偏大

C. 挡板未固定　　D. 循环水浊度偏高

299. 重力式无阀滤池的石英砂滤料，其(B)。
A. 粒径为0.1~0.5mm，不均匀系数不超过2
B. 粒径为0.5~1.0mm，不均匀系数不超过2
C. 粒径为0.1~0.5mm，不均匀系数不超过3
D. 粒径为1.0~3.0mm，不均匀系数不超过4

300. 当混凝剂的投加量(B)，絮凝池末端就会出现泥水分离现象。
A. 过小　B. 过大　C. 适中　D. 无论多少

301. 水泵在运行过程中不上量，一般应先检查(B)。
A. 泵是否缺油　B. 入口流量是否不足
C. 叶轮是否损坏　D. 水泵是否反转

302. 检查加氯系统泄漏的正确方法是(C)。
A. 观察是否有无色无味的气体　B. 观察是否有黄绿色的气体
C. 用氨水试漏，观察是否有白色烟雾　D. 用手扇微量气体是否有刺激性气味

303. 下列阀门中，不适于大流量气体及含悬浮物液体的调节阀是(A)。
A. 三通阀　B. 闸阀　C. 蝶阀　D. 隔膜阀

304. 润滑油位过低，使轴承不能充分润滑，产生热量不能被润滑油带走，会使(A)。
A. 轴承温度升高　B. 轴承温度降低　C. 泵振动增大　D. 噪音增大

305. 按照规范，往复式计量泵开车时出口阀应(A)。
A. 全开　B. 关闭　C. 微开　D. 微关

306. 往复式计量泵试车电流超过额定值时，应(D)。
A. 适当关小出口阀　B. 加强电机冷却
C. 打开泵副线　D. 立即停泵检查原因

307. 下列因素中，能造成离心泵倒转的是(A)。
A. 出口逆止阀不能关闭　B. 入口液面过低
C. 流量小　D. 泵损坏

308. 判断离心泵反转的最好办法是(C)。
A. 启动后看出口压力　B. 启动后停下观察
C. 点动电机后观察　D. 启动后看机泵振动

309. 泵出现振动大的原因是(A)。
A. 泵抽空　B. 电机温度高　C. 转速低　D. 泵轴无异常

310. 下列因素中，能造成离心泵填料函发热的是(D)。
A. 冷却水量大　B. 填料压盖松　C. 填料少　D. 冷却水中断或不足

311. 泵轴承冷却水中断易造成(C)。
A. 泵大盖冒烟　B. 机封泄漏　C. 泵输送量减小　D. 泵振动大

312. 下列情况，不能造成泵轴承发热的是(D)。
A. 润滑油油位过低　B. 润滑油油位过高
C. 轴承振动大　D. 液体黏度大

313. 在压力管道中，由于流速的剧烈变化而引起急剧的压力(D)的水力冲击现象，称为水锤。

A. 持续上升　　B. 先升后降　　C. 先降后升　　D. 交替升降

314. 泵站水锤分为开泵水锤、关闸水锤和停泵水锤。按正常程序操作，(B)不会引起危及机组安全的事故。

A. 开泵水锤、关闸水锤和停泵水锤　　B. 开泵水锤和关闸水锤

C. 开泵水锤和停泵水锤　　D. 关闸水锤和停泵水锤

315. 在不改变滤料层数的情况下，(D)也是提高过滤效率的一种途径。

A. 重力过滤　　B. 加压过滤　　C. 虹吸过滤　　D. 慢速过滤

316. 在生产中，选择合适的混凝剂品种和最佳投加量是依靠(C)。

A. 对水质的分析　　B. 水的酸碱度选择

C. 混凝试验　　D. 处理要求

317. 在混凝工艺中投加(B)，能有效地解决因水温较低，无机盐类混凝剂水解困难的情况。

A. 石灰　　B. 高分子助凝剂　　C. 重碳酸钠　　D. 氧化剂

318. 采用改变泵的转速方法调节离心泵流量时，其特性是(C)。

A. 动力消耗低，且投资小　　B. 动力消耗高，但投资小

C. 动力消耗低，但投资昂贵　　D. 动力消耗高，且投资昂贵

319. 可以提高离心泵流量的是(B)。

A. 关小出口阀　　B. 提高泵的转速　　C. 降低泵的转速　　D. 减小叶轮直径

320. 发现氯瓶泄漏氯气，首先戴好气防用具，然后采用(B)的方法进行处理。

A. 迅速卸下氯瓶接头　　B. 将氯瓶推入碱液事故池

C. 继续加氯　　D. 用氨水查漏

321. 正确使用干粉灭火器的方法是(D)。

A. 对准火源按下压把

B. 一只手握住灭火器的喷嘴，另一只手按下压把

C. 一只手握住灭火器的喷嘴，另一只手拔出保险销

D. 一只手握住灭火器的喷嘴对准火源，另一只手拔出保险销撕去铅封，按下压把

322. 过滤式防毒面具适用于有毒气体浓度不超过(B)的场合。

A. 3%　　B. 2%　　C. 4%　　D. 5%

323. 过滤式防毒面具 3 号滤毒罐(褐色)适用于防护(B)类毒气。

A. 氨、硫化氢气体　　B. 苯、氯气

C. 酸性气体　　D. 蒸汽

324. 氯气大量泄漏时，抢救者应戴上(C)进入现场进行救助。

A. 防毒面具　　B. 安全帽　　C. 空气呼吸器　　D. 口罩

325. 对于重度氯气中毒者，救治时应积极预防(D)的发生。

A. 眼睛失明　　B. 皮肤灼伤　　C. 咽炎　　D. 肺水肿

326. 离心泵振动大的正确处理方法是(B)。

A. 减小泵流量

B. 检查有无气蚀现象、泵找正情况、轴承情况及泵固定情况等并消除

C. 增加泵流量

D. 放松填料压盖

327. 离心泵振动大时，以下处理方法不正确的是(A)。

A. 加大冷却水量　　B. 消除水泵气蚀

C. 更换损坏轴承　　D. 放松填料压盖

328. 离心泵填料函发热，正确的处理方法是(B)。

A. 压紧填料压盖　　B. 适当放松填料压盖

C. 增加密封填料　　D. 减少冷却水

329. 当无阀滤池的进水水质恶化时，下列说法正确的是(D)。

A. 自动运行的周期制水量不变，出水的浊度不变

B. 自动运行的周期制水量不变，出水的浊度变大

C. 自动运行的周期制水量变小，出水的浊度不变

D. 自动运行的周期制水量变小，出水的浊度变大

330. 在重力式无阀滤池的小修中，若出现滤料严重结块，则应(D)。

A. 进行强制反洗处理　　B. 人工在池内清理结块

C. 取出结块滤料进行处理　　D. 更换滤料

331. 重力式无阀滤池在运行中，从虹吸管中大量溢水的原因有可能是(C)。

A. 进口的流量过大　　B. 冲洗水箱的水位过低

C. 虹吸系统漏气　　D. 锥形挡板的位置不当

332. 重力式无阀滤池在运行中，虹吸下降管管口经常冒出空气的原因可能是(D)。

A. 滤池进水流量过大　　B. 冲洗水箱的水位过低

C. 虹吸系统漏气　　D. 滤池进水管中带气

333. 重力式无阀滤池在运行中，频繁进行自动反洗的原因有可能是(A)。

A. 滤池进水浊度高　　B. 冲洗水箱的水位过低

C. 虹吸系统漏气　　D. 进口管中带气

334. 设备平面布置图的布局按(A)的顺序排列。

A. 由下而上，从左至右　　B. 由上到下，从左到右

C. 由下而上，从右至左　　D. 由上到下，从右到左

335. 下面四幅图例中(B)表示两条管道是通过法兰连接的。

A. 　B. 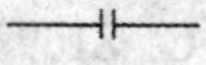　C. 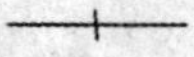　D. 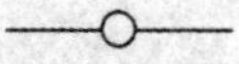

336. 图(C)表示止回阀的图例。

A. 　B. 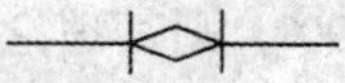　C. 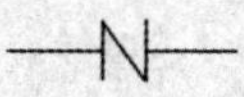　D. 

337. 管子的连接采用同心异径管接头的图例是(B)。

A. 　B. 　C. 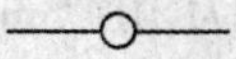　D. 

338. 对于过高或过长的化工设备，为了采用较大的比例清楚地表达设备结构和合理地使用图幅，常采用断开画法，即用(A)将设备中重复出现的结构或相同结构断开。

A. 双点划线　　B. 粗实线　　C. 细实线　　D. 点划线

339. 某种水中 COD 浓度为 50mg/L，那么 200 m^3 的该水中 COD 为(B)kg。

A. 1　　B. 10　　C. 100　　D. 1000

340. 某循环冷却水系统运行工况稳定，其补充水量为 $135m^3/h$，蒸发损失 $105m^3/h$，风吹损失 $5m^3/h$，渗漏损失 $5m^3/h$，排污水量 $20m^3/h$，则该循环水的浓缩倍数为(C)。

A. 2.5　　B. 3.5　　C. 4.5　　D. 5.5

341. 某循环冷却水系统运行工况稳定，循环水 $[Ca^{2+}]$ = 105mg/L，其补充水 $[Ca^{2+}]$ = 30mg/L，补充水量为 $120m^3/h$，蒸发损失 $90m^3/h$，不考虑风吹损失和渗漏损失，则该循环水的浓缩倍数为(C)。

A. 3.0　　B. 3.5　　C. 4.0　　D. 4.5

342. 现有 1#、2# 两个水罐，其直径分别为 2m、3m，1# 罐中装有 5m 高的水(两罐的高度均大于 5m)。现将两罐之间的联通阀打开，问静止后两罐内的液面高度分别是(B)。

A. 3m，2m　　B. 1.54m，1.54m

C. 2.5m，2.5m　　D. 2m，3m

343. 现有管径为 350mm 的管道一根，流速为 5m/s，如用该管道将容积为 30m × 26m × 2m 的池子灌满，需要的时间是(B)h。

A. 0.5　　B. 0.9　　C. 1　　D. 1.2

344. 已知某塔的水流速为 $80m^3/h$，密度 $700kg/m^3$，问水的质量流量为(A)t/h。

A. 56　　B. 5.6　　C. 0.56　　D. 0.056

345. 若用管子输送密度为 1.22g/mL，流速是 0.5m/s，质量流量为 3t/h 的溶液，那么所需管子的内径为(D)mm。

A. 20　　B. 22　　C. 40　　D. 42

346. 已知某塔一侧线产品的流量为 50600kg/h，密度为 $675kg/m^3$，管路用 $\phi 219 \times 8$ 的无缝钢管，求产品在管道中的流速为(C)m/s。

A. 0.86　　B. 0.72　　C. 0.64　　D. 0.56

347. 已知某三相异步电机输入功率为 650kW，电压 6kV，功率因素 $\cos\varphi = 0.85$，则该电机的电流应为(B)A。

A. 62.5　　B. 73.6　　C. 108.3　　D. 127.5

348. 某三相异步电机轴功率为 555kW，绕组是星型接法，其拖动的水泵与电机传动效率为 95%，电压 6kV，功率因素 $\cos\varphi = 0.85$，工作电流 72A，则电机的效率应为(A)。

A. 91.86%　　B. 87.27%　　C. 81.93%　　D. 78.08%

349. 某离心泵叶轮的外径 $D_2 = 220mm$，转速 $n = 2980r/min$，叶片出水角 $\beta_2 = 45°$，出口处的绝对速度径向分速 $C_{2m} = 3.6m/s$，$\alpha_1 = 90°$，则其理论扬程为(B)m。

A. 120.1　　B. 107.5　　C. 34.3　　D. 12.6

350. 某离心泵的理论扬程为 107.5m，叶片修正系数 $\rho = 0.25$，水泵效率 $\eta_h = 0.9$，则水泵的实际扬程为(C)m。

A. 96.8　　B. 86.0　　C. 77.4　　D. 24.2

351. 在配制聚合铝溶液时，已知某固体聚合铝的纯度为40%，需配制5t浓度为4%的药液，问需要固体聚合铝(C)kg。

A. 80　　B. 200　　C. 500　　D. 2000

352. 某座滤池的过滤面积为36m^2，冲洗水箱容积为200m^3，已知冲洗时间为7min，问其冲洗强度等于(C)L/s·m^2。

A. 15.23　　B. 14.23　　C. 13.23　　D. 12.23

353. 已知某快滤池的设计流量为400m^3/h，其长6m，宽6.5m，则其滤速应等于(B)m/h。

A. 10　　B. 10.26　　C. 11.11　　D. 12.26

354. 快滤池滤速可以使用关闭进水阀的方法进行快速测定。已知某滤池在进水阀关闭后，2min内其水位下降45cm，则其滤速为(C)m/h。

A. 11.5　　B. 12.5　　C. 13.5　　D. 14.5

355. 已知某水厂设计水量为50000m^3/d，自用水按5%计，普通快滤池设计采用8座(7座使用1座备用)，每天工作24h，滤速取10m/h，则单池面积等于(A)m^2。

A. 31.25　　B. 29.76　　C. 27.34　　D. 26.04

三、技能操作鉴定要素细目表

鉴定范围						鉴定点	
一级		二级		三级		代码	名称
代码	名称	代码	名称	代码	名称		
A	技能要求	A	工艺操作	A	开车准备	001	投用计量表的操作
						002	更换压力表的操作
						003	更换温度计的操作
				B	正常操作	001	循环水温高的处理
						002	循环水压力偏高的处理
						003	吸水池液位过低的处理
						004	循环水浊度偏高的处理
						005	循环水中水稳剂主要控制指标含量偏低的处理
						006	背压式透平运行时的检查要点
						007	循环水泵切出检修操作要点
						008	循环水岗位的巡检要点
						009	凝汽式透平运行时的检查要点
						010	隔油池收油操作
				C	开、停车操作	001	循环水场增开一台离心泵的操作
						002	循环水场停运一台离心泵的操作
						003	重力式无阀滤池首次投运操作
						004	重力式无阀滤池正常停运操作

续表

鉴定范围						鉴定点	
一级		二级		三级		代码	名　称
代码	名　称	代码	名　称	代码	名　称		
		B	设备使用与维护	A	使用设备	001	循环水泵的切换操作要点
						002	风机加润滑油操作
						003	电动阀门的使用
						004	潜水泵的使用
						005	凉水塔风机切出检修操作要点
						006	水环真空泵的开停操作
						007	冷却塔风机的投运
				B	维护设备	001	更换阀门盘根
						002	更换循环泵润滑油的操作
						003	阀门打不开的处理
						004	离心泵运行的检查内容
						005	轴流泵的日常维护
						006	水环真空泵日常维护
						007	潜水泵日常维护
						008	计量泵日常维护
						009	无阀滤池的运行维护
		C	事故判断与处理	A	事故判断	001	循环水供水压力偏低的处理
						002	离心泵振动大的处理
						003	调节阀不上量的处理
				B	处理事故	001	补充水中断的处理
						002	仪表电中断处理
						003	干粉灭火器的使用
						004	重力式无阀滤池跑损滤料的处理
						005	加氯系统结霜的处理
						006	离心泵轴承发热的处理
						007	离心泵电机发热的处理
						008	离心泵的抽空处理
						009	无阀滤池不能自动反洗的处理
		D	绘图与计算	A	绘图	001	绘制循环水系统流程示意图
						002	平流式隔油池结构简图绘制

四、技能操作试题

试题 1：投用计量表的操作

（考核时间：25min）

序号	考核内容	考核要点	配分	评分标准	检测结果	扣分	得分	备注
1	准备工作	穿戴劳保用品	3	未穿戴整齐扣 3 分				
		工具、用具准备	2	工具选择不正确扣 2 分				
2	启用前的检查	检查计量表校验、原始数据记录情况	20	计量表未校验扣 10 分				
				未记录数据扣 10 分				
3		确认计量表有关阀门处于关闭状态	20	未关闭进口阀扣 5 分				
				未关闭出口阀扣 5 分				
				未关闭副线阀扣 5 分				
				未关闭放空阀扣 5 分				
4	启用操作步骤	开计量表进、出口阀	15	未先开进口阀扣 10 分				
				未后开出口阀扣 5 分				
5		逐渐关闭副线阀	10	副线阀关闭过快扣 4 分				
				未观察计量表运转情况扣 4 分				
				副线阀未全关扣 4 分				
6		确认计量表计量正常	25	未确认计量表计量功能正常扣 10 分				
				有泄漏未及时处理扣 10 分				
				未记录投用情况扣 5 分				
7	使用工具	正确使用工具	2	工具使用不正确扣 2 分				
		正确维护工具	3	工具乱摆乱放扣 3 分				
8	安全及其他	严格遵守环保要求		误操作造成场地不清洁不得分			—	
		在规定时间内完成操作		每超时 1min 总分扣 5 分，超时 3min 停止操作			—	
		合　计	100					

试题 2：更换压力表的操作

（考核时间：20min）

序号	考核内容	考核要点	配分	评分标准	检测结果	扣分	得分	备注
1	准备工作	穿戴劳保用品	3	未穿戴整齐扣 3 分				
		正确选择工具	2	选错 1 件扣 1 分				
		选择、检查压力表	15	表的量程选错扣 10 分				
				压力表未校验扣 10 分				

续表

序号	考核内容	考核要点	配分	评分标准	检测结果	扣分	得分	备注
2	更换压力表操作	关闭压力表前阀门	15	未关闭表前阀扣10分				
				表前阀未关严扣5分				
3		拆旧压力表	25	拆表用力过猛扣10分				
				直接用手扳表扣10分				
				未观察泄漏情况扣5分				
4		装新压力表	25	未更换垫片扣10分				
				未检查丝扣等扣10分				
				位置不便于观察扣5分				
5		投用压力表	10	未开表前阀扣8分				
				投用后未检查扣7分				
6	使用工具	正确使用工具	2	工具使用不正确扣2分				
		正确维护工具	3	工具乱摆乱放扣3分				
7	安全及其他	按国家法规或企业规定		违规一次总分扣5分；严重违规停止操作			—	
		在规定时间内完成操作		每超时1min总分扣5分，超时3min停止操作			—	
		合　计	100					

否定项说明：若出现操作中造成压力表严重损坏等情况，该题为零分。

试题3：循环水温度高的处理

（考核时间：15min）

序号	考核内容	考核要点	配分	评分标准	检测结果	扣分	得分	备注
1	准备工作	穿戴劳保用品	3	未穿戴整齐扣3分				
		工具、用具准备	2	工具选择不正确扣2分				
2	检查影响水温高的因素	检查环境温度、湿度	5	少检查一项扣3分				
3		检查风机工况	10	漏检查一台风机工况扣5分				
4		检查回水流量、温度	10	未检查回水流量、温度不得分				
5		检查上塔水量情况	5	未检查上塔水量情况不得分				
6		检查进塔气流情况	5	未检查进塔气流情况不得分				
7		检查凉水塔填料情况	5	未检查凉水塔填料情况不得分				
8		检查凉水塔布水情况	5	未检查凉水塔布水情况不得分				
9	循环出水温度高的处理	增开凉水塔、风机或加大补水等	5	未相应处理，每项扣3分				
10		增开风机，提运行风机负荷等	10	未相应处理，每项扣5分				

续表

序号	考核内容	考核要点	配分	评分标准	检测结果	扣分	得分	备注
11		汇报调度，增开风机或增大供水量	10	未汇报调度及处理，每项扣5分				
12		加大上塔水量，关低位阀或滤池进水阀	5	未相应处理，每项扣3分				
13		防止气流短路，关塔门、风门	5	未相应处理，每项扣3分				
14		视时检修或更换凉水塔填料	5	若填料损坏，未联系检修不得分				
15		若布水不均，调整布水均匀	5	若布水不均，未调整不得分				
16	使用工具	正确使用工具	2	工具使用不正确扣2分				
		正确维护工具	3	工具乱摆乱放扣3分				
17	安全及其他	按国家法规或企业规定		违规一次总分扣5分；严重违规停止操作			—	
		在规定时间内完成操作		每超时1min总分扣5分，超时3min停止操作			—	
		合　计	100					

试题4：循环水压力偏高的处理

（考核时间：25min）

序号	考核内容	考核要点	配分	评分标准	检测结果	扣分	得分	备注
1	准备工作	穿戴劳保用品	3	未穿戴整齐扣3分				
		工具、用具准备	2	工具选择不正确扣2分				
2	检查影响压力偏高的因素	检查生产装置用水量减少情况	15	未联系主管部门检查系统冷却器停运情况不得分				
3		检查循环水供水流量增大情况	10	调节泵负荷，循环水供水量增加，造成压力偏高，未查出不得分				
4		检查循环回水压力是否偏高	10	循环回水压力偏高，未检查到不得分				
5		检查仪表显示是否偏高	10	仪表显示有误差，未查出不得分				
6	循环水压力偏高的处理	降低循环水供水流量	15	冷却器停运未及时降低循环水流量不得分				
7		减少循环水供水流量	10	循环水供水量偏高，未稍关泵出口阀不得分				
8		降低循环回水压力	10	循环回水压力偏高，未稍开上塔阀不得分				
9		消除仪表显示偏差	10	未联系处理不得分				

续表

序号	考核内容	考核要点	配分	评分标准	检测结果	扣分	得分	备注
10	使用工具	正确使用工具	2	工具使用不正确扣2分				
		正确维护工具	3	工具乱摆乱放扣3分				
11	安全及其他	按国家法规或企业规定		违规一次总分扣5分；严重违规停止操作			—	
		在规定时间内完成操作		每超时1min总分扣5分，超时3min停止操作			—	
		合　计	100					

否定项说明：若在循环供水压力偏高的处理过程中出现压力超标误操作等情况，该题为零分。

试题5：吸水池液位过低的处理

（考核时间：25min）

序号	考核内容	考核要点	配分	评分标准	检测结果	扣分	得分	备注
1	准备工作	穿戴劳保用品	3	未穿戴整齐扣3分				
		工具、用具准备	2	工具选择不正确扣2分				
2	检查影响液位过低的因素	检查补水量情况	5	未检查补水量不得分				
3		检查排污量情况	5	未检查排污量不得分				
4		检查滤池跑水情况	10	未检查滤池跑水不得分				
5		检查系统泄漏情况	10	未检查系统泄漏不得分				
6		检查集水池滤网情况	10	未检查滤网情况不得分				
7		检查吸水池液位仪表显示是否有偏差	5	吸水池液位仪表显示有误差，未查出不得分				
8	吸水池液位过低的处理	加大补充水量	5	未加大补充水量不得分				
9		减少排污水量	5	有排污未停不得分				
10		停运滤池处理	10	滤池跑水未停运不得分				
11		进行堵漏处理	10	有泄漏未及时处理不得分				
12		清除集水池滤网杂物	10	滤网堵塞未疏通不得分				
13		消除仪表显示偏差	5	未联系仪表处理不得分				
14	使用工具	正确使用工具	2	工具使用不正确扣2分				
		正确维护工具	3	工具乱摆乱放扣3分				
15	安全及其他	按国家法规或企业规定		违规一次总分扣5分；严重违规停止操作			—	
		在规定时间内完成操作		每超时1min总分扣5分，超时3min停止操作			—	
		合　计	100					

否定项说明：若在吸水池液位过低的处理过程中出现水位降低等误操作情况，该题为零分。

试题 6：循环水浊度偏高的处理

（考核时间：25min）

序号	考核内容	考核要点	配分	评分标准	检测结果	扣分	得分	备注
1	准备工作	穿戴劳保用品	3	未穿戴整齐扣 3 分				
		工具、用具准备	2	工具选择不正确扣 2 分				
2	检查影响浊度偏高的因素	检查补充水浊度	5	未检查该浊度不得分				
3		检查旁滤池处理效果	5	未检查该池效果不得分				
4		检查环境卫生情况	5	未检查环境卫生不得分				
5		检查循环水菌藻情况	10	未检查菌藻不得分				
6		检查化验分析数据是否有误差	5	未检查化验分析不得分				
7		检查系统中是否有工艺物料漏入循环水	10	未检查系统工艺介质泄漏情况不得分				
8	循环水浊度偏高的处理	降低补充水浊度	5	若补充水浊度偏高，未处理不得分				
9		提高旁滤池处理效果	10	若旁滤池处理效果差，未处理不得分				
10		搞好冷却塔周围环境卫生	10	若环境中有大量灰尘，未清除不得分				
11		适量冲击式投加杀菌灭藻剂	10	若菌藻超标，未加大杀菌灭藻力度不得分				
12		消除化验分析误差	5	未消除分析误差不得分				
13		查漏堵漏后对冷却水系统清洗置换等处理	10	若有物料漏入循环水未堵漏处理不得分				
14	使用工具	正确使用工具	2	工具使用不正确扣 2 分				
		正确维护工具	3	工具乱摆乱放扣 3 分				
15	安全及其他	按国家法规或企业规定		违规一次总分扣 5 分；严重违规停止操作			—	
		在规定时间内完成操作		每超时 1min 总分扣 5 分，超时 3min 停止操作			—	
		合　　计	100					

试题 7：循环水中水稳剂主要控制指标含量偏低的处理

（考核时间：25min）

序号	考核内容	考核要点	配分	评分标准	检测结果	扣分	得分	备注
1	准备工作	穿戴劳保用品	3	未穿戴整齐扣 3 分				
		工具、用具准备	2	工具选择不正确扣 2 分				
2	检查主要指标含量偏低的影响因素	检查化验分析是否有误差	5	未检查化验分析不得分				
3		检查加药量是否偏小	5	未检查加药量不得分				

续表

序号	考核内容	考核要点	配分	评分标准	检测结果	扣分	得分	备注
4		检查冷却水系统是否有渗漏损失	5	未查渗漏损失不得分				
5		检查循环水场排污是否偏大	5	未检查排污不得分				
6		检查冷却水系统是否有乱排乱放现象	5	未检查冷却水系统乱排情况不得分				
7		检查药剂质量是否合格	5	未检查药剂质量不得分				
8		检查加药管线是否泄漏	5	未检查加药管线泄漏情况不得分				
9	循环水中水稳剂主要控制指标含量偏低的处理	查明原因后加样分析	10	若化验分析有误差，未处理不得分				
10		加大缓蚀阻垢剂投加量	10	若水稳剂投加量偏小，未加大不得分				
11		查漏堵漏后加大缓蚀阻垢剂投加量	10	若冷却水系统有渗漏损失，未处理不得分				
12		加大缓蚀阻垢剂投加量	10	若排污量偏大，未加大药剂投加量不得分				
13		停止乱排乱放，并加大水稳剂投加量	5	若系统有乱排乱放，未处理不得分				
14		联系厂部，更换药剂	5	若药剂质量不合格未联系更换药剂不得分				
15		对加药管线进行堵漏	5	未对管线处理不得分				
16	使用工具	正确使用工具	2	工具使用不正确扣2分				
		正确维护工具	3	工具乱摆乱放扣3分				
17	安全及其他	按国家法规或企业规定		违规一次总分扣5分；严重违规停止操作			—	
		在规定时间内完成操作		每超时1min总分扣5分，超时3min停止操作			—	
		合　计	100					

试题8：背压式透平运行时的检查要点

（考核时间：15min）

序号	考核内容	考核要点	配分	评分标准	检测结果	扣分	得分	备注
1	准备工作	穿戴劳保用品	3	未穿戴整齐扣3分				
		工具、用具准备	2	工具选择不正确扣2分				
2	背压式透平运行时的检查要点	检查透平进、出蒸汽压力是否正常	10	未检查扣10分				
		检查透平进、出蒸汽温度是否正常	10	未检查扣10分				
		检查透平转速是否正常	8	未检查扣8分				

续表

序号	考核内容	考核要点	配分	评分标准	检测结果	扣分	得分	备注
		检查各轴瓦的温度是否正常	8	未检查扣8分				
		检查各轴瓦的回油量是否正常	8	未检查扣8分				
		检查油冷器出口油的温度是否正常	8	未检查扣8分				
		检查油泵的出口压力是否正常	8	未检查扣8分				
		检查各润滑点的油压是否正常	8	未检查扣8分				
		检查油箱的油位、油温、油质是否正常	8	未检查扣8分				
		检查调速器的油位是否正常	8	未检查扣8分				
		检查机组振动及声音是否正常	6	未检查扣6分				
3	使用工具	正确使用工具	2	工具使用不正确扣2分				
		正确维护工具	3	工具乱摆乱放扣3分				
4	安全及其他	按国家法规或企业规定		违规一次总分扣5分；严重违规停止操作			—	
		在规定时间内完成操作		每超时1min总分扣5分，超时3min停止操作			—	
	合　计		100					

试题9：循环水泵切出检修操作要点

（考核时间：30min）

序号	考核内容	考核要点	配分	评分标准	检测结果	扣分	得分	备注
1	准备工作	穿戴劳保用品	3	未穿戴整齐扣3分				
		工具、用具准备	2	工具选择不正确扣2分				
2	循环水泵切出检修操作要点	按要求切换水泵	20	未按要求切换水泵不得分				
3		将待切出检修水泵的进口阀关闭	10	未将待切出检修水泵的进口阀关闭不得分				
4		开切出泵放空阀，检查进、出口阀是否关严	20	未开切出泵放空阀，未检查进、出口阀是否关严不得分				
5		停水泵进、出口阀和电机的电源（必要时拆除电机接线）	20	未停水泵进、出口阀的电源扣10分				
				未停水泵电机的电源扣10分				

续表

序号	考核内容	考核要点	配分	评分标准	检测结果	扣分	得分	备注
6		待泵体内积水排空后将泵交出检修	10	未将泵交出检修不得分				
7		做好循环水泵切出检修操作记录	10	未做好循环水泵切出检修操作记录不得分				
8	使用工具	正确使用工具	2	工具使用不正确扣2分				
		正确维护工具	3	工具乱摆乱放扣3分				
9	安全及其他	按国家法规或企业规定		违规一次总分扣5分；严重违规停止操作			—	
		在规定时间内完成操作		每超时1min总分扣5分，超时3min停止操作			—	
		合　计	100					

否定项说明：若在循环水泵切换操作过程中出现供水压力严重超标情况，该题为零分。

试题10：循环水岗位的巡检要点

（考核时间：30min）

序号	考核内容	考核要点	配分	评分标准	检测结果	扣分	得分	备注
1	准备工作	穿戴劳保用品	3	未穿戴整齐扣3分				
		工具、用具准备	2	工具选择不正确扣2分				
2	循环水岗位的巡检要点	检查机泵的电流、压力、温度、振动、声音、泄漏、油位、油质等	20	未检查机泵的电流、压力、温度、振动、声音、泄漏、油位、油质等，每项扣5分				
3		检查旁滤池的进水流量、反洗情况和滤池设备完好情况等	10	未检查旁滤池的进水流量、反洗情况和滤池设备完好情况等，每项扣5分				
4		检查吸水池水位、水质、滤网前后水位落差、补水和排污工况等	15	未检查吸水池水位、水质、滤网前后水位落差、补水和排污工况等，每项扣5分				
5		检查凉水塔上塔水量、布水工况、塔部件完好情况、风门和塔门状态	15	未检查凉水塔上塔水量、布水及收水器工况、塔部件完好情况、风门和塔门状态，每项扣5分				
6		检查系统供水和回水流量、压力、温度及加药系统工况等	20	未检查系统供水和回水流量、压力、温度及加药系统工况等，每项扣5分				
7		检查监测系统监测换热器的流量、温差和挂片架的流量等	10	未检查监测系统监测换热器的流量、温差和挂片架的流量等，每项扣5分				
8	使用工具	正确使用工具	2	工具使用不正确扣2分				
		正确维护工具	3	工具乱摆乱放扣3分				
9	安全及其他	按国家法规或企业规定		违规一次总分扣5分；严重违规停止操作			—	
		在规定时间内完成操作		每超时1min总分扣5分，超时3min停止操作			—	
		合　计	100					

试题11：凝汽式透平运行时的检查要点

（考核时间：15min）

序号	考核内容	考核要点	配分	评分标准	检测结果	扣分	得分	备注
1	准备工作	穿戴劳保用品	3	未穿戴整齐扣3分				
		工具、用具准备	2	工具选择不正确扣2分				
2	凝汽式透平运行时的检查要点	检查蒸汽压力是否正常	8	未检查蒸汽压力扣8分				
		检查蒸汽温度是否正常	8	未检查蒸汽温度扣8分				
		检查各轴瓦的温度是否正常	8	未检查各轴瓦的温度扣8分				
		检查各轴瓦的回油量是否正常	8	未检查各轴瓦的回油量扣8分				
		检查油冷器出口油的温度是否正常	8	未检查油冷器出口油的温度扣8分				
		检查油泵的出口压力是否正常	8	未检查油泵的出口压力扣8分				
		检查各润滑点的油压是否正常	8	未检查各润滑点的油压扣8分				
		检查油箱的油位、油质、油温是否正常	8	未检查油箱的油位、油质、油温扣8分				
		检查调速器的油位是否正常	8	未检查调速器的油位扣8分				
		检查真空系统是否正常平稳	8	未检查真空系统扣8分				
		检查冷凝液系统工作是否正常	5	未检查冷凝液系统扣5分				
		检查机组振动及声音是否正常	5	未检查机组振动及声音扣5分				
3	使用工具	正确使用工具	2	工具使用不正确扣2分				
		正确维护工具	3	工具乱摆乱放扣3分				
4	安全及其他	按国家法规或企业规定		违规一次总分扣5分；严重违规停止操作			—	
		在规定时间内完成操作		每超时1min总分扣5分，超时3min停止操作			—	
		合　计	100					

试题12：隔油池收油操作

（考核时间：15min）

序号	考核内容	考核要点	配分	评分标准	检测结果	扣分	得分	备注
1	准备工作	穿戴劳保用品	3	未穿戴整齐扣3分				
		工具、用具准备	2	工具选择不正确扣2分				

续表

序号	考核内容	考核要点	配分	评分标准	检测结果	扣分	得分	备注
2	收油前的检查	检查隔油池池内油层厚度	5	未检查油层厚度扣5分				
3		检查刮油刮泥机是否处在备用状态	5	未检查刮油刮泥机是否处在备用状态扣5分				
4		检查集油井液位	5	未检查集油井液位扣5分				
5		检查油泵进口滤网是否清理，油泵是否处在备用状态	10	未检查泵进口滤网扣5分				
				未按规范对油泵进行检查扣5分				
6		检查污油罐是否具备收油条件，并确定罐区收油流程	10	未检查油罐情况扣5分				
				未打开收油罐的进口阀扣5分				
7	收油操作步骤	打开隔油池收油阀	5	未操作扣5分				
8		调节集油管开口角度	5	操作不当扣5分				
9		按操作规程启运刮油刮泥机	5	未按规程进行操作，少或错一项扣2分				
10		待集油井液位满足开泵条件时，按操作规程启动油泵	5	未按规程进行操作，少或错一项扣2分				
11		检查隔油池收油情况	5	未检查收油情况扣5分				
12		检查油井液位	5	未检查油井液位扣5分				
13		检查收油罐液位	5	未检查收油罐液位扣5分				
14		收油结束后，按规程停运刮油刮泥机	5	未按规程进行操作，少或错一项扣2分				
15		调节集油管开口朝上	5	操作不当扣5分				
16		关闭收油阀	2	未操作扣2分				
17		待油井液位下降到一定的位置，停运油泵	5	未按规程进行操作，少或错一项扣2分				
18		关闭污油罐进口阀	3	未操作或操作次序错扣3分				
19	使用工具	正确使用工具	2	工具使用不正确扣2分				
		正确维护工具	3	工具乱摆乱放扣3分				
20	安全及其他	按国家法规或企业规定		违规一次总分扣5分；严重违规停止操作			—	
		在规定时间内完成操作		每超时1min总分扣5分，超时3min停止操作			—	
		合　计	100					

试题13：循环水场增开一台离心泵的操作

（考核时间：30min）

序号	考核内容	考核要点	配分	评分标准	检测结果	扣分	得分	备注
1	准备工作	穿戴劳保用品	3	未穿戴整齐扣3分				
		工具、用具准备	2	工具选择不正确扣2分				

续表

序号	考核内容	考核要点	配分	评分标准	检测结果	扣分	得分	备注
2	离心泵投用前检查准备工作	对设备进行检查，确认完好	10	少检查一项扣5分				
3		开泵入口阀，将泵内灌满水，排除泵体内空气	5	少一步骤扣3分				
				未排除泵体内空气扣5分				
4		检查油质，加润滑油至正常	5	未检查润滑油情况不得分				
5		调整好冷却水用量	5	未调整冷却水用量不得分				
6		关压力表前阀	5	未关压力表前阀不得分				
7		检查电机是否送电及电源指示是否正常	5	未检查电机情况不得分				
8		对泵进行盘车	5	未对泵进行盘车不得分				
9	增开一台离心泵的操作	联系调度、电气，启动离心泵	5	未联系调度、电气扣3分				
				未站在电机前方扣5分				
10		当压力达到正常值时缓慢开启出口阀，稍开各上塔阀或稍关各运行泵出口阀	20	未按要求开离心泵出口阀扣10分				
				未稍开上塔阀或稍关各运行泵出口阀扣分别扣10分				
11		开泵过程中控制总管压力平稳，无异常时全开泵出口阀	20	开泵过程中造成总管压力波动较大的扣15分				
				未全开泵出口阀扣5分				
12		检查电机、电流、压力、轴承温度及泵振动、泄漏情况，无异常情况方可离开	5	检查电机、电流、压力、轴承温度及泵振动、泄漏情况，少检查一项扣1分				
13	使用工具	正确使用工具	2	工具使用不正确扣2分				
		正确维护工具	3	工具乱摆乱放扣3分				
14	安全及其他	按国家法规或企业规定		违规一次总分扣5分；严重违规停止操作			—	
		在规定时间内完成操作		每超时1min总分扣5分，超时3min停止操作			—	
		合　计	100					

否定项说明：若在循环水场增开离心泵的操作过程中出现总管压力严重超标情况，该题为零分。

试题14：循环水场停运一台离心泵的操作

（考核时间：30min）

序号	考核内容	考核要点	配分	评分标准	检测结果	扣分	得分	备注
1	准备工作	穿戴劳保用品	3	未穿戴整齐扣3分				
		工具、用具准备	2	工具选择不正确扣2分				
2	停运一台离心泵的操作	联系调度、电气，申请停运一台离心泵	10	未联系调度扣5分				
				未联系电气扣5分				

续表

序号	考核内容	考核要点	配分	评分标准	检测结果	扣分	得分	备注
3		缓慢关离心泵出口阀，同时稍关各上塔阀或稍开各运行泵出口阀	30	未缓慢关离心泵出口阀扣15分				
				未同时稍关各上塔阀或稍开各运行泵出口阀分别扣15分				
4		停泵过程中控制总管压力平稳，无异常时全关泵出口阀	30	关泵过程中造成总管压力波动较大的扣15分				
				未全关离心泵出口阀扣15分				
5		正常停运离心泵	20	未停离心泵电机扣10分				
				未进行正常维护扣10分				
6	使用工具	正确使用工具	2	工具使用不正确扣2分				
		正确维护工具	3	工具乱摆乱放扣3分				
7	安全及其他	按国家法规或企业规定		违规一次总分扣5分；严重违规停止操作			—	
		在规定时间内完成操作		每超时1min总分扣5分，超时3min停止操作			—	
		合　计	100					

否定项说明：若在循环水场停运一台离心泵的操作过程中出现总管压力偏低情况，该题为零分。

试题15：重力式无阀滤池首次投运操作

（考核时间：15min）

序号	考核内容	考核要点	配分	评分标准	检测结果	扣分	得分	备注
1	准备工作	穿戴劳保用品	3	未穿戴整齐扣3分				
		工具、用具准备	2	工具选择不正确扣2分				
2	运行前的准备工作	清除滤池内外杂物，保持清洁，防止污染水质	10	未清扫杂物扣10分				
3		检查滤池人孔是否密封、虹吸系统是否堵塞	10	漏查一项扣5分				
4		检查进水阀及强制反冲洗阀是否完好	10	漏查一项扣5分				
5		调整反冲洗强度调节器，控制好反冲洗强度	10	未调整反冲洗强度调节器开度扣10分				
6	重力式无阀滤池投运操作	打开滤池排污阀	5	未开滤池排污阀扣5分				
7		稍开滤池进水阀缓慢进水	10	未缓慢进水扣10分				
8		对新装滤料进行适量水洗后关闭滤池排污阀	15	未对新装滤料进行适量水洗扣10分				
				未关闭滤池排污阀扣5分				
9		当冲洗水箱见水时，按设计量调节进水阀开度	10	未按要求开大进水阀扣10分				
10		进行强制反冲洗数次，直至滤池出水合格	5	未进行强制反冲洗扣5分				
11		做好投运记录	5	未做记录扣5分				

续表

序号	考核内容	考核要点	配分	评分标准	检测结果	扣分	得分	备注
12	使用工具	正确使用工具	2	工具使用不正确扣2分				
		正确维护工具	3	工具乱摆乱放扣3分				
13	安全及其他	按国家法规或企业规定		违规一次总分扣5分；严重违规停止操作			—	
		在规定时间内完成操作		每超时1min总分扣5分，超时3min停止操作			—	
		合　　计	100					

否定项说明：若在重力式无阀滤池投运操作过程中出现误操作，造成滤池不能正常工作等情况，该题为零分。

试题16：重力式无阀滤池正常停运操作

（考核时间：15min）

序号	考核内容	考核要点	配分	评分标准	检测结果	扣分	得分	备注
1	准备工作	穿戴劳保用品	3	未穿戴整齐扣3分				
		工具、用具准备	2	工具选择不正确扣2分				
2	重力式无阀滤池停运操作	进行强制反冲洗一次	20	未进行强制反冲洗扣20分				
3		缓慢关闭滤池进水阀	30	未缓慢关闭进水阀扣15分				
				未全关闭滤池进水阀扣15分				
4		开滤池排污阀，排尽存水	30	未开滤池排污阀扣15分				
				未按要求排尽存水扣15分				
5		做好停运记录	10	未做停运记录扣10分				
6	使用工具	正确使用工具	2	工具使用不正确扣2分				
		正确维护工具	3	工具乱摆乱放扣3分				
7	安全及其他	按国家法规或企业规定		违规一次总分扣5分；严重违规停止操作			—	
		在规定时间内完成操作		每超时1min总分扣5分，超时3min停止操作			—	
		合　　计	100					

否定项说明：若在关滤池进水阀时造成回水压力较大波动等情况，该题为零分。

试题17：循环水泵的切换操作要点

（考核时间：30min）

序号	考核内容	考核要点	配分	评分标准	检测结果	扣分	得分	备注
1	准备工作	穿戴劳保用品	3	未穿戴整齐扣3分				
		工具、用具准备	2	工具选择不正确扣2分				

续表

序号	考核内容	考核要点	配分	评分标准	检测结果	扣分	得分	备注
2	循环水泵切换操作要点	做好待开泵的开车前准备工作	10	未做好待开泵的开车前准备工作不得分				
3		请示调度得到许可后，启动待开泵	10	未联系调度扣5分				
				启动待开泵错误扣5分				
4		当新开泵运行平稳后，缓慢开其出口阀，同时关闭待停泵出口阀	20	未按要求操作，每错一步骤扣10分				
5		循环水泵切换操作过程中，保持循环水供水压力平稳	10	循环水泵切换操作过程中造成供水压力波动较大的不得分				
6		当待停泵出口阀全关闭后，且新开泵无异常时，停待停泵	30	未全关闭待停泵出口阀扣10分				
				未确认新开泵无异常扣10分				
				未正确停待停泵扣10分				
7		做循环水泵切换操作记录	10	未做循环水泵切换操作记录不得分				
8	使用工具	正确使用工具	2	工具使用不正确扣2分				
		正确维护工具	3	工具乱摆乱放扣3分				
9	安全及其他	按国家法规或企业规定		违规一次总分扣5分；严重违规停止操作			—	
		在规定时间内完成操作		每超时1min总分扣5分，超时3min停止操作			—	
		合　计	100					

否定项说明：若在循环水泵切换操作过程中出现供水压力严重超标情况，该题为零分。

试题18：风机加润滑油(分散式)的操作

（考核时间：30min）

序号	考核内容	考核要点	配分	评分标准	检测结果	扣分	得分	备注
1	准备工作	穿戴劳保用品	3	未穿戴整齐扣3分				
		工具、用具准备	2	工具选择不正确扣2分				
2	风机加润滑油的操作	按规定领符合要求牌号的油	10	未按规定领符合要求牌号的油不得分				
3		检查该风机油位、油质	20	未检查油位扣10分				
				未检查油质扣10分				
4		打开风筒外液位计上部加油孔丝堵	10	未打开上部加油孔丝堵不得分				
5		在加油孔上放好小漏斗	10	未在加油孔上放好小漏斗扣10分				
6		按“三级过滤”原则加油	20	未做好三级过滤，每缺少一步骤扣10分				
7		加油至正常油位	10	油位不在规定范围内扣10分				
8		装上加油孔丝堵	10	未装上加油孔丝堵扣10分				

续表

序号	考核内容	考核要点	配分	评分标准	检测结果	扣分	得分	备注
9	使用工具	正确使用工具	2	工具使用不正确扣2分				
		正确维护工具	3	工具乱摆乱放扣3分				
10	安全及其他	按国家法规或企业规定		违规一次总分扣5分；严重违规停止操作			—	
		在规定时间内完成操作		每超时1min总分扣5分，超时3min停止操作			—	
		合　计	100					

试题19：凉水塔风机切出检修操作要点

（考核时间：30min）

序号	考核内容	考核要点	配分	评分标准	检测结果	扣分	得分	备注
1	准备工作	穿戴劳保用品	3	未穿戴整齐扣3分				
		工具、用具准备	2	工具选择不正确扣2分				
2	凉水塔风机切出检修操作要点	按要求切换凉水塔	20	未按要求切换凉水塔不得分				
3		停运待切出风机	15	未停运待切出风机不得分				
4		停该风机电源	20	未停该风机电源不得分				
5		关死该塔的上塔水阀	15	未关死该塔的上塔水阀不得分				
6		通知检修单位，将凉水塔风机交出检修	10	未将凉水塔风机交出检修不得分				
7		做好凉水塔风机切出检修操作记录	10	未做好凉水塔风机切出检修操作记录不得分				
8	使用工具	正确使用工具	2	工具使用不正确扣2分				
		正确维护工具	3	工具乱摆乱放扣3分				
9	安全及其他	按国家法规或企业规定		违规一次总分扣5分；严重违规停止操作			—	
		在规定时间内完成操作		每超时1min总分扣5分，超时3min停止操作			—	
		合　计	100					

否定项说明：若在凉水塔切换操作过程中出现供水水温严重超标情况，该题为零分。

试题20：冷却塔风机的投运

（考核时间：15min）

序号	考核内容	考核要点	配分	评分标准	检测结果	扣分	得分	备注
1	准备工作	穿戴劳保用品	3	未穿戴整齐扣3分				
		工具、用具准备	2	工具选择不正确扣2分				

续表

序号	考核内容	考核要点	配分	评分标准	检测结果	扣分	得分	备注
2	投运前的检查	确认风机周围无杂物	5	未确认扣5分				
3		确认电机已送电	5	未确认扣5分				
4		检查电机绝缘和各部件安装是否符合要求，检查各紧固件连接有无松动	10	少检查一项扣6分				
5		检查润滑油质、油位是否符合规定，油路是否通畅	15	少检查一项扣6分				
6		检查盘车是否正常	5	未盘车检查扣5分				
7		检查风筒门是否关好	5	未关风门扣5分				
8	投运风机的操作	按风机启动按钮	5	未启动风机扣5分				
9		检查叶片旋转方向是否正确，叶片是否平衡	10	少检查一项扣6分				
10		检查风机振动情况	5	未检查扣5分				
11		检查电机温度及电流	5	未检查扣5分				
12		检查风机油温温升与温度、油位变化是否正常	10	少检查一项扣6分				
13		检查电机、传动轴等有无杂音	5	少检查一项扣5分				
14		做好风机投运记录	5	未记录扣5分				
15	使用工具	正确使用工具	2	用错工具扣2分				
		正确维护工具	3	乱放工具扣3分				
16	安全及其他	按国家法规或企业规定		违规一次总分扣5分；严重违规停止操作			—	
		在规定时间内完成操作		每超时1min总分扣5分，超时3min停止操作			—	
		合　计	100					

试题21：更换循环水泵润滑油的操作

（考核时间：30min）

序号	考核内容	考核要点	配分	评分标准	检测结果	扣分	得分	备注
1	准备工作	穿戴劳保用品	3	未穿戴整齐扣3分				
		工具、用具准备	2	工具选择不正确扣2分				
2		选用符合要求的润滑油	5	未选用符合要求的润滑油扣5分				
3		做好润滑油三级过滤工作	5	未做好三级过滤扣5分				
4		停运待换油循环水泵	10	未停运待换油循环水泵扣10分				

续表

序号	考核内容	考核要点	配分	评分标准	检测结果	扣分	得分	备注
5	更换循环水泵润滑油的操作	打开上部加油孔丝堵或盖子	10	未打开上部加油孔丝堵或盖子扣10分				
6		在加油孔上放好小漏斗	10	未在加油孔上放好小漏斗扣5分				
7		在下部放油口放好接油器具	10	未在下部放油口放好接油器具扣10分				
8		打开下部放油孔丝堵，排空	10	未打开下部放油孔丝堵和排空扣10分				
9		边加油边放油直到出油变干净为止	10	未见到干净新油扣10分				
10		装上下部放油孔丝堵	5	未装上下部放油孔丝堵扣5分				
11		将油位加至1/2～2/3之间	10	油位不在规定范围内扣10分				
12		装上上部加油孔丝堵或盖子	5	未装上上部放油孔丝堵或盖子扣5分				
13	使用工具	正确使用工具	2	工具使用不正确扣2分				
		正确维护工具	3	工具乱摆乱放扣3分				
14	安全及其他	按国家法规或企业规定		违规一次总分扣5分；严重违规停止操作			—	
		在规定时间内完成操作		每超时1min总分扣5分，超时3min停止操作			—	
		合　计	100					

否定项说明：若出现使用分析指标不符合要求的润滑油情况，该题为零分。

试题22：离心泵运行的检查内容

（考核时间：30min）

序号	考核内容	考核要点	配分	评分标准	检测结果	扣分	得分	备注
1	准备工作	穿戴劳保用品	3	未穿戴整齐扣3分				
		工具、用具准备	2	工具选择不正确扣2分				
2	离心泵运行的检查要点	紧固件的检查	5	未检查地脚紧固螺栓是否松动扣5分				
			5	未检查防护罩紧固螺栓是否松动扣5分				
			5	未检查轴联器紧固螺栓是否松动扣5分				
			5	未检查出口法兰及管线的紧固螺栓是否松动扣5分				
			5	未检查机泵出口压力表是否松动扣5分				

续表

序号	考核内容	考核要点	配分	评分标准	检测结果	扣分	得分	备注
3		润滑油的检查	5	未检查润滑油的油位扣5分				
			5	未判断润滑油是否变质扣5分				
			5	未检查机泵封油系统情况扣5分				
4		泵体的检查	10	未检查轴承声音、温度、振动是否正常每项扣5分				
			10	未检查泵体声音、温度、振动是否正常每项扣5分				
			5	未检查机泵冷却水投用情况是否正常扣5分				
			5	未检查轴封是否泄漏扣5分				
5		压力的检查	10	未检查泵出口压力是否正常扣10分				
6		电机的检查	10	未检查电流是否正常扣5分				
				未检查电机声音、温度、振动是否正常扣5分				
7	使用工具	正确使用工具	2	工具使用不正确扣2分				
		正确维护工具	3	工具乱摆乱放扣3分				
8	安全及其他	按国家法规或企业规定		违规一次总分扣5分；严重违规停止操作			—	
		在规定时间内完成操作		每超时1min总分扣5分，超时3min停止操作			—	
		合　计	100					

试题23：计量泵日常维护

（考核时间：15min）

序号	考核内容	考核要点	配分	评分标准	检测结果	扣分	得分	备注
1	准备工作	穿戴劳保用品	3	未穿戴整齐扣3分				
		工具、用具准备	2	工具选择不正确扣2分				
2	计量泵日常维护	检查传动箱油质、油位是否符合要求	20	未检查传动箱油质扣10分				
				未检查传动箱油位扣10分				
3		检查连接部件是否松动	10	未检查连接部件是否松动扣10分				
4		检查密封处漏损是否超标	10	未检查密封处漏损是否超标扣10分				
5		检查泵主要部件温度是否符合要求	15	未检查泵主要部件温度是否符合要求扣15分				
6		调量时不得过快或过猛，按要求调量	10	未按要求调量扣10分				
7		检查是否定期盘车	10	对备用泵未定期盘车扣10分				
8		检查对长期停用泵是否将泵内介质放干，进行保养处理	15	对长期停用泵未将泵内介质放干扣15分				

续表

序号	考核内容	考核要点	配分	评分标准	检测结果	扣分	得分	备注
9	使用工具	正确使用工具	2	工具使用不正确扣2分				
		正确维护工具	3	工具乱摆乱放扣3分				
10	安全及其他	按国家法规或企业规定		违规一次总分扣5分；严重违规停止操作			—	
		在规定时间内完成操作		每超时1min总分扣5分，超时3min停止操作			—	
	合　计		100					

试题24：无阀滤池的运行维护

（考核时间：15min）

序号	考核内容	考核要点	配分	评分标准	检测结果	扣分	得分	备注
1	准备工作	穿戴劳保用品	3	未穿戴整齐扣3分				
		工具、用具准备	2	工具选择不正确扣2分				
2	重力式无阀滤池的日常维护	检查和调节进水流量	20	未检查进水流量扣10分				
				若进水流量偏大或偏小，未调节进水流量至正常扣10分				
3		检查滤池进、出水浊度	20	未检查进水浊度扣10分				
				未检查出水浊度扣10分				
4		检查反洗情况、调节反洗强度	20	未检查反洗情况扣10分				
				未说明若反洗流量偏大或偏小，需调节反洗强度至正常扣10分				
5		视检查情况判断是否需进行强制反冲洗	10	未说明视情况判断是否需进行强制反冲洗不得分				
6		根据需要停运滤池检查滤料情况	10	未说明根据需要停运滤池检查滤料情况不得分				
7		检查滤池设备是否正常	10	未检查滤池设备是否正常不得分				
8	使用工具	正确使用工具	2	工具使用不正确扣2分				
		正确维护工具	3	工具乱摆乱放扣3分				
9	安全及其他	按国家法规或企业规定		违规一次总分扣5分；严重违规停止操作			—	
		在规定时间内完成操作		每超时1min总分扣5分，超时3min停止操作			—	
	合　计		100					

试题 25：循环供水压力偏低的处理

（考核时间：25min）

序号	考核内容	考核要点	配分	评分标准	检测结果	扣分	得分	备注
1	准备工作	穿戴劳保用品	3	未穿戴整齐扣3分				
		工具、用具准备	2	工具选择不正确扣2分				
2	检查影响压力偏低的因素	检查生产装置用水量增加情况	10	未联系检查生产装置用水量增加情况不得分				
3		检查循环水供水流量减小情况	10	调节泵负荷，循环供水量减小，造成压力偏低，未查出不得分				
4		检查循环回水压力是否过低	10	循环回水压力过低，未检查到不得分				
5		检查仪表显示是否偏低	10	仪表显示有误差，未查出不得分				
6		检查循环水系统是否有大量的泄漏或乱排乱放	5	未检查循环水系统是否有大量的泄漏不得分				
7	循环供水压力偏低的处理	增大循环水供水流量	10	若装置用水量增加未及时增大循环水量不得分				
8		提高循环水供水流量	10	若循环供水量偏低，未稍开泵出口阀不得分				
9		提高循环回水压力	10	若循环回水压力过低，未稍关上塔阀不得分				
10		消除仪表显示偏差	10	若仪表有误差未联系处理不得分				
11		进行堵漏或禁止乱排放	5	若系统有大量的泄漏或乱排乱放未处理不得分				
12	使用工具	正确使用工具	2	工具使用不正确扣2分				
		正确维护工具	3	工具乱摆乱放扣3分				
13	安全及其他	按国家法规或企业规定		违规一次总分扣5分；严重违规停止操作			—	
		在规定时间内完成操作		每超时1min总分扣5分，超时3min停止操作			—	
		合　计	100					

否定项说明：若在循环供水压力偏低的处理过程中出现压力更低误操作等情况，该题为零分。

试题 26：离心泵振动大的处理

（考核时间：15min）

序号	考核内容	考核要点	配分	评分标准	检测结果	扣分	得分	备注
1	准备工作	穿戴劳保用品	3	未穿戴整齐扣3分				
		工具、用具准备	2	工具选择不正确扣2分				
2	检查影响振动大的因素	检查泵轴与电机是否在同一直线上	5	未检查泵轴与电机是否在同一直线上扣5分				
3		检查泵轴是否弯曲	5	未检查泵轴是否弯曲扣5分				

续表

序号	考核内容	考核要点	配分	评分标准	检测结果	扣分	得分	备注
4		检查机泵转子是否偏重(心)或泵内是否吸入杂物	5	未检查机泵转子或泵内是否吸入杂物扣5分				
5		检查轴承是否过度磨损或损坏	5	未检查轴承情况扣5分				
6		检查底脚螺丝是否松动	5	未检查底脚螺丝情况扣5分				
7		检查叶轮或靠背轮是否有局部磨损	5	未检查叶轮或靠背轮是否有局部磨损扣5分				
8		检查水泵运行工况是否正常	5	未检查水泵运行工况扣5分				
9		检查叶轮口环间隙是否过小，产生机械摩擦	5	未检查叶轮口环间隙扣5分				
10		检查水泵或传动装置轴承是否磨损	5	未检查水泵或传动装置轴承是否磨损扣5分				
11	离心泵振动大的处理	重新校正泵轴与电机在同一直线上	5	未重新校正不得分				
12		校正泵轴	5	未校正泵轴不得分				
13		校正转子或清除泵内杂物	5	未校转子或清除杂物不得分				
14		更换轴承	5	未更换轴承不得分				
15		重新紧固底脚螺丝	5	未重新紧固底脚螺丝不得分				
16		修复或更换叶轮或靠背轮	5	未修好叶轮或靠背轮不得分				
17		调节水泵运行工况至正常	5	未调节水泵运行工况不得分				
18		联系钳工调整叶轮口环间隙	5	未调整叶轮口环间隙不得分				
19		停泵检修更换水泵或传动装置轴承	5	未联系处理不得分				
20	使用工具	正确使用工具	2	工具使用不正确扣2分				
		正确维护工具	3	工具乱摆乱放扣3分				
21	安全及其他	按国家法规或企业规定		违规一次总分扣5分；严重违规停止操作			—	
		在规定时间内完成操作		每超时1min总分扣5分，超时3min停止操作			—	
		合　计	100					

试题27：补充水中断的处理

（考核时间：15min）

序号	考核内容	考核要点	配分	评分标准	检测结果	扣分	得分	备注
1	准备工作	穿戴劳保用品	3	未穿戴整齐扣3分				
		工具、用具准备	2	工具选择不正确扣2分				

续表

序号	考核内容	考核要点	配分	评分标准	检测结果	扣分	得分	备注
2	循环水场补充水中断的处理	发现补充水中断现象，立即向有关部门报告，并询问其原因	20	未发现补充水量为零、液位下降扣10分				
				未向调度报告扣10分				
3		停止循环水系统排放	10	未停止系统排放不得分				
4		视情况决定是否停运旁滤池	10	未视情况决定是否停运旁滤池不得分				
5		视情况决定是否减少上塔水量	10	未视情况决定是否减少上塔水量不得分				
6		视情况决定是否减少风机运行台数	10	未视情况决定是否减少风机运行台数不得分				
7		若短时间内不能恢复，如有临时补充水线，向调度申请投用	10	若短时间内补充水不能恢复，如有临时补充水线未立即投用不得分				
8		做好恢复补充水的准备工作	10	未做好恢复补充水的准备工作不得分				
9		做好补充水中断的处理记录	10	未做处理记录不得分				
10	使用工具	正确使用工具	2	工具使用不正确扣2分				
		正确维护工具	3	工具乱摆乱放扣3分				
11	安全及其他	按国家法规或企业规定		违规一次总分扣5分；严重违规停止操作			—	
		在规定时间内完成操作		每超时1min总分扣5分，超时3min停止操作			—	
		合　计	100					

试题28：重力式无阀滤池跑损滤料的处理

（考核时间：25min）

序号	考核内容	考核要点	配分	评分标准	检测结果	扣分	得分	备注
1	准备工作	穿戴劳保用品	3	未穿戴整齐扣3分				
		工具、用具准备	2	工具选择不正确扣2分				
2	检查跑损滤料的原因	检查反冲洗强度	10	未检查反冲洗强度不得分				
3		检查配水挡板情况	10	未检查配水查挡板不得分				
4		检查滤池外损情况	10	未检查滤池外损情况不得分				
5		检查滤池承托架情况	10	未检查承托架不得分				
6	滤池跑损滤料的处理	调节反洗强度调节器，并适量补充滤料	15	若反冲洗强度偏大未调整扣10分，若滤料减少未补充扣5分				
7		停运滤池检修配水挡板，更换滤池滤料	15	若滤池内挡板损坏未检修扣10分，未更换滤料扣5分				
8		停运滤池进行堵漏	5	有泄漏未及时处理不得分				
9		停运滤池检修承托架，更换滤池滤料	15	承托架损坏未及时处理扣10分，未更换滤池滤料扣5分				

续表

序号	考核内容	考核要点	配分	评分标准	检测结果	扣分	得分	备注
10	使用工具	正确使用工具	2	工具使用不正确扣2分				
		正确维护工具	3	工具乱摆乱放扣3分				
11	安全及其他	按国家法规或企业规定		违规一次总分扣5分；严重违规停止操作			—	
		在规定时间内完成操作		每超时1min总分扣5分，超时3min停止操作			—	
	合　计		100					

试题29：加氯系统结霜的处理

（考核时间：15min）

序号	考核内容	考核要点	配分	评分标准	检测结果	扣分	得分	备注
1	准备工作	穿戴劳保用品	3	未穿戴整齐扣3分				
		工具、用具准备	2	工具选择不正确扣2分				
2	检查影响加氯系统结霜的因素	检查氯气瓶两个出氯阀连线是否与地面垂直	8	未检查出氯阀连线是否与地面垂直不得分				
3		检查出氯管是否接在氯瓶下面的出氯阀上	8	未检查氯管是否接在下面的出氯阀上不得分				
4		检查加氯量是否太大	8	未检查加氯量不得分				
5		检查氯瓶是否充装太满	8	未检查氯瓶是否充装太满不得分				
6		检查环境温度是否过低	8	未检查环境温度是否过低不得分				
7	加氯系统结霜的处理	停止加氯，调整氯瓶方向，使氯气瓶两个出氯阀与地面垂直	10	若氯气瓶两个出氯阀连线不与地面垂直，未停止加氯调整使出氯阀垂直地面不得分				
8		关闭氯瓶出氯阀，重新安装，将出氯管安装在氯气瓶上面的阀上	10	若出氯管接在氯瓶下面的出氯阀上，未关闭出氯阀，并将出氯管重新安装在上面的阀上不得分				
9		适当减小加氯量	10	若加氯量太大，未适当减小加氯量不得分				
10		将氯瓶出氯阀端稍微向上倾斜	10	若氯瓶充装太满，未将氯瓶出氯阀端稍微向上倾斜不得分				
11		提高环境温度	10	若环境温度偏低，未提高不得分				
12	使用工具	正确使用工具	2	工具使用不正确扣2分				
		正确维护工具	3	工具乱摆乱放扣3分				
13	安全及其他	按国家法规或企业规定		违规一次总分扣5分；严重违规停止操作			—	
		在规定时间内完成操作		每超时1min总分扣5分，超时3min停止操作			—	
	合　计		100					

试题30：离心泵轴承发热的处理

（考核时间：15min）

序号	考核内容	考核要点	配分	评分标准	检测结果	扣分	得分	备注
1	准备工作	穿戴劳保用品	3	未穿戴整齐扣3分				
		工具、用具准备	2	工具选择不正确扣2分				
2	检查影响离心泵轴承发热的因素	检查轴承装配是否不正确或间隙不适当	5	未检查轴承装配是否不正确或间隙不适当不得分				
3		检查润滑油(脂)是否过多或过少	5	未检查润滑油(脂)是否过多或过少不得分				
4		检查润滑油(脂)是否变质	5	未检查润滑油(脂)是否变质不得分				
5		检查轴承冷却水是否中断或流量太小	5	未检查轴承冷却水是否中断或流量太小不得分				
6		检查泵轴振动是否过大	5	未检查泵轴振动是否过大不得分				
7		检查油环是否卡死不转动	5	未检查油环是否卡死不转动不得分				
8		检查轴承是否损坏	5	未检查轴承是否损坏不得分				
9	离心泵轴承发热的处理	重新校正或更换轴承	10	若轴承装配不正确或间隙不适当，未重新校正或更换轴承不得分				
10		调整润滑油(脂)量	5	若润滑油(脂)过多或过少，未调整油脂量不得分				
11		清洗更换润滑油(脂)	5	若润滑油(脂)变质，未清洗更换不得分				
12		修复或接临时冷却水	10	若轴承冷却水中断或流量太小，未检查修复或接临时冷却水不得分				
13		联系检修减小泵轴振动	10	若泵轴振动过大，未联系检修减小泵轴振动不得分				
14		调整油环使之灵活	10	若油环卡死不转动，未调整油环使之灵活不得分				
15		联系钳工修复轴承	10	若轴承损坏，未联系钳工修复轴承不得分				
16	安全及其他	按国家法规或企业规定		违规一次总分扣5分；严重违规停止操作			—	
		在规定时间内完成操作		每超时1min总分扣5分，超时3min停止操作			—	
		合　计	100					

试题31：无阀滤池不能自动反洗的处理

（考核时间：15min）

序号	考核内容	考核要点	配分	评分标准	检测结果	扣分	得分	备注
1	准备工作	穿戴劳保用品	3	未穿戴整齐扣3分				
		工具、用具准备	2	工具选择不正确扣2分				

续表

序号	考核内容	考核要点	配分	评分标准	检测结果	扣分	得分	备注
2	检查影响无阀滤池不能自动反洗的因素	检查虹吸系统是否漏气	5	未检查虹吸系统是否漏气不得分				
3		检查承托架、滤料层情况	5	未检查承托架、滤料层情况不得分				
4		检查虹吸辅助系统情况	5	未检查虹吸辅助系统情况不得分				
5		检查水封井是否损坏	5	未检查水封井是否损坏不得分				
6		检查配水槽是否损坏	5	未检查配水槽是否损坏不得分				
7		检查进水流量是否太小	5	未检查进水流量是否太小不得分				
8		检查进水是否含大量气体	5	未检查进水是否含大量气体不得分				
9	无阀滤池不能自动反洗的处理	对虹吸系统进行堵漏	10	若虹吸系统漏气未堵漏不得分				
10		检修承托架、更换滤料	10	若承托架、滤料层损坏未检修承托架、更换滤料不得分				
11		对虹吸辅助系统进行堵漏	10	若虹吸辅助系统漏气未堵漏不得分				
12		修复水封井，提高水位	10	若水封井损坏未修复不得分				
13		修复配水槽，提高水位	5	若配水槽损坏未修复不得分				
14		提高进水流量至设计值	5	若进水流量太小未提高不得分				
		对进水处理消除带气现象	5	若进水含大量气体未处理不得分				
15	安全及其他	按国家法规或企业规定		违规一次总分扣5分；严重违规停止操作			—	
		在规定时间内完成操作		每超时1min总分扣5分，超时3min停止操作			—	
		合　计	100					

试题32：绘制敞开式循环冷却水系统示意图

（考核时间：20min）

序号	考核内容	考核要点	配分	评分标准	检测结果	扣分	得分	备注
1	绘制敞开式循环冷却水系统示意图	检查敞开式循环冷却水系统示意图主要绘制内容是否正确	35	未绘出水池扣5分				
				未绘出水泵扣5分				
				未绘出补充水扣5分				
				未绘出排污扣5分				
				未绘出换热器扣5分				
				未绘出冷却塔扣5分				
				未绘出风机扣5分				
2		检查敞开式循环冷却水系统示意图主要组成部分位置是否正确	25	水池位置错误扣5分				
				水泵位置错误扣5分				
				补充水位置错误扣5分				
				换热器位置错误扣5分				
				冷却塔位置错误扣5分				

续表

序号	考核内容	考核要点	配分	评分标准	检测结果	扣分	得分	备注
3		检查敞开式循环冷却水系统示意图主要设备和构筑物的名称标识是否正确	20	未标识水池或标错扣3分				
				未标识水泵或标错扣3分				
				未标识补充水或标错扣3分				
				未标识排污或标错扣3分				
				未标识换热器或标错扣3分				
				未标识冷却塔或标错扣3分				
				未标识风机或标错扣3分				
4		检查敞开式循环冷却水系统示意图是否符合规范要求	20	未绘出连接管线或绘错扣5分				
				线条不符合规范扣5分				
				未标识流程方向或标错扣5分				
				系统示意图不整洁扣5分				
		合　计	100					

试题33：平流式隔油池结构简图绘制

（考核时间：30min）

序号	考核内容	考核要点	配分	评分标准	检测结果	扣分	得分	备注
1	绘制平流式隔油池结构示意图	检查平流式隔油池结构示意图主要绘制内容是否正确	35	未画池体扣5分				
				未画出水堰扣5分				
				未画集油管扣5分				
				未画刮油机扣5分				
				未画进、出口各扣5分				
				未画排污扣10分				
2		检查平流式隔油池结构示意图各部件的形状或位置是否正确	30	池体形状错误扣5分				
				出水堰位置错误扣5分				
				集油管位置错误扣5分				
				刮油机形状错误扣5分				
				进、出口位置错误各扣5分				
				排污位置错误扣5分				
3		检查平流式隔油池结构示意图的各组成部分标识是否正确	20	未标识池体或标错扣3分				
				未标识出水堰或标错扣3分				
				未标识集油管或标错扣3分				
				未标识刮油机或标错扣3分				
				未标识进、出口或标错各扣5分				
				未标识排污或标错扣3分				
4		检查平流式隔油池结构示意图是否符合规范要求	15	未标识流程方向或标错扣5分				
				线条不符合规范扣5分				
				结构示意图不整洁扣5分				
		合　计	100					

第二部分

中级工

一、理论知识鉴定要素细目表

行业通用理论知识鉴定要素细目表

鉴定范围						鉴定点		
一级		二级		三级		代码	名称	重要程度
代码	名称	代码	名称	代码	名称			
A	基本要求	B	基础知识	A	记录填写基础知识	001	岗位交接班记录的填写要求	X
						002	关键设备巡检记录的填写要求	X
				B	识图基础知识	001	正投影的特点	X
						002	三视图的特点	X
						003	三视图的作图方法	X
						004	零件图的作用	X
				C	安全环保基础知识	001	石化行业安全检查的内容	X
						002	尘毒物质危害人体的主要因素	X
						003	化工污染的控制方法	X
						004	清洁生产的理论基础	X
						005	清洁生产审计的目的	X
						006	灭火的机理	X
						007	ISO 14001 标准的特点	X
						008	ISO 14001 环境因素识别的状态、时态和类型	X
						009	ISO 14001 环境因素识别的步骤	X
						010	ISO 14001 识别环境因素的方法	X
						011	HSE 审核的概念	X
						012	HSE 审核的目的	X
						013	HSE 危害的概念	X
						014	废水治理的常识	X
						015	废气治理的常识	X
						016	废渣处理的常识	X
						017	防冻防凝的知识	X
						018	夏季四防的知识	X
						019	职业病的概念	X
						020	职业病的种类	X
						021	石化行业事故的分类	X
						022	石化行业事故分级的规定	X
						023	HSE 不符合的概念	X
						024	HSE 事故的定义	X
				D	质量基础知识	001	标准化的意义	X
						002	质量认证的概念	X
						003	全面质量管理的特点	X
						004	ISO 9000 质量管理体系基础的内容	X
						005	质量管理 PDCA 动态循环的意义	X
						006	ISO 9000 族标准的核心标准	X
						007	ISO 9000 族标准"质量"的意义	X
						008	ISO 9001 标准的八项管理原则	X
				E	计算机基础知识	001	Word 文字处理软件基础知识	X
						002	Word 表格处理知识	X
						003	Excel 工作表的建立	X
						004	Excel 的排版	X
				F	法律常识	001	合同的形式	X
						002	合同法关于无效合同的规定	X

工种理论知识鉴定要素细目表

鉴定范围						鉴定点		
一级		二级		三级		代码	名称	重要程度
代码	名称	代码	名称	代码	名称			
A	基本要求	B	基础知识	G	石化基本常识	001	石油产品的物理性质	Z
						002	石油产品的分类	Y
						003	石油化工生产的特点	X
						004	石油化工基础原料的类型	Z
						005	炼油的主要设备类型	Y
				H	化学基础知识	001	物质的分子式	X
						002	可逆反应的特点	X
						003	化学平衡的特点	X
						004	酸的概念	X
						005	碱的概念	X
						006	盐的概念	X
						007	单质的概念	X
						008	化合物的概念	X
						009	无机化合物的特点	X
						010	化学方程式的概念	X
						011	化学平衡的特征	X
						012	电离平衡的概念	X
						013	化学平衡常数的概念	X
						014	化学反应速率的概念	X
						015	浓度的概念	X
				I	水力学基础知识	001	雷诺数的含义	X
						002	流动类型的判断	X
						003	流体的压缩性概念	X
						004	表面张力的概念	X
						005	测压管的原理	X
						006	潜体的特点	Y
				J	机械设备基础知识	001	泵的结构特点	X
						002	离心泵零部件的作用	X
						003	机械密封的特点	Y
						004	机械密封工作原理	Z
						005	机械密封的冲洗	Y
						006	闸阀的结构特点	X

续表

鉴定范围						鉴定点		
一级		二级		三级		代码	名称	重要程度
代码	名称	代码	名称	代码	名称			
						007	化学腐蚀的概念	X
						008	压力容器的概念	X
						009	压力管道的概念	X
						010	压力试验的作用	X
						011	离心泵气蚀的特点	X
						012	减速器的种类	Y
						013	轴承的类型	X
				K	电气基础知识	001	现场控制开关的使用常识	X
						002	正弦交流电的概念	X
						003	并联电路电阻简化计算方法	Y
						004	串联电路电阻简化计算方法	Y
						005	用电设备维修安全常识	X
						006	装置设备接地线的常识	X
						007	防雷防静电的常识	Y
						008	常用电机的类型	X
						009	常用电机型号含义	X
						010	跨步电的概念	Z
				L	仪表基础知识	001	串级控制的特点	Y
						002	分程控制的特点	Y
						003	联锁的基本概念	X
						004	控制阀的附件种类	Z
						005	化工自动化仪表的种类	X
						006	压力仪表的特点	X
						007	温度仪表的特点	X
						008	流量仪表的特点	X
						009	差压式流量计的特点	X
						010	物位仪表的特点	X
				M	计量基础知识	001	法定计量单位的组成	X
						002	计量器具的概念	Y
						003	计量器具的管理	Z
						004	计量检定的概念	Y
						005	量值传递的概念	Z
						006	计量检定印证的形式	Y

续表

鉴定范围						鉴定点		
一级		二级		三级		代码	名称	重要程度
代码	名称	代码	名称	代码	名称			
B	相关知识	A	工艺操作	A	循环水基础知识	001	工业用水的分类	X
						002	循环冷却水系统的概念	X
						003	天然水中杂质的分类	X
						004	天然水中碳酸化合物存在的形态	X
						005	混凝反应的目的	Z
						006	隔油池的作用	X
						007	格栅的作用	Y
						008	澄清池的特点	X
						009	冷却塔的型式	X
						010	循环冷却水系统易产生的问题	X
						011	浓缩倍数的概念	X
						012	化学清洗的方法	X
						013	胶体的概念	Z
						014	腐蚀速率的现场监测概念	X
						015	沉积速率的现场监测概念	Y
						016	冷却水装置对环境要求	X
						017	微生物的营养类型	X
						018	微生物繁殖的特点	X
						019	细菌的基本结构	X
						020	生物黏泥的组成	X
						021	配水管网的布置形式	X
						022	水的含盐量概念	X
						023	给水管网的流量关系	X
						024	给水管网的水压关系	X
						025	干球温度的概念	X
						026	湿球温度的概念	Z
						027	湿度的概念	Z
						028	电导的概念	X
						029	腐蚀速度的概念	X
						030	生物黏泥概念	X
						031	电离平衡概念	X
						032	雷诺数的概念	Y
						033	环状配水管网的特点	X
						034	压力滤池的工艺特点	X

续表

鉴定范围						鉴定点		
一级		二级		三级		代码	名称	重要程度
代码	名称	代码	名称	代码	名称			
						035	化学需氧量的概念	X
						036	水的纯度概念	X
						037	水的溶解氧概念	X
						038	化学平衡的概念	X
						039	生活水水质标准的毒理化指标	Y
				B	循环水原、辅材料	001	混凝剂的性质	X
						002	杀生剂的特点	X
						003	非氧化杀生剂使用中的注意事项	X
						004	氧化杀生剂使用中的注意事项	X
						005	循环水的水质要求	X
						006	补充水水质要求	X
						007	水的胶体特性	Y
						008	氯气的性能	X
						009	氯气的杀菌原理	X
						010	二氧化氯的性能	Y
						011	二氧化氯的特点	Y
						012	二氧化氯的杀菌原理	X
						013	助凝剂的分类	Y
						014	聚丙烯酰胺的物理化学性质	X
						015	离子交换树脂的选择性	X
						016	臭氧消毒的特点	Z
				C	开、停工操作	001	开工注意事项	X
						002	停工注意事项	X
						003	循环水场开工步骤	X
						004	循环水场停工步骤	X
						005	隔油池收油操作注意事项	Z
						006	离心泵的开车要点	X
						007	离心泵的停车要点	X
						008	监测换热器投用前准备工作	X
						009	透平泵的开车要点	X
						010	透平泵的停车要点	X
						011	引蒸汽操作方法	X
						012	系统冲洗和试压操作要点	X
						013	调节阀的使用方法	X

续表

鉴定范围						鉴定点		
一级		二级		三级		代码	名称	重要程度
代码	名称	代码	名称	代码	名称			
						014	预膜原理	X
						015	化学清洗目的	X
						016	预膜目的	Y
				D	正常操作	001	冷却塔工作原理	X
						002	隔油池的隔油原理	X
						003	混凝机理	Z
						004	冷却水中金属腐蚀的机理	X
						005	水垢的控制方法	X
						006	污垢的控制方法	X
						007	加氯注意事项	X
						008	旁滤池反冲洗操作要点	X
						009	水质稳定剂的投加注意事项	X
						010	温度对腐蚀速度的影响	X
						011	流速对腐蚀速度的影响	X
						012	节约用水的注意事项	X
						013	水射器的工作原理	Y
						014	水射器的投用、停用方法	X
						015	循环水场的防火防爆要求	X
						016	循环水排放要求	Y
						017	无阀滤池的强制反洗操作方法	X
						018	加二氧化氯的操作方法	X
						019	溶解氧对腐蚀速度的影响	X
						020	水泵能量损失的构成	X
		B	设备使用与维护	A	使用设备	001	阀门的识别	X
						002	法兰的密封结构形式	X
						003	真空泵的工作原理	X
						004	真空泵的性能特点	X
						005	减压阀的工作原理	X
						006	单吸式离心泵的性能特点	X
						007	离心泵的串联工作特点	X
						008	无阀滤池的结构	X
						009	联轴器的使用方法	X
						010	透平的升温方法	X
						011	压缩机的分类	X

续表

鉴定范围						鉴定点		
一级		二级		三级		代码	名称	重要程度
代码	名称	代码	名称	代码	名称			
						012	离心泵的切换操作要点	X
						013	更换离心泵密封填料方法	X
						014	阀门的主要性能参数	X
						015	轴流泵的工作原理	Y
						016	螺旋输送泵的工作原理	Y
						017	液环真空泵的工作原理	Y
						018	计量泵的工作原理	X
						019	电动阀工作原理	Y
						020	集油管的工作原理	X
						021	容积式水泵的工作特点	Y
						022	水泵叶轮相似的条件	Z
						023	水泵相似第一定律	Y
						024	水泵相似第二定律	Y
						025	水泵相似第三定律	Y
						026	水泵的节能途径	X
						027	压力滤池的构造	X
						028	给水管道的检漏方法	Z
						029	气动阀门的工作原理	Y
						030	气动薄膜阀的工作原理	Y
						031	常见的排水管种类	Z
				B	维护设备	001	L－AN46全损耗系统用油的特性	X
						002	常用焊接材料	Y
						003	基本焊接方法	X
						004	设备维护方法	X
						005	泵运行维护方法	X
						006	仪表维护方法	Y
						007	凉水塔风机的维护与保养	X
						008	“三级”过滤的内容	X
						009	动设备日常维护内容	X
						010	设备完好的标准	Z
						011	防止给水管道腐蚀的方法	Z
						012	异步电机在运行中的注意事项	Z
						013	电动机的电路保护	Z

续表

鉴定范围						鉴定点		
一级		二级		三级		代码	名称	重要程度
代码	名称	代码	名称	代码	名称			
		C	事故判断与处理	A	判断事故	001	循环水浊度高的影响因素	X
						002	影响循环水浓缩倍数的因素	X
						003	汽轮机的特性的影响因素	X
						004	循环水供水温度高的原因	X
						005	冷却水系统易产生的问题	X
						006	离心泵出口压力低原因	X
						007	水锤的危害	X
						008	凉水塔风机飘失率大的原因	X
						009	凉水塔风机轴承箱温度高的原因	X
						010	水射器不上量的原因	X
						011	无阀滤池不能正常运行的原因	X
				B	处理事故	001	循环水浊度高的处理方法	X
						002	循环水异氧菌高的控制方法	X
						003	循环水浓缩倍数的控制方法	X
						004	透平泵的流量调节方法	X
						005	装置停电的处理方法	X
						006	空气呼吸器使用方法	X
						007	水锤的防护措施	X
						008	凉水塔飘失率大的处理	X
						009	水射器不上量的处理	X
						010	旁滤池跑水的处理	X
		D	绘图与计算	A	绘图	001	识别设备图	X
						002	识别标高图例	X
						003	识别高程图	Y
						004	识别剖面图	X
						005	施工流程图的画法	X
				B	计算	001	药剂投加量的计算	X
						002	补水量的计算	X
						003	比转数的计算	Y
						004	压力的计算	X
						005	泵的轴功率计算	X
						006	水头损失的计算	X
						007	允许吸上真空高度的计算	X
						008	雷诺数的计算	Y
						009	滤料膨胀率计算	Y
						010	滤料不均匀系数的计算	Y

二、理论知识试题

行业通用理论知识试题

判断题

1. 交接班记录需要领导审阅签字。（√）

2. 设备巡检包括设备停机过程中的检查。（√）

3. 投影线都相互平行的投影称为中心投影。（×）

正确答案： 投影线都相互平行的投影称为平行投影。

4. 在三视图中，能够反映物体上下、左右位置关系的视图为俯视图。（×）

正确答案： 在三视图中，能够反映物体上下、左右位置关系的视图为主视图。

5. 画三视图时，左视图和俯视图的关系是长对正。（×）

正确答案： 画三视图时，左视图和俯视图的关系是宽相等。

6. 零件图的作用是读零件图与装配图关系。（×）

正确答案： 零件图的作用是直接指导制造零件和检验零件的图样。

7. 零件图是直接指导制造零件和检验零件的图样。（√）

8. 综合性季度检查中，安全生产不仅是重要内容，还实行一票否决权。（√）

9. 尘毒物质对人体的危害与个人体质因素无关。（×）

正确答案： 尘毒物质对人体的危害与个人年龄、身体健康状况等因素有关。

10. 因为环境有自净能力，所以轻度污染物可以直接排放。（×）

正确答案： 虽然环境有自净能力，轻度污染物也不可以直接排放。

11. 目前清洁生产审计中应用的理论主要是物料平衡和能量守恒原理。（√）

12. 清洁生产审计的目的是：通过清洁生产审计判定生产过程中不合理的废物流和物、能耗部位，进而分析其原因，提出削减它的可行方案并组织实施，从而减少废弃物的产生和排放，达到实现本轮清洁生产目标。（√）

13. 根据燃烧三要素，采取除掉可燃物、隔绝氧气(助燃物)、将可燃物冷却至燃点以下等措施均可灭火。（√）

14. 在 HSE 管理体系中，评审是高层管理者对安全、环境与健康管理体系的适应性及其执行情况进行正式评审。（√）

15. 第二方审核是直属企业作为受审方，由取得相应资格的单位进行 HSE 体系审核。（×）

正确答案： 第三方审核是直属企业作为受审方，由取得相应资格的单位进行 HSE 体系审核。

16. 含汞、铬、铅等的工业废水不能用化学沉淀法治理。（×）

正确答案： 含汞、铬、铅等的工业废水可以用化学沉淀法治理。

17. 一级除尘又叫机械除尘。（√）

18. 废渣处理首先考虑综合利用的途径。（√）

19. 陆地填筑法可避免造成火灾或爆炸。（×）

正确答案： 陆地填筑法有可能造成火灾或爆炸。

20. 在防冻防凝工作中，严禁用高压蒸汽取暖、严防高压蒸汽窜入低压系统。（√）

21. 对已冻结的铸铁管线、阀门等可以用高温蒸汽迅速解冻。（×）

正确答案：对已冻结的铸铁管线、阀门等不得急剧加热，只允许温水或少量蒸汽缓慢解冻，以防骤然受热损坏。

22. 进入夏季，工业园区应对所有地沟、排水设施进行检查，清除排水障碍。备足防汛物资，遇到险情时能满足需求。（√）

23. 从事办公室工作的人员不会形成职业病。（×）

正确答案：从事办公室工作的人员也会形成相应的职业病。

24. 职业中毒不属于职业病。（×）

正确答案：职业中毒属于职业病之一。

25. 急慢性中毒皆属于人身事故。（×）

正确答案：急性中毒属于人身事故。

26. 在 HSE 管理体系中，一般不符合项是指能使体系运行出现系统性失效或区域性失效的问题。（×）

正确答案：在 HSE 管理体系中，一般不符合项是指个别的、偶然的、孤立的、性质轻微的问题或者是不影响体系有效性的局部问题。

27. HSE 管理体系规定，公司应建立事故报告、调查和处理管理程序，所制定的管理程序应保证能及时地调查、确认事故(未遂事故)发生的根本原因。（√）

28. 标准化的重要意义是提高产品、过程或服务的质量，防止贸易壁垒，并促进技术合作。（×）

正确答案：标准化的重要意义是改进产品、过程或服务的适用性，防止贸易壁垒，并促进技术合作。

29. 企业应当具备法人的资格或是法人的一部分，才可以申请质量体系认证。（√）

30. 全面质量管理的核心是强调提高产品质量。（×）

正确答案：全面质量管理的核心是强调提高工作质量。

31. 生产制造过程的质量管理是全面质量管理的中心环节。（√）

32. 质量管理体系是指在质量方面指挥和控制组织的管理体系，它是组织若干管理体系的一个。（√）

33. PDCA 循环是全面质量管理的科学方法，可用于企业各个方面、各个环节的质量管理活动。（√）

34. ISO 9004：2000 标准是“指南”，可供组织作为内部审核的依据，也可用于认证和合同目的。（×）

正确答案：ISO 9004：2000 标准提供了超出 ISO 9001 要求的指南和建议，不用于认证或合同的目的。

35. ISO 9000 族标准中，质量仅指产品质量。（√）

36. ISO 9000 族标准质量管理八项原则是一个组织在质量管理方面的总体原则。（√）

37. 计算机应用软件 Word 字处理软件不仅可以进行文字处理，还可以插入图片、声音等，但不能输入数学公式。（×）

正确答案：Word 字处理软件不仅可以进行文字处理，还可以插入图片、声音等，也能输入数学公式。

38. 在应用软件 Word 表格操作中选定整个表格后，按格式工具栏上的左、右、居中对齐等按钮则单元格中的文字内容进行左、右、居中对齐。（×）

正确答案：选定整个表格后，按格式工具栏上的左、右、居中对齐等按钮则单元格中的文字内容不会进行左、右、居中对齐，整个工作表整体在页面中进行左、右、居中对齐。

39. 在应用软件 Word 表格操作中利用表格工作栏还可对表格内容进行垂直对齐。（√）

40. 在计算机应用软件 Excel 中选中不连续单元格的功能键是 Alt。（×）

正确答案：在计算机应用软件 Excel 中选中不连续单元格的功能键是 Ctrl。

41. 在计算机应用软件 Excel 中清除合并居中的格式可以通过键盘的删除(Delete)键来实现。（×）

正确答案：在计算机应用软件 Excel 中清除合并居中的格式可以通过编辑菜单中的清除格式来实现。

42. 在计算机应用软件 Excel 中的打印可实现放大或缩小比例打印。（√）

43. 不动产的买卖合同一般采用登记形式。（√）

44. 在实践中，口头形式是当事人最为普遍采用的一种合同约定形式。（×）

正确答案：在实践中，书面形式是当事人最为普遍采用的一种合同约定形式。

单选题

1. 不允许在岗位交接班记录中出现(C)。
A. 凭旧换新　B. 划改内容　C. 撕页重写　D. 双方签字

2. 投影线都通过中心的投影称为(A)投影法。
A. 中心　B. 平行　C. 斜　D. 正

3. 在工程制图中应用较多的投影法是(D)投影法。
A. 中心　B. 平行　C. 斜　D. 正

4. 剖视图的剖切符号为断开的(D)线。
A. 细实　B. 点划　C. 虚　D. 粗实

5. 在三视图中，反映物体前后、左右位置关系的视图为(B)。
A. 主视图　B. 俯视图
C. 左视图　D. 在三个视图中都有可能

6. 在三视图中，反映物体前后、上下位置关系的视图为(C)。
A. 主视图　B. 俯视图
C. 左视图　D. 在三个视图中都有可能

7. 画三视图时，主视图和俯视图的关系是(A)。
A. 长对正　B. 高平齐　C. 宽相等　D. 无关系

8. 零件图的主要作用之一是(B)。
A. 指导读零件的结构　B. 直接指导制造零件
C. 读零件图与装配图关系　D. 读零件之间的配合情况

9. 毒物的沸点是(C)。
A. 越低毒性越小　B. 越高毒性越大
C. 越低毒性越大　D. 与毒性无关

10. 污染物的回收方法包括(D)。

A. 蒸发　　B. 干燥　　C. 排放　　D. 吸收

11. 清洁生产涵盖有深厚的理论基础，但其实质是(A)。

A. 最优化理论　　B. 测量学基本理论

C. 环境经济学基本理论　　D. 资源经济学基本理论

12. 液体有机物的燃烧可以采用(C)灭火。

A. 水　　B. 沙土　　C. 泡沫　　D. 以上均可

13. ISO 14001 标准其主要特点有强调(D)，强调法律，法规的符合性，强调系统化管理，强调文件化，强调相关方的观点。

A. 污染预防　　B. 持续改进

C. 末端治理　　D. 污染预防、持续改进

14. 在 ISO 14001 标准体系中，为了确保环境因素评价的准确性，在识别环境因素时应考虑的三种状态是(C)。

A. 开车、停机和检修状态　　B. 连续、间歇和半连续状态

C. 正常、异常和紧急状态　　D. 上升、下降和停止状态

15. 公司 HSE 管理体系的审核分为内部审核、(C)。

A. 第一方审核　　B. 第二方审核　　C. 第三方审核　　D. 第四方审核

16. HSE 评审的目的是检验 HSE 管理体系的适宜性、(B)和有效性。

A. 充分性　　B. 公平性　　C. 权威性　　D. 必要性

17. 废水治理的方法有物理法、(A)法和生物化学法等。

A. 化学　　B. 过滤　　C. 沉淀　　D. 结晶

18. 可直接用碱液吸收处理的废气是(A)。

A. 二氧化硫　　B. 甲烷　　C. 氨气　　D. 一氧化氮

19. 废渣的处理大致采用(D)、固化、陆地填筑等方法。

A. 溶解　　B. 吸收　　C. 粉碎　　D. 焚烧

20. 为了作好防冻防凝工作，停用的设备、管线与生产系统连接处要加好(B)，并把积水排放吹扫干净。

A. 阀门　　B. 盲板　　C. 法兰　　D. 保温层

21. “夏季四防”包括防暑降温、防汛、(A)、防倒塌。

A. 防雷电　　B. 防霉变　　C. 防跌滑　　D. 防干旱

22. 属于石化行业职业病的是(B)。

A. 近视　　B. 尘肺病　　C. 肩周炎　　D. 哮喘

23. 与化工生产密切相关的职业病是(B)。

A. 耳聋　　B. 职业性皮肤病　　C. 关节炎　　D. 眼炎

24. 在 HSE 管理体系中，(A)是指组织在职业健康安全绩效方面所达到的目的。

A. 目标　　B. 事件　　C. 不合格　　D. 不符合

25. 在 HSE 管理体系中，(B)是指与组织的职业健康安全绩效有关的或受其职业健康安全绩效影响的个人或团体。

A. 目标　　B. 相关方　　C. 事件　　D. 不符合

26. 在 HSE 管理体系中，造成死亡、职业病、伤害、财产损失或环境破坏的事件称为(C)。

A. 灾害　　B. 毁坏　　C. 事故　　D. 不符合

27. 标准化的重要意义是改进产品、过程或服务的(C)，防止贸易壁垒，并促进技术合作。

A. 品质　　B. 性能　　C. 适用性　　D. 功能性

28. 产品质量认证活动是(D)开展的活动。

A. 生产方　　B. 购买方

C. 生产和购买双方　　D. 独立于生产方和购买方之外的第三方机构

29. 全面质量管理强调以(B)质量为重点的观点。

A. 产品　　B. 工作　　C. 服务　　D. 工程

30. 质量管理体系要求企业除应有(A)上的保证能力以外，还应有资源上的保证能力。

A. 管理　　B. 质量计划

C. 质量政策与程序　　D. 质量文件

31. 企业的质量方针是由(D)决策的。

A. 全体员工　　B. 基层管理人员

C. 中层管理人员　　D. 最高管理层人员

32. PDCA 循环的四个阶段八个步骤的第四个步骤是(B)。

A. 总结　　B. 拟订对策并实施

C. 分析问题原因　　D. 效果的确认

33. ISO 9001 和 ISO 9004 的区别在于(D)。

A. 采用以过程为基础的质量管理体系模式

B. 建立在质量管理八项原则的基础之上

C. 强调与其他管理标准的相容性

D. 用于审核和认证

34. 下列各项中属于产品固有特性的是(B)。

A. 价格　　B. 噪音　　C. 保修期　　D. 礼貌

35. PDCA 循环是实施 ISO 9000 族标准(B)原则的方法。

A. 系统管理　　B. 持续改进　　C. 过程方法　　D. 以事实为决策依据

36. 在计算机应用软件 Word 中，不能进行的字体格式设置是(C)。

A. 文字的缩放　　B. 文字的下划线　　C. 文字的旋转　　D. 文字的颜色

37. 计算机应用软件 Word 的菜单中，经常有一些命令是灰色的，这表示(B)。

A. 应用程序本身有故障　　B. 这些命令在当前状态不起作用

C. 系统运行故障　　D. 这些命令在当前状态下有特殊的效果

38. 在计算机应用软件 Word 中，可用于计算表格中某一数值列平均值的函数是(C)。

A. Abs( )　　B. Count( )　　C. Average( )　　D. Total( )

39. 在计算机应用软件 Excel 工作表中，可按需拆分窗口，一张工作表最多拆分为(B)个窗口。

A. 3　　B. 4　　C. 5　　D. 任意多

40. 在计算机应用软件 Excel 中如图所示页面中的斜杠是通过(B)菜单中单元格里的边框来实现。

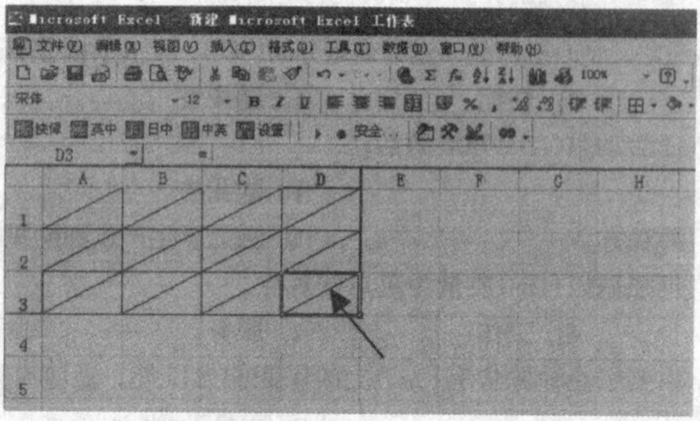

A. 编辑　　B. 格式　　C. 工具　　D. 窗口

41. 当事人采用合同书形式订立合同的，自双方当事人(C)时合同成立。

A. 制作合同书　　B. 表示受合同约束

C. 签字或者盖章　　D. 达成一致意见

42. 下列各种合同中，必须采取书面形式的是(D)合同。

A. 保管　　B. 买卖　　C. 租赁　　D. 技术转让

多选题

1. 设备巡检时域分为(A，B，C，D)等检查。

A. 设备运行期间　　B. 设备停机过程中

C. 设备停运期间　　D. 设备开机过程中

2. 在三视图中，能够反映物体前后位置关系的视图为(B，C)。

A. 主视图　　B. 俯视图

C. 左视图　　D. 在三个视图中都有可能

3. 在三视图中，能够反映物体上下位置关系的视图为(A，C)。

A. 主视图　　B. 俯视图

C. 左视图　　D. 在三个视图中都有可能

4. 在三视图中，与高度有关的视图是(A，C)。

A. 主视图　　B. 俯视图　　C. 左视图　　D. 三个视图都有关系

5. 在三视图中，与宽度有关的视图是(B，C)。

A. 主视图　　B. 俯视图　　C. 左视图　　D. 三个视图都有关系

6. 零件图的主要作用是(A，C)。

A. 直接指导制造零件　　B. 指导读零件的结构

C. 检验零件的图样　　D. 读零件图与装配图关系

7. 安全检查中的“月查”由车间领导组织职能人员进行月安全检查，查领导、查思想、(A，B，D)。

A. 查隐患　　B. 查纪律　　C. 查产量　　D. 查制度

8. 尘毒物质对人体的危害与工作环境的(A，B，C)等条件有关。

A. 温度　　B. 湿度　　C. 气压　　D. 高度

9. 改革生产工艺是控制化工污染的主要方法，包括(A，B，C)等。

A. 改革工艺　　B. 改变流程

C. 选用新型催化剂　　D. 更新设备

10. 着火点较大时，有利于灭火措施的是(A，C，D)。

A. 抑制反应量　　B. 用衣服、扫帚等扑打着火点

C. 减少可燃物浓度　　D. 减少氧气浓度

11. 在 ISO 14001 标准体系中，为了确保环境因素评价的准确性，在识别环境因素时应考虑土地污染、对社区的影响、原材料与自然资源的使用、其他地方性环境问题外，还应考虑(A，B，C)问题。

A. 大气排放　　B. 水体排放　　C. 废物管理　　D. 材料的利用

12. 在 ISO 14001 标准体系中，环境因素识别的步骤包括(A，B，D)。

A. 划分和选择组织过程　　B. 确定选定过程中存在的环境因素

C. 初始环境评审　　D. 明确每一环境因素对应的环境影响

13. 在 ISO 14001 标准体系中，识别环境因素的方法除问卷调查、专家咨询、现场观察和面谈、头脑风暴、查阅文件及记录、测量、水平对比、纵向对比等方法外，还有(A，B，C)方法。

A. 过程分析法　　B. 物料衡算　　C. 产品生命周期　　D. 最优化理论

14. 在 HSE 管理体系中，审核是判别管理活动和有关的过程(A，B)，并系统地验证企业实施安全、环境与健康方针和战略目标的过程。

A. 是否符合计划安排　　B. 是否得到有效实施

C. 是否已经完成　　D. 是否符合标准

15. HSE 管理体系中，危害主要包括(A，B，C，D)等方面。

A. 物的不安全状态　　B. 人的不安全行为

C. 有害的作业环境　　D. 安全管理缺陷

16. 工业废水的生物处理法包括(B，D)法。

A. 过滤　　B. 好氧　　C. 结晶　　D. 厌氧

17. 对气态污染物的治理主要采取(B，C)法。

A. 蒸馏　　B. 吸附　　C. 吸收　　D. 过滤

18. 可用于废渣处理方法的是(A，B，C)。

A. 陆地填筑　　B. 固化　　C. 焚烧　　D. 粉碎

19. 为了做好防冻防凝工作，应注意(A，B，C)。

A. 加强报告制度　　B. 加强巡检力度

C. 有情况向上级或领导汇报　　D. 独立解决问题

20. 不属于夏季四防范畴的是(A，B，D)。

A. 防滑　　B. 防冰雹　　C. 防雷电　　D. 防干旱

21. HSE 管理体系规定，事故的报告、(A，B，C)、事故的调查、责任划分、处理等程序应按国家的有关规定执行。

A. 事故的分类　　B. 事故的等级　　C. 损失计算　　D. 事故的赔偿

22. 标准化的重要意义可概括为(A，B，C，D)。
A. 改进产品、过程或服务的适用性　　B. 防止贸易壁垒，促进技术合作
C. 在一定范围内获得最佳秩序　　D. 有一个或多个特定目的，以适应某种需要

23. 企业质量体系认证(A，C，D)。
A. 是一种独立的认证制度　　B. 依据的标准是产品标准
C. 依据的标准是质量管理标准
D. 是第三方对企业的质量保证和质量管理能力依据标准所做的综合评价

24. 产品的质量特性包括(A，B，C，D)。
A. 性能　　B. 寿命　　C. 可靠性　　D. 安全性

25. PDCA 循环中，处置阶段的主要任务是(B，D)。
A. 明确目标并制订实现目标的行动方案
B. 总结成功经验
C. 对计划实施过程进行各种检查
D. 对质量问题进行原因分析，采取措施予以纠正

26. 下列哪些标准应用了以过程为基础的质量管理体系模式的结构(B，C)。
A. ISO 9000：2000《质量管理体系基础和术语》
B. ISO 9001：2000《质量管理体系要求》
C. ISO 9004：2000《质量管理体系业绩改进指南》
D. ISO 19011：2002《质量和环境管理体系审核指南》

27. ISO 9000 族标准中，质量具有(B，C)性等性质。
A. 适用　　B. 广义　　C. 相对　　D. 标准

28. 在计算机应用软件 Word 的“页面设置”对话框中，可以设置的选项为(B，C，D)。
A. 字体　　B. 位置　　C. 纸型　　D. 纸张大小

29. 在计算机应用软件 Word 表格中，关于数据排序的叙述，不正确的是(A，B，C)。
A. 表格中数据的排序只能按升序进行　　B. 表格中数据的排序只能按降序进行
C. 表格中数据的排序依据只能是行　　D. 表格中数据的排序依据可以是列

30. 在计算机应用软件 Excel 工作表中，选定某单元格，单击“编辑”菜单下的“删除”选项，可能完成的操作是(A，B，C)。
A. 删除该行　　B. 右侧单元格左移
C. 删除该列　　D. 左侧单元格右移

31. 在 Excel 工作簿中，对工作表可以进行的打印设置是(A，B，D)。
A. 打印区域　　B. 打印标题　　C. 打印讲义　　D. 打印顺序

32. 合同可以以(A，B，C，D)形式存在。
A. 口头　　B. 批准　　C. 登记　　D. 公正

33. 下列说法中属于无效合同特征的有(A，B，C，D)。
A. 无效合同自合同被确认无效时起无效
B. 对无效合同要进行国家干预
C. 无效合同具有不得履行性
D. 无效合同的违法性

工种理论知识试题

判断题

1. 一般而言石油馏分愈重、沸点愈高，其黏度愈大。（√）

2. 从数量上比较，燃料占石油产品的比例最高，其中以锅炉燃料油消耗为主。（×）

正确答案： 从数量上比较，燃料占石油产品的比例最高，其中以发动机燃料为主。

3. 根据作用的不同，炼油设备一般可分为流体输送设备、加热设备、换热设备、传质设备、反应设备和容器等六种类型。（√）

4. 小苏打的化学名称是碳酸钠，分子式为 Na_2CO_3。（×）

正确答案： 小苏打的化学名称是碳酸氢钠，分子式为 $NaHCO_3$。

5. 化学平衡是有条件的、相对的和可改变的，当维持平衡的条件改变时，体系内各物质的浓度将要发生改变，原化学平衡遭到破坏。（√）

6. 碱能使酚酞由红色变成无色。（×）

正确答案： 碱能使酚酞由无色变成红色。

7. 在常温下盐大都是晶体。（√）

8. 含一种元素的物质肯定是单质。（×）

正确答案： 含一种元素的物质不一定是单质，如红磷和白磷混合只含一种磷元素；金刚石和石墨混合只含一种碳元素。

9. 氧化物是指氧与另一种元素组成的化合物。（√）

10. 有机化合物可以用无机化合物为原料来合成。（√）

11. 当化学反应处于平衡状态下，如果温度改变，仍能保持平衡。（×）

正确答案： 当化学反应处于平衡状态下，如果温度改变，平衡就发生变化。

12. 只有弱电解质溶液才有电离平衡。（√）

13. 在不同的可逆反应中，因其反应物的性质不同，所以平衡常数也不同。（√）

14. 雷诺数是一个无因次数群，无论采用何种单位制，只要数群中各物理量的单位一致，算出的雷诺数应相等。（√）

15. 试验证明圆管中液流的下临界雷诺数是一个比较稳定的数值，约为 2000。（√）

16. 液体不能承受拉力，但可以承受压力。（√）

17. 表面张力存在于整个液体内部。（×）

正确答案： 表面张力仅存在于液体的自由表面，其内部并不存在。

18. 在盛有两种液体的连通容器中，位于同一水平面的各点压强一定相等。（×）

正确答案： 在盛有两种液体的连通容器中，位于同一水平面的各点压强不一定相等。

19. 潜体可以潜没于水中的任何位置而保持平衡。（√）

20. 旋转的泵轴与固定的泵壳之间的密封称为轴套。（×）

正确答案： 旋转的泵轴与固定的泵壳之间的密封称为轴封。

21. 离心泵叶轮的主要作用是对液体做功增加液体的压力能。（×）

正确答案： 离心泵叶轮的主要作用是对液体做功增加液体的动能和压力能。

22. 介质泄漏方向与离心力方向相反的机械密封为内流型机械密封，介质泄漏方向与离

心力方向相同的机械密封为外流型机械密封。（√）

23. 接触式机械密封是依靠密封室中液体压力和压紧元件的压力压紧在静环端面上，并在两环形端面上产生适当的压力和保持一层极薄的液体膜，而达到密封的目的。（√）

24. PV值是指机械密封端面比压 P 与密封面的内径周速的积。（×）

正确答案： PV值是指机械密封端面比压 P 与密封面的中径周速的积。

25. 机械密封的冲洗目的是隔离介质、冷却和改善润滑。（√）

26. 根据阀杆螺纹的位置，闸阀可分成明杆闸阀和暗杆闸阀。（√）

27. 电化学腐蚀是指金属和外部介质发生了电化学反应，电子由阴极区流向阳极区。（×）

正确答案： 电化学腐蚀是指金属和外部介质发生了电化学反应，电子由阳极区流向阴极区。

28. 按压力容器生产工艺过程的作用原理可分为反应容器、换热容器、分离容器和储运容器。（√）

29. 耐压试验的主要目的是检验容器受压部件的结构强度，验证其是否具有在设计压力下安全运行所需的承载能力。（√）

30. 离心泵的实际气蚀余量NPSH是指泵入口处，单位重量液体扣除输送温度下的液体饱和蒸汽压力后的富余能量头，它只与吸入系统有关，而与泵本身无关。（√）

31. 减速器是原动机和工作机之间的独立闭式传动装置，用来降低转速和减小转矩，以满足工作需要。（×）

正确答案： 减速器是原动机和工作机之间的独立闭式传动装置，用来降低转速和增大转矩，以满足工作需要。

32. 轴承是支撑轴的零件，根据轴承工作的摩擦性质，可分为滑动摩擦轴承和滚动摩擦轴承。（√）

33. 现场操作台红色信号灯亮时说明电机正在运行，绿灯说明电机处于停机备用状态。（√）

34. 把“220V，40W”的白炽灯和“220V，60W”的白炽灯并联接到直流220V的电源上，“220V，40W”的白炽灯流过的电流大。（×）

正确答案： “220V，40W”的白炽灯流过的电流小。

35. 把额定值为“220V，40W”的灯泡和“220V，100W”的灯泡串联接入220V的电源，通电后发现，40W的灯泡比100W的灯泡亮。（√）

36. 在湿度较大的地方，容易产生静电。（×）

正确答案： 在湿度较大的地方，不容易产生静电。

37. 不管何种类型的电动机都有转子和定子这两大部件。（√）

38. 在工程上规定以0.8m作为跨步的距离。（√）

39. 串级控制系统是一个单纯的定值控制系统。（×）

正确答案： 串级控制系统主回路是定值控制系统，但副回路是一个随动系统。

40. 分程控制系统是由一个调节器的输出带动两个以上工作范围不同的调节阀的控制系统。（√）

41. 当压力开关的被测压力超过额定值时，弹性元件的自由端产生位移直接或经过比较后推动开关元件，改变开关元件的通断状态。（√）

42. 气动单元组合仪表由六类单元组成，即变送单元、调节单元、显示单元、计算单元、给定单元和执行单元。 （×）

正确答案：气动单元组合仪表由七类单元组成，即变送单元、调节单元、显示单元、计算单元、给定单元、辅助单元和转换单元。

43. 使用 U 形管压力计测得的表压值与玻璃管断面面积大小有关。 （×）

正确答案：使用 U 形管压力计测得的表压值与玻璃管断面面积大小无关。

44. 玻璃温度计是利用气体、液体或蒸汽的体积或压力随温度变化性质设计制成。（×）

正确答案：玻璃温度计是利用感温液体受热膨胀原理工作的。

45. 涡轮流量变送器输出信号的频率与流量成正比。 （√）

46. 在用差压变送器测量液体的液面时，差压计的安装高度一般不作要求，只要维护方便就行。 （×）

正确答案：在用差压变送器测量液体的液面时，差压计的安装高度不可高于下面的取压口。

47. 实际用以检定计量标准的计量器具是国家副计量基准。 （×）

正确答案：实际用以检定计量标准的计量器具是工作计量基准。

48. 对于在连续运转装置上的 B 级计量器具，应根据国家检定规程的要求安排周期进行检定。 （×）

正确答案：对于在连续运转装置上的 B 级计量器具，可根据国家有关检定规程的要求，按企业设备大检修的自然周期安排检定。

49. 计量检定工作的开展限制于行政区划和部门管辖的范围。 （×）

正确答案：计量检定工作应当按照经济合理的原则，就地就近进行，不受行政区划和部门管辖范围的限制。

50. 计量检定合格印证是对被检计量器具计量性能认可的最终体现，是具有权威性和法制性的一种标志和证明。 （√）

51. 封闭式循环冷却水系统水中含盐量变化较大。 （×）

正确答案：封闭式循环冷却水系统水中含盐量变化不大。

52. 电解质高价反离子主要压缩双电层以降低 ζ 电位，低价反离子可通过吸附—电性中和作用降低 ζ 电位。 （×）

正确答案：电解质低价反离子主要压缩双电层以降低 ζ 电位，高价反离子可通过吸附—电性中和作用降低 ζ 电位。

53. 当铝盐或铁盐混凝剂投量很多而形成大量高聚合物的氢氧化物时，可以吸附卷带水中胶粒进行沉淀分离，这种现象称沉淀物的吸附架桥作用。 （×）

正确答案：当铝盐或铁盐混凝剂投量很多而形成大量高聚合物的氢氧化物时，可以吸附卷带水中胶粒进行沉淀分离，这种现象称沉淀物卷扫作用。

54. 循环水隔油池必须同时具备收油和排泥措施。 （√）

55. 机械格栅安装倾角一般比人工格栅的安装倾角要小。 （×）

正确答案：机械格栅安装倾角一般比人工格栅的安装倾角要大。

56. 采用钙离子来计算循环水浓缩倍数，与实际值比其浓缩倍数偏高。 （×）

正确答案：采用钙离子来计算循环水浓缩倍数，与实际值比其浓缩倍数一般偏低。

57. 冷却水系统中沉积物的现场监测内容主要有：测定由水垢、淤泥、腐蚀产物和微生

物黏泥等沉积物引起的污垢热阻或压力降，以及由冷却水在热交换器中产生的沉积物量、沉积物层厚度及其组成等。(√)

58. 某些细菌在其生长的一定阶段，在细胞内形成芽孢，芽孢对恶劣环境条件具有很强的抵抗能力。(√)

59. 软化水中通入 CO_2 将会增加水的含盐量。(×)

正确答案：软化水中通入 CO_2 不会增加水的含盐量。

60. 在水塔设在网前时，水塔的水柜底高度应保证最高用水量时，管网内最高点具有要求的自由水压。(×)

正确答案：在水塔设在网前时，水塔的水柜底高度应保证最高用水量时，管网内控制点具有要求的自由水压。

61. 干球温度指用专用干球温度计所测到的气温。(×)

正确答案：干球温度指用一般温度计所测到的气温。

62. 通常水温越高，电导率越低。(×)

正确答案：通常水温越高，电导率越高。

63. 微生物黏泥是指由于水中微生物群的增殖，并以这些微生物为主体，混有泥沙、无机物和尘土等，形成附着的或堆积的软泥沉积物。(√)

64. 雷诺数表示水流的惯性力与粘滞力两者之间的对比关系。(√)

65. 水体中的化学需氧量越大，说明其受到无机物污染越严重。(×)

正确答案：水体中的化学需氧量越大，说明其受到有机物污染越严重。

66. 当水体受到有机物污染时，由于氧化污染物质需要消耗氧，使水中所含的溶解氧逐渐减少，所以溶解氧是衡量水体污染程度的一个重要指标。(√)

67. 应用于水处理的混凝剂应符合混凝效果好；对人体无害；使用方便；货源充足；价格低廉等基本要求。(√)

68. 向冷却水中添加非氧化性杀生剂常用连续方式。(×)

正确答案：向冷却水中添加非氧化性杀生剂常用冲击方式。

69. 高矿化度地下水一般适宜作为循环水补充水。(×)

正确答案：高矿化度地下水一般不适宜作为循环水补充水。

70. 二氧化氯在 pH 值为 6 ~ 10 范围内能最有效的起到杀生作用。(√)

71. 聚丙烯酰胺是离子型合成有机高分子絮凝剂。(×)

正确答案：聚丙烯酰胺是非离子型合成有机高分子絮凝剂。

72. 臭氧在水中不稳定，容易消失，因而不能在管网中保持杀菌能力。(√)

73. 循环水场开工，启动第一台循环水泵时应控制总管压力上升梯度。(√)

74. 循环水装置停工过程中，应密切注意总管压力变化，及时与调度室联系，按实际情况逐台停用循环水泵。(√)

75. 循环冷却水系统通常用盐酸来调节 pH 值。(×)

正确答案：循环冷却水系统通常用硫酸来调节 pH 值。

76. 旁滤池停运前要进行强制反冲洗。(√)

77. 回收污油须控制含水率。(√)

78. 循环水场开工过程中在水冲洗阶段，应投用旁滤池。(×)

正确答案：循环水场开工过程中在水冲洗阶段，应停用旁滤池。

79. 在自动调节系统中引起被调参数波动的外来因素称为干扰作用。 (√)

80. 预膜的目的是使循环冷却水系统中所有的换热设备与管道的金属表面形成一层非常薄的能抗腐蚀的保护膜。 (√)

81. 接触传热是当空气的干球温度低于水温时，热量从水传向空气，使空气温度提高而水温降低，带走的热量是显热。 (√)

82. 当水中浊度较高时，混凝剂的投加量越高效果越显著。 (×)

正确答案：当水中浊度较高时，混凝剂的投加量要控制适当，使其恰好产生吸附架桥作用。

83. 减少循环冷却水的排污量，是节水的一种有效手段。 (√)

84. 滤池反冲洗强度大，则反冲洗效果差。 (×)

正确答案：滤池反冲洗强度大，则反冲洗效果好。

85. 新建、改扩建工业项目时，节水工作的"四到位"是指用水计划到位、节水目标到位、节水措施到位、节水制度到位。 (√)

86. 水射器喉管长度过长，流体就不能均匀混合，导致喉管出口处的流速分布很不均匀。 (×)

正确答案：水射器喉管长度过短，流体就不能均匀混合，导致喉管出口处的流速分布很不均匀。

87. 水射器安装时严防漏水，水平安装时不可将喷口向下。 (×)

正确答案：水射器安装时严防漏气，水平安装时不可将喷口向下。

88. 废水是指经工艺过程使用后排放的或工艺过程产生出来的水，这种水对该工艺过程而言已无进一步直接利用的价值。 (√)

89. 无阀滤池强制反冲洗过程中，无法控制反冲洗强度。 (√)

90. 稳定性二氧化氯活化后的残液不能加入循环水系统中。 (×)

正确答案：稳定性二氧化氯活化后的残液也要加入循环水系统中。

91. 稳定性二氧化氯活化后的残液不具有杀菌能力。 (×)

正确答案：稳定性二氧化氯活化后的残液仍具有一定的杀菌能力。

92. 由于溶液中氧的浓度差异影响阴极反应过程而形成的腐蚀电池，富氧的金属表面为阴极。 (×)

正确答案：由于溶液中氧的浓度差异影响阴极反应过程而形成的腐蚀电池，富氧的金属表面为阳极。

93. 串联运行时的两台泵是按功率相等的原则来分配扬程的。 (×)

正确答案：串联运行时的两台泵是按流量相等的原则来分配扬程的。

94. 对汽轮机进气总汽阀后暖管要先关旁路阀。 (×)

正确答案：对汽轮机进气总汽阀后暖管要先开旁路阀。

95. 活塞式压缩机的工作效率比离心式压缩机低。 (×)

正确答案：活塞式压缩机的工作效率比离心式压缩机高。

96. 在泵的入口管线上装单向阀是为了防止液体返回，使泵倒转。 (×)

正确答案：在泵的出口管线上装单向阀是为了防止液体返回，使泵倒转。

97. 更换离心水泵密封填料时，为节约费用，只需把磨损的部分填料更换掉。（×）

正确答案：每次更换填料时要将填料函中填料全部更换。

98. 液环真空泵可以输送含有蒸气、水分或固体颗粒的气体。（√）

99. 计量泵用出口阀调节流量。（×）

正确答案：计量泵用调节行程或调节转速来调节流量。

100. 电动双座调节阀可以在竖直或水平管线上安装。（×）

正确答案：电动双座调节阀只能在竖直管线上安装。

101. 在隔油池中浮油可随时溢入集油管，并沿集油管流到集油池。（×）

正确答案：在隔油池中浮油达到一定高度时溢入集油管，并沿集油管流到集油池。

102. 若离心泵运行工况点长期处于额定工况点的右侧，采用减少管路损失措施后，不仅可以提高管路效率，而且也可使水泵效率提高。（×）

正确答案：若离心泵运行工况点长期处于额定工况点的左侧，采用减少管路损失措施后，不仅可以提高管路效率，而且也可使水泵效率提高。

103. 分区检漏是将给水管网分成小区，使用检漏仪来检查漏水状况的方法。（×）

正确答案：分区检漏是通过关闭阀门隔离检漏区域，使用流量计及压力表来检查漏水状况的方法。

104. 按 GB443—89 的规定，机械油应称为 L－AN 全损耗机械系统用油。（×）

正确答案：按 GB443—89 的规定，机械油应称为 L－AN 全损耗系统用油。

105. 设备维护五字操作法是指听、摸、擦、看、比。（×）

正确答案：设备维护五字操作法是指听、摸、查、看、闻。

106. 离心泵运行中，应定时检查进口压力、振动、密封泄漏、轴承温度及电流，发现问题及时处理。（×）

正确答案：离心泵运行中，应定时检查出口压力、振动、密封泄漏、轴承温度及电流，发现问题及时处理。

107. 仪表排污主要是针对弹簧管压力表、差压变送器、玻璃管液位计等仪表而言。（×）

正确答案：仪表排污主要是针对差压变送器、压力变送器、浮筒液位计等仪表而言。

108. 当主油泵与辅助油泵切换时，要观察主油泵出口压力的变化。（√）

109. 外加电流阴极保护法中，直流电源的正极与管道相连，负极与废铁相连。（×）

正确答案：外加电流阴极保护法中，直流电源的正极与废铁相连，负极与管道相连。

110. 在一定条件下，由于循环水系统的蒸发量增大，导致系统补水量增加，循环水的浓缩倍数会降低。（×）

正确答案：在一定条件下，由于循环水系统的蒸发量增大，导致系统补水量增加，循环水的浓缩倍数会升高。

111. 提高冷却塔的换热效率、增大供水与回水温差、增大蒸发量等有利于降低循环水的浓缩倍数。（×）

正确答案：提高冷却塔的换热效率、增大供水与回水温差、增大蒸发量等将会提高循环水的浓缩倍数。

112. 透平背压升高，将会使泵的转速升高，提高输出流量。（×）

正确答案：透平背压升高，将会使泵的转速降低，输出流量减小。

113. 当出水管上有止回阀时，如发生停泵水锤，其过程中将会出现“水轮机工况”。（×）

正确答案：当出水管上无止回阀时，如发生停泵水锤，其过程中将会出现“水轮机工况”。

114. 设备图一般由设备装配图(即总图)、部件图及零件图组成。（√）

115. 标高图例的标注为“±0.000”，小数点后取三位数，单位用“m”(图上可不注)，也可与图上所注的平面尺寸精度相对应。（√）

116. 假想用剖切面剖开零件，将处在观察者和剖切面之间部分移去，而将其余部分向投影面投影，所得到的图形称为剖面图。（×）

正确答案：假想用剖切面把零件的某处切断，仅画出被切断表面的图形，称为剖面图。

117. 用液位高度表示压力大小时，压力的大小与液柱介质的相对密度有关。（√）

单选题

1. 关于油品的比热与密度、温度的关系，正确的表述是(D)。

A. 油品的比热随密度增加、温度升高而增大

B. 油品的比热随密度增加、温度升高而减小

C. 油品的比热随密度增加而增大，随温度升高而减小

D. 油品的比热随密度增加而减小，随温度升高而增大

2. 燃料油主要用作各种锅炉和工业炉燃料，一般是由(D)和裂化残油等制成的。

A. 低沸馏分　B. 中间馏分　C. 减压馏分　D. 直馏渣油

3. 电器用油包括变压器油、开关油等，其主要作用是(C)。

A. 润滑和绝缘　B. 润滑和导热　C. 绝缘和导热　D. 润滑和密封

4. 用(C)作为原料生产化工产品的工业，称为石油化工工业。

A. 石油　B. 石油气　C. 石油和石油气　D. 有机物

5. 在石油化工基础原料中，常把(B)的产量作为衡量石油化工发展水平的标志。

A. 苯　B. 乙烯　C. 乙炔　D. 乙醇

6. 下列选项中，(D)是石油化工的基础原料。

A. 甲醇　B. 丙酮　C. 乙酸　D. 乙炔

7. 炼油装置中，为了把原油加热到一定温度，使油品气化，需要采用加热设备，常用的是(B)。

A. 低压锅炉　B. 管式加热炉　C. 换热器　D. 蒸汽加热器

8. 草酸的分子式为(C)。

A. $H_2C_2O_2 \cdot 1H_2O$　B. $H_2C_4O_2 \cdot 2H_2O$　C. $H_2C_2O_4 \cdot 2H_2O$　D. $H_2C_2O_2 \cdot 2H_2O$

9. $Na_2S_2O_3$ 的名称为(C)。

A. 硫酸钠　B. 亚硫酸钠

C. 硫代硫酸钠　D. 硫代二硫酸钠

10. 在一定条件下，可逆反应 $N_2 + 3H_2 \rightleftharpoons 2NH_3 +$ 热，达到化学平衡。若降低温度，而保持其他条件不变，则(B)，平衡右移。

A. 正、逆反应速度均加快　B. 正、逆反应速度均降低

C. 正反应速度加快，逆反应速度变慢　D. 正反应速度变慢，逆反应速度加快

11. 在一定条件下，密闭容器中，当可逆反应的(C)，反应物和生成物的浓度恒定时，反应体系所处的状态称为化学平衡。

A. 反应速度不变　　B. 正、逆反应速度不变
C. 正、逆反应速度相等　　D. 正、逆反应速度等于零

12. 酸雨会造成严重的环境污染，形成酸雨的主要原因是人类活动向大气中排放了大量的(D)。

A. 一氧化碳　　B. 二氧化碳　　C. 三氧化硫　　D. 二氧化硫

13. 下列酸中，酸性最强的是(A)。

A. 盐酸　　B. 草酸　　C. 醋酸　　D. 碳酸

14. 电解质电离时(C)的化合物叫做碱。

A. 所生成的阳离子全部是氢离子　　B. 所生成的阳离子含有氢离子
C. 所生成的阴离子全部是氢氧根离子　　D. 所生成的阴离子含有氢氧根离子

15. 下列碱中，属于有机碱的是(B)。

A. 联氨　　B. 甲胺　　C. 烧碱　　D. 氢氧化镁

16. 盐类的分子里含有(B)的，叫做碱式盐。

A. H^+　　B. OH^-　　C. CO_3^{2-}　　D. HCO_3^-

17. 金刚石和石墨的物理性质有很大差异的原因是(B)。

A. 金刚石不含杂质，而石墨含杂质　　B. 金刚石和石墨里碳原子的排列不同
C. 金刚石和石墨是由不同种元素组成的　　D. 金刚石和石墨含碳量不同

18. 下列化合物中，碳元素化合价不同的一组是(B)。

A. CS_2 和 CO_2　　B. CH_4 和 CO
C. H_2CO_3 和 CCl_4　　D. $Ca(HCO_3)_2$ 和 $CaCO_3$

19. 在一切化学反应中，反应前后的(C)不变。

A. 体积　　B. 形态　　C. 原子数　　D. 分子数

20. 在平衡系统中增大反应物浓度，平衡向(B)移动。

A. 左　　B. 右　　C. 先左后右　　D. 先右后左

21. 下列关于化学平衡的说法中，正确的是(B)。

A. 不同的可逆反应，反应物的性质不同，平衡常数是相同的
B. 对可逆反应来说，平衡常数越大，表示反应达到平衡时生成物浓度和反应物浓度的比值越大
C. 对于同一个可逆反应，在不同温度下，平衡常数有相同的数值
D. 对可逆反应来说，平衡常数越大，也就是反应完成的程度越小，物质的转化率越大

22. 可燃物在氧气中燃烧比在空气中的燃烧速度快，其原因为(B)。

A. 反应温度不同　　B. 反应物浓度不同　　C. 反应压力不同　　D. 生成物不同

23. 1L 溶液中所含(B)的物质的量数就是溶液的物质的量浓度。

A. 溶液　　B. 溶质　　C. 溶剂　　D. 物质

24. 用管道输送清水，当流速一定，若增大管径，则其雷诺数(A)。

A. 增大　　B. 减小　　C. 不变　　D. 无法确定

25. 圆管流体流态的判别准则为，实际雷诺数 *Re* 大于(B)时就是紊流，而小于该值一定为层流。

A. 1000　　B. 2000　　C. 3000　　D. 4000

26. 平行固体壁之间的流体流态的判别准则为，实际雷诺数 *Re* 大于(B)时就是紊流，而小于该值一定为层流。

A. 500　　B. 1000　　C. 2000　　D. 4000

27. 液体的体积压缩系数是(C)之比。

A. 液体体积的相对缩小值与压强

B. 液体体积与压强的增值弹性

C. 液体体积的相对缩小值与压强的增值

D. 液体体积与压强

28. 自由表面上液体分子由于受两侧分子引力不平衡，使自由面上液体分子受到极其微小的拉力，这种拉力称为(B)。

A. 表面拉力　　B. 表面张力　　C. 表面引力　　D. 表面压力

29. 某静止水体自由面与大气相通，已知某点在自由水面下的淹没深度为 h，则该点的静水压强应为(C)。设水的密度为 ρ，大气压强为 1 Pa。

A. 1　　B. ρgh　　C. $1+\rho gh$　　D. $1+\rho gh$

30. 漂浮在液面上的物体，受到的浮力大小应(B)。

A. 大于物体所受的重力　　B. 等于物体所受的重力

C. 小于物体所受的重力　　D. 无法确定

31. 离心式清水泵叶轮中的叶片数通常采用(C)片。

A. 2 ~ 4　　B. 4 ~ 6　　C. 6 ~ 8　　D. 8 ~ 10

32. 若增加离心泵叶轮叶片数量，扬程将(A)，液体的水力损失增大。

A. 增加　　B. 减少　　C. 不变　　D. 无法确定

33. 介质作用在动环上的有效面积(C)动静环端面接触面积的机械密封为平衡型机械密封。

A. 大于　　B. 等于　　C. 小于　　D. 不小于

34. 设计机械密封摩擦副的 PV 值应(B)它的许用[PV]值。

A. 等于　　B. 小于　　C. 大于　　D. 不大于

35. 将密封腔中介质引出到泵进口端，使腔中介质不断更新，这种机械密封的冲洗叫做(D)。

A. 自身冲洗　　B. 外部冲洗　　C. 循环冲洗　　D. 反向冲洗

36. 下列各部件中，(A)是闸阀的主体，是安装阀盖、连接管道的重要零件。

A. 阀体　　B. 阀杆　　C. 传动装置　　D. 闸板

37. 化学腐蚀是指金属与介质之间发生(A)作用而引起的破坏。

A. 纯化学　　B. 物理化学　　C. 电化学　　D. 纯物理

38. 输送流体介质，设计压力 < 10.0MPa，并且设计温度 < 400℃的工业管道属于(B)级工业管道。

A. GC1　　B. GC2　　C. GC3　　D. GC4

39. 钢制固定式压力容器的液压试验压力为设计压力的(C)倍。

A. 1.0　　B. 1.15　　C. 1.25　　D. 1.50

40. 减速器主要由传动零件(齿轮或蜗杆)、轴、(A)、箱体及其附件所组成。
A. 轴承　B. 皮带　C. 密封环　D. 联轴器

41. 同时承受径向力和轴向力的轴承是(C)。
A. 推力轴承　B. 向心轴承　C. 向心推力轴承　D. 滚针轴承

42. 在石油化工生产装置中，现场照明线路控制通常使用(D)。
A. 拉线开关　B. 空气开关　C. 胶盒开关　D. 防爆开关

43. 正弦交流电的三要素是指(C)。
A. 频率、有效值、相位角　B. 幅值、周期、初相角
C. 幅值、角频率、初相角　D. 有效值、幅值、相位角

44. 已知 $R_1 = 10\Omega$，$R_2 = 10\Omega$，把两个电阻并联起来，其总电阻为(D)。
A. $R = 10\Omega$　B. $R = 20\Omega$　C. $R = 15\Omega$　D. $R = 5\Omega$

45. 已知 $R_1 = 5\Omega$、$R_2 = 10\Omega$，把 R_1 和 R_2 串联后接入 220V 电源，R_1 上的分压应为(A)。
A. $U_1 = 73.3V$　B. $U_1 = 60.3V$　C. $U_1 = 110V$　D. $U_1 = 30.3V$

46. 根据有关防火规定，电动机在热状态不能连续启动(C)次。
A. 6　B. 4　C. 2　D. 5

47. 电气设备金属外壳应有(D)保护。
A. 防雷接地保护　B. 防静电接地保护
C. 防过电压保护　D. 可靠的接地或接零保护

48. 独立避雷针一般由(D)组成。
A. 避雷针、避雷线　B. 避雷针、铁塔
C. 避雷塔、接地极　D. 接闪器、引下线、接地体

49. 异步电动机按其结构可分为(A)。
A. 开启式　B. 防护式　C. 封闭式　D. 防爆式

50. 人体能承受的跨步电压约为(D)之间。
A. 110 ~ 220V　B. 6 ~ 10kV　C. 20 ~ 35kV　D. 90 ~ 110kV

51. 下列关于串级控制系统的说法中，错误的是(C)。
A. 是由主、副两个调节器串接工作
B. 主调节器的输出作为副调节器的给定值
C. 目的是为了实现对副变量的定值控制
D. 副调节器的输出去操纵调节阀

52. 下列选项中，(D)不是串级调节系统调节器的型号选择依据。
A. 工艺要求　B. 对象特性　C. 干扰性质　D. 安全要求

53. 有两个调节阀，其可调比 $R_1 = R_2 = 30$，第一个阀最大流量 $Q_{1max} = 100m^3/h$，第二个阀最大流量 $Q_{2max} = 4m^3/h$，采用分程调节时，可调比达到(C)。
A. 60　B. 300　C. 780　D. 900

54. 下列各种阀门中，(A)不需要进行流向选择。
A. 球阀　B. 单座阀　C. 高压阀　D. 套筒阀

55. 下列各种自动化仪表中，(A)把变送、调节、显示等部分装在一个表壳内，形成一个整体。
A. 基地式仪表　B. 单元组合仪表　C. QDZ 仪表　D. DDZ 仪表

56. 热电偶产生热电势的条件是(C)。

A. 两热电极材料相同，两接点温度相同

B. 两热电极粗细不同，两接点温度相异

C. 两热电极材料相异，两接点温度相异

D. 两热电极长短不同，两接点温度相异

57. 当热电阻或信号线断路时，显示仪表的示值为(C)。

A. 零　　B. 室温　　C. 最大值　　D. 无法确定

58. 转子流量计中转子上下的压差由(C)决定。

A. 流体的流速　　B. 流体的压力　　C. 转子的重量　　D. 流体的方向

59. 下列关于电磁流量计的说法，错误的是(B)。

A. 电磁流量计是不能测量气体介质流量

B. 电磁流量变送器地线接在公用地线、上下水管道就能满足要求

C. 电磁流量计的输出电流与介质流量有线性关系

D. 电磁流量变送器和工艺管道紧固在一起，可以不必再接地线

60. 用于测量流量的导压管线中，当正压侧导压管发生泄漏时，仪表指示(A)。

A. 偏低　　B. 偏高　　C. 超量程　　D. 跑零下

61. 在管道上安装孔板时，若方向装反，将造成(C)。

A. 差压计倒指示　　B. 差压计指示变小

C. 差压计指示变大　　D. 对差压计无影响

62. 沉筒式液位计是利用悬挂在容器中的沉筒，由于被浸没高度不同，以致所受的(B)来测量液位的高度。

A. 拉力不同　　B. 浮力不同　　C. 压力不同　　D. 重力不同

63. 应用声波测量物位，是根据声波从发射至接收到反射回波的时间间隔与物位成比例的关系。下列声波传播特点中，正确的是(B)。

A. 声波不能在固体中传播　　B. 声波穿过气体介质时吸收最强

C. 声波穿过液体介质时吸收最强　　D. 声波穿过固体介质时吸收最强

64. 我国的法定计量单位，除目前国家选定的(C)个非国际单位制单位外，其余的均与国际单位制单位及其组成原则是一致的。

A. 7　　B. 10　　C. 15　　D. 18

65. 我国的法定计量单位中，压强的单位帕斯卡(Pa)是 SI 导出单位，用 SI 基本单位表达应为(A)。

A. $kg/(m·s^2)$　　B. N/m^2　　C. kg/m^2　　D. kg/cm^2

66. 按计量学用途，计量器具可以分为(D)等类型。

A. 计量基准器具、计量标准器具、计量装置

B. 计量标准器具、计量装置、计量标准物质

C. 计量基准器具、工作计量器具、计量标准物质

D. 计量基准器具、计量标准器具、工作计量器具

67. 用于贸易结算，安全防护、环境监测、医疗卫生方面属于强制管理的计量器具应属于(A)级计量器具管理范围。

A. A　　B. B　　C. C　　D. D

68. 按照管理环节的不同，计量检定可以分为(D)等类型。

A. 周期检定、出厂检定、修后检定、在线检定、仲裁检定

B. 周期检定、出厂检定、在线检定、进口检定、仲裁检定

C. 周期检定、出厂检定、修后检定、进口检定、在线检定

D. 周期检定、出厂检定、修后检定、进口检定、仲裁检定

69. 量值传递是通过检定或其他传递形式，将国家计量基准所复现的计量单位量值通过各级计量标准逐级传递到(B)，以保证被测对象测得的量值准确和一致的过程。

A. 工作基准　　B. 工作计量器具

C. 计量仪表　　D. 社会公用计量标准器具

70. 我国现行采用的计量印证分为(B)。

A. 检定证书、检定合格印、检定合格证、检定结果通知书和检定不合格印等五种类型

B. 检定证书、检定合格印、检定合格证、检定结果通知书和注销印等五种类型

C. 检定证书、检定合格印、检定合格证、检定不合格印和注销印等五种类型

D. 检定证书、检定合格印、检定不合格印、检定结果通知书和注销印等五种类型

71. 水中只含有溶解物时的外观为(A)。

A. 透明　　B. 浑浊　　C. 分层　　D. 黏稠

72. 水中杂质的种类很多，按其性质可分为(D)。

A. 无机物和有机物　　B. 无机物和微生物

C. 有机物和微生物　　D. 无机物、有机物和微生物

73. 格栅拦截固体物的大小主要与(D)有关。

A. 过栅水头损失　　B. 水量大小

C. 清渣方式　　D. 栅间距

74. 自然通风冷却塔分为(A)两种。

A. 开放式和风筒式　　B. 横流式和逆流式

C. 抽风式和鼓风式　　D. 抽风式和风筒式

75. 循环冷却水系统在运行过程中产生的水垢，不会引起的是(D)。

A. 腐蚀加剧　　B. 热交换器堵塞

C. 热交换器换热效率下降　　D. 冷却塔效率降低

76. 某循环水中[K^+] = 9mg/L，其补充水中[K^+] = 3mg/L，则该循环水浓缩倍数是(C)。

A. 1　　B. 2　　C. 3　　D. 4

77. 循环冷却水系统的不停车清洗中，能除去油脂的是(B)。

A. 杀生剂　　B. 表面活性剂　　C. 酸洗剂　　D. 络合剂

78. 下列措施中，(D)不能使胶体颗粒产生脱稳作用。

A. 加入带相反电荷的胶体　　B. 加入带相反电荷的高价离子

C. 增加水中盐类浓度　　D. 改变水的 pH 值

79. 石油化工冷却水系统中用于腐蚀监测的监测换热法，其试验时间最少为(B)天。

A. 10　　B. 30　　C. 60　　D. 90

80. 微生物生长过程中需要能量，依靠物质氧化过程中放出的能量进行生长，这种生物属于(C)。

A. 厌氧型微生物　　B. 好氧型微生物。

C. 化能营养型生物　　D. 光能营养型生物

81. 细菌的分裂繁殖包括(D)，横隔壁形成，子细胞分离等过程。

A. 核分裂　　B. 细胞壁分裂

C. 细胞质膜与细胞质分裂　　D. 核与细胞质分裂

82. 细菌基本结构含有(A)。

A. 细胞壁、细胞膜、细胞核质、核糖体　　B. 细胞核质、核糖体、细胞泡

C. 细胞壁、核糖体　　D. 细胞壁、细胞膜、细胞核质、荚膜

83. 在循环水系统中，一般情况下黏泥的灼烧减量超过(B)时，可认为该黏泥是以微生物为主体而形成的。

A. 15%　　B. 25%　　C. 35%　　D. 45%

84. 往水中加入(D)时，不会使水的含盐量增加。

A. NaCl　　B. Na_2CO_3　　C. $MgCl_2$　　D. 甲醇

85. 水塔和清水池都是给水系统中调节流量的构筑物，两者联系密切，当二级泵站供水线越接近用水线，则水塔容积(D)，清水池容积会适当(D)。

A. 增大，增大　　B. 增大，减小　　C. 减小，减小　　D. 减小，增大

86. 一级泵站通常均匀供水，而二级泵站一般为分级供水，一、二级泵房供水量的差额由(C)调节。

A. 水塔　　B. 高位水池　　C. 清水池　　D. 沉淀池

87. 在无水塔的管网中，二级泵房的扬程应在用水量最高时使(A)达到规定的自由水压。

A. 控制点　　B. 最高点　　C. 最远点　　D. 水塔

88. 对干球温度的叙述正确的是(B)。

A. 是对干空气测量的温度

B. 对空气直接测量的温度

C. 使用专用的干球温度计测量的温度

D. 普通温度计不能测量出干球温度

89. 以下对湿球温度描述错误的是(C)。

A. 空气传递给水的热量达到稳定状态时的水温

B. 该气温条件下，水被冷却所能达到的理论极限温度

C. 该气温条件下，水被冷却所需湿度

D. 在某一干球温度和含湿量下，有一对应的湿球温度

90. 以下有关湿度的叙述正确的是(A)。

A. 湿度即指空气中所含水蒸气的分量

B. 每立方米湿空气所含水蒸气的重量称为湿空气的相对湿度

C. 湿空气的绝对湿度也称为湿空气的容重

D. 湿度即指物体的含水量

91. 对弱电解质来说，其电离度随溶液浓度的增加而(B)。

A. 增加　　B. 减小　　C. 不变　　D. 无关

92. 某电解质溶于水中发生电离，下列说法正确的是(A)。

A. 正、负离子所带电荷数相等　　B. 阳离子数少于阴离子数

C. 阴阳离子数相等　　D. 溶液呈中性

93. 在 22℃ 时，在 0.01mol/L 的 HCl 溶液中，$[H^+] = 10^{-2}$ mol/L，则 $[OH^-] =$ (B)mol/L。

A. 0　　B. 10^{-12}　　C. 10^{-7}　　D. 10^{-2}

94. 一般情况下，当雷诺数 *Re*(A)时，水流呈紊流状态。

A. >500　　B. <500　　C. >100　　D. <100

95. 在环状给水管网中，任一用户均有(D)的供水路线。

A. 1 条　　B. 2 条　　C. 3 条　　D. 2 条或 2 条以上

96. 通常压力滤池在(B)MPa 压力下工作。

A. 0.1~0.3　　B. 0.3~0.5　　C. 0.5~0.7　　D. 0.7~0.9

97. 所谓化学需氧量是表示(A)多少的一个指标。

A. 还原性物质　　B. 有机物　　C. 无机物　　D. 氧化性物质

98. 所谓纯水是指经过一定深度(D)处理的水。

A. 沉淀　　B. 过滤　　C. 软化　　D. 除盐

99. 下述各种水，(D)的纯度最高。

A. 软化水　　B. 脱盐水　　C. 纯水　　D. 超纯水

100. 天然水中的溶解氧量一般为(B)mg/L。

A. 3~7　　B. 7~14　　C. 14~21　　D. 21~24

101. GB 5749—85 标准规定生活水水质标准的氰化物含量为(A)mg/L。

A. 0.05　　B. 0.005　　C. 0.07　　D. 0.007

102. GB 5749—85 标准规定生活水水质标准的氯仿含量为(B)mg/L。

A. 50　　B. 60　　C. 70　　D. 80

103. 硫酸铝在低温时水解(A)，形成的絮体较为松散。

A. 较困难　　B. 容易　　C. 无法进行　　D. 正常

104. 正常情况下，以氯为主的微生物控制方案的 pH 值最佳范围是(D)。

A. >9.5　　B. >8.5　　C. <9.5　　D. <7.5

105. 循环冷却水系统中采用加氯方式控制微生物的生长时，水中游离活性氯的浓度一般控制在(B)mg/L 范围内。

A. 0~0.5　　B. 0.5~1.0　　C. 1.0~1.5　　D. 1.5~2.0

106. 化纤循环冷却水浓缩倍数控制指数为(C)。

A. ≥2.5　　B. ≥3.0　　C. ≥4.0　　D. ≥4.5

107. 炼油循环冷却水油含量控制指数为(B)mg/L。

A. <5　B. <10　C. <15　D. <20

108. 循环水使用氯气杀菌，pH值较高时氯耗(A)。

A. 偏高　B. 不变　C. 偏低　D. 不确定

109. 循环水使用氯气杀菌时，氯气主要是通过(C)来杀菌。

A. 破坏微生物细胞壁　B. 只阻断微生物RNA复制

C. 破坏微生物细胞内蛋白质　D. 只阻断微生物DNA复制

110. 氯气溶于水后，可产生(A)。

A. HCl、HOCl、H^+、Cl^-、OCl^-　B. HCl、HOCl

C. HOCl、H^+　D. H^+、OCl^-

111. 以下不是二氧化氯所具有的特点有(D)。

A. 强氧化剂　B. 安定性差

C. 有刺激性气味　D. 适用的pH值范围很小

112. 二氧化氯杀菌特点有(B)。

A. 剩余剂量药性持续时间短　B. 比氯杀生能力强

C. 比氯杀生能力弱　D. 二氧化氯是非氧化性杀生剂

113. 二氧化氯对微生物的杀菌机理一般认为：(A)对细菌壁有吸附和透过性能。

A. ClO_2　B. HOCl　C. OCl^-　D. Cl^-

114. 水处理中助凝剂通常是(A)。

A. 高分子物质　B. 无机物　C. 有机物　D. 小分子物质

115. 弱酸性阳离子交换树脂，在常温、低浓度水溶液中，对常见离子的选择性顺序是(C)。

A. $Na^+ > Ca^{2+} > Mg^{2+} > Fe^{3+} > H^+$　B. $Fe^{3+} > Ca^{2+} > Mg^{2+} > Na^+ > H^+$

C. $H^+ > Fe^{3+} > Ca^{2+} > Mg^{2+} > Na^+$　D. $Fe^{3+} > Mg^{2+} > Ca^{2+} > Na^+ > H^+$

116. 离子交换的(D)，是影响离子交换树脂的交换和再生过程的重要性质。

A. 稳定性　B. 酸碱性　C. 可逆性　D. 选择性

117. 在隔油池运行管理过程中，冬季生产尤其要注意的事项是(C)。

A. 定期进行排泥　B. 定时进行收油

C. 保证收油系统畅通　D. 控制运行参数

118. 在离心泵启动前，转动机组的联轴器，凭经验感觉其转动的轻重是否均匀，有无异常声响，此检查方法称为(C)。

A. 点试　B. 试车　C. 盘车　D. 调试

119. 对于新安装或(C)的机泵，有必要进行转向检查。

A. 检修前　B. 长时间停用

C. 电机检修后首次启动　D. 泵本体检修后首次启动

120. 泵出口安装(C)阀是为了防止突然停泵，高压液体直接返回泵体，击伤叶轮。

A. 截止　B. 闸　C. 止回　D. 球

121. 透平通过临界转速时要快速升速的目的是防止(A)。

A. 振动过大　B. 振动过小

C. 轴瓦温度过高　D. 轴瓦温度过低

122. 高压蒸汽系统吹扫过程中需要进行插入靶片操作时，其正确的方法是(B)。

A. 立即插入　　B. 停汽后插入

C. 关小给汽后插入　　D. 停汽降温后插入

123. 循环冷却水系统换热器的水压试验压力是设计压力的(B)倍。

A. 1.1　　B. 1.25　　C. 1.5　　D. 1.75

124. 循环冷却水系统预膜时，铜离子对成膜的影响是(B)。

A. 提高成膜质量　　B. 降低成膜质量

C. 不影响成膜质量　　D. 无法成膜

125. 化学清洗循环冷却水系统时，如系统中有(C)设备不能用盐酸清洗。

A. 碳钢　　B. 铜　　C. 不锈钢　　D. PVC 塑料

126. 敞开式循环冷却水是通过水与空气接触，主要是由(A)过程作用的结果。

A. 蒸发散热　　B. 传导散热　　C. 对流散热　　D. 辐射散热

127. 在理想条件下，分隔成 n 层的隔油池，在理论上其过水能力可为原池的(B)倍。

A. $1/n$　　B. n　　C. $n/2$　　D. $2n$

128. 在理想条件下，池深为 H 的隔油池分隔成 n 层时，油珠的上升距离由原来的 H 减小至(A)。

A. $\frac{1}{n}H$　　B. $\frac{1}{2}H$　　C. $\frac{1}{nH}$　　D. $2n$

129. 在电化学腐蚀过程中，凡是释放电子的反应称为(B)。

A. 电极反应　　B. 阳极反应　　C. 阴极反应　　D. 还原反应

130. 循环冷却水流速增大，对系统结垢的影响是(B)。

A. 加快　　B. 减慢　　C. 不变　　D. 无影响

131. 氯瓶使用中，应保证留有(D)MPa 的余压，以免遇水受潮后腐蚀钢瓶，同时这也是氯瓶再次充氯的需要。

A. 5~7　　B. 1~2　　C. 0.1~0.8　　D. 0.05~0.1

132. 正常情况下，重力式无阀滤池反冲洗时，虹吸流量为进水流量的(C)倍。

A. 2　　B. 4　　C. 6　　D. 8

133. 循环冷却水的碱性处理配方应着重加强其(B)。

A. 缓蚀性能　　B. 阻垢性能　　C. 杀菌性能　　D. 灭藻性能

134. 在敞开式系统中，金属的腐蚀速度随温度的升高(C)。

A. 直线上升　　B. 缓慢下降　　C. 先上升后下降　　D. 先下降后上升

135. 在加有缓蚀剂的循环水系统中，流速在一定范围内增加，缓蚀效果(B)。

A. 降低　　B. 增加　　C. 不变　　D. 无法判断

136. 水射器不具备 (C) 的特点。

A. 结构简单　　B. 使用方便　　C. 效率高　　D. 适用范围广

137. 水射器的效率较低，一般在(C)以下。

A. 45%　　B. 35%　　C. 30%　　D. 20%

138. 在冷却水系统中，低碳钢的腐蚀速度随氧含量的增加而(A)。

A. 增加　　B. 减少　　C. 不变　　D. 无法判断

139. 水流在水泵内密封环、填料函及轴向力平衡装置等处存在着泄漏和回流问题，使水泵的实际出水量总比通过叶轮的流量小，以 q 表示总泄漏量，QT 表示通过叶轮的流量，则($QT-q$)/QT 表示水泵的(B)损失。

A. 摩阻　　B. 容积　　C. 冲击　　D. 机械

140. 阀门 Z31H—16C 中 Z 代表的是(B)阀。

A. 截止　　B. 闸　　C. 球　　D. 蝶

141. 阀门 H41H—16H 中 16 代表的是(B)。

A. 阀门类型　　B. 压力等级　　C. 连接形式　　D. 传动方式

142. 在法兰的结构形式中，密封效果最差的是(A)密封。

A. 平面式　　B. 凸凹面式　　C. 梯形槽　　D. 锥面式

143. 只能用在无毒介质的管线中的法兰密封面是(B)。

A. 凸凹面式　　B. 平面式　　C. 榫槽面式　　D. 梯形槽式

144. 滑片真空泵转子安装在泵壳内，滑片可在转子上的槽中作(B)。

A. 切向运到　　B. 径向运动　　C. 左右摆动　　D. 轴向运动

145. 以下能抽易燃易爆气体的泵是(A)。

A. 液环真空泵　　B. 气镇真空泵

C. 往复式真空泵　　D. 射流泵

146. 下面对于往复式真空泵描述正确的是(D)。

A. 不可以抽含有少量灰尘的气体　　B. 不可以抽含有水蒸气的气体

C. 可以抽易燃易爆气体　　D. 噪声、振动较大

147. 减压阀是通过启闭件的节流，将进口高压介质降低至(C)。

A. 不确定的压力　　B. 负压

C. 某一个确定的压力　　D. 常压

148. 弹簧薄膜式减压阀不适应的范围是(B)。

A. 常温　　B. 高压　　C. 水介质　　D. 空气介质

149. 两台泵串联运行时，流量(D)。

A. 等于两台泵的流量之和　　B. 大于两台泵的流量之和

C. 等于流量大的泵的流量　　D. 等于流量小的泵的流量

150. 必须使用联轴器的设备是(A)。

A. 开启式压缩机　　B. 水泵　　C. 风机　　D. 油泵

151. 往复式压缩机与离心式压缩机相比其优点(D)。

A. 排量大　　B. 易损件少　　C. 结构紧凑　　D. 效率较高

152. 压紧水泵密封填料时，以填料处的泄漏量(C)为正好。

A. 刚刚没有　　B. 呈线状　　C. 呈点滴状　　D. 呈柱状

153. 铸铁阀体最高允许温度为(B)℃。

A. 100　　B. 200　　C. 300　　D. 400

154. 轴流泵的工作原理是依靠叶轮旋转产生(C)来抽水的。

A. 向心力　　B. 离心力　　C. 推力　　D. 旋转力

155. 保证螺旋泵高效运行的关键是(B)。

A. 确保螺旋泵安装倾角为30°

B. 确保螺旋泵叶片与泵槽的间隙准确均匀

C. 定期为上下轴承加注润滑油

D. 螺旋泵的吸水位高于标准点

156. 计量泵出口必须安装(A)。

A. 安全阀　　B. 单向阀　　C. 电动阀　　D. 调节阀

157. 关于电动阀描述正确的为(B)。

A. 调节器送来交流电流信号，经伺服放大器放大后，执行机构产生轴向推力

B. 调节器送来直流电流信号，经伺服放大器放大后，执行机构产生轴向推力

C. 调节器送来交流电流信号，经伺服放大器放大后，执行机构产生径向推力

D. 调节器送来直流电流信号，经伺服放大器放大后，执行机构产生径向推力

158. 在隔油池中，固定式集油管由(D)作为传动系统。

A. V带　　B. 链条　　C. 齿轮　　D. 蜗轮蜗杆

159. 因为齿轮泵内有(D)，所以存在串漏问题。

A. 闭死容积　　B. 卸荷槽　　C. 卸荷孔　　D. 高、低压腔

160. 在输送(A)液体时，应选用容积泵。

A. 压力高、流量小、黏度大　　B. 压力低、流量小、黏度大

C. 压力高、流量大、黏度大　　D. 压力低、流量大、黏度大

161. 两台水泵动力相似，则其相应点上(C)相同。

A. 同名角　　B. 水流的速度大小

C. 同名力方向　　D. 同名力大小

162. 水泵第一相似定律是确定两台工况相似水泵的(A)之间关系。

A. 流量　　B. 扬程　　C. 轴功率　　D. 转速

163. 两台工况相似水泵的流量与线性比例尺的(C)成正比。

A. 一次方　　B. 二次方　　C. 三次方　　D. 四次方

164. 水泵第二相似定律是确定两台工况相似水泵的(B)之间关系。

A. 流量　　B. 扬程　　C. 轴功率　　D. 转速

165. 两台工况相似水泵的扬程与线性比例尺的(B)成正比。

A. 一次方　　B. 二次方　　C. 三次方　　D. 四次方

166. 水泵第三相似定律是确定两台工况相似水泵的(C)之间关系。

A. 流量　　B. 扬程　　C. 轴功率　　D. 转速

167. 两台工况相似水泵的轴功率与线性比例尺的(D)成正比。

A. 二次方　　B. 三次方　　C. 四次方　　D. 五次方

168. 提高水泵加工制造质量，保证叶轮流槽、盘面等过道表面光滑，会减少(A)，有利于提高水泵效率。

A. 水力损失　　B. 容积损失　　C. 机械损失　　D. 吸水损失

169. 单流式过滤器的滤料装填高度为(B)m。

A. 0.8　　B. 1.2　　C. 2.0　　D. 2.4

170. 建设部颁布的《城市供水管网漏损控制及评价标准》(CJJ92—2002)规定，城市供水企业管网基本漏损率不应大于(C)。

A. 8%　　B. 10%　　C. 12%　　D. 15%

171. 往复型阀门气动装置适用于(A)。

A. 闸阀　　B. 蝶阀　　C. 球阀　　D. 旋塞阀

172. 一般气动的空气压力应在(C)MPa以下。

A. 0.4　　B. 0.6　　C. 0.8　　D. 1.0

173. 气动薄膜调节阀所能控制的最大流量与最小流量之比称为可调比，国产调节阀的调节比为(C)。

A. 10　　B. 20　　C. 30　　D. 40

174. 离心泵一般不能在低于设计流量(B)%的状态下连续运行。

A. 25　　B. 30　　C. 35　　D. 40

175. 记录仪需要定期润滑的部件是(C)。

A. 指示机构　　B. 平衡电桥　　C. 传动机构　　D. 信号转换机构

176. 润滑油变质或混入杂质会使风机轴承箱的温度(C)。

A. 不变　　B. 下降　　C. 上升　　D. 无法判断

177. 新安装水泵首次投入运行后，一般应在(C)时间内更换润滑油。

A. 三天　　B. 一个星期　　C. 15~30天　　D. 三个月

178. 管壳式换热器完好标准要求同一管程内被堵塞管数不超过总数的(B)。

A. 5%　　B. 10%　　C. 15%　　D. 20%

179. 石油沥青防腐层为我国多年一直广泛采用的一种给水管道外防腐层，其中普通级结构为(A)。

A. 底漆一遍，沥青3层，中间包玻璃布2层

B. 底漆两遍，沥青2层，中间包玻璃布2层

C. 底漆一遍，沥青4层，中间包玻璃布3层

D. 底漆两遍，沥青4层，中间包玻璃布3层

180. 电动机的(C)通常使用热继电器。

A. 低电压保护　　B. 短路保护　　C. 过载保护　　D. 过压保护

181. 下列电动机的线圈绝缘等级中，(D)允许温升高。

A. A级绝缘　　B. B级绝缘　　C. E级绝缘　　D. F级绝缘

182. 在单台电动机线路中，熔断器的额度电流应是电动机额度电流的(A)倍。

A. 1.5~2.5　　B. 2.5~3.5　　C. 3.5~4.5　　D. 4.5~5.5

183. 电动机空载或轻载运行时，造成的主要后果是(A)。

A. 功率因数低　　B. 定子电流大

C. 定子电压高　　D. 电动机寿命短

184. 正常情况下随着浓缩倍数提高，循环水的浊度将会(B)。

A. 不变　　B. 升高　　C. 下降　　D. 无法判断

185. 当蒸汽温度变化很小时，通过汽轮机喷嘴的临界流量与初压成(A)。

A. 正比　　B. 反比　　C. 不成比例　　D. 无法判断

186. 汽轮机改变工况时，流量增加，末级焓降增加(A)。

A. 容易出现过负荷　　B. 容易出现降负荷

C. 对负荷无影响　　D. 无法判断

187. 冷却塔的出水温度随空气湿度的上升将会(B)。

A. 上升　　B. 下降　　C. 不变　　D. 无法判断

188. 循环冷却水中微生物的繁殖对金属的腐蚀影响是(A)。

A. 加速腐蚀　　B. 降低腐蚀　　C. 不变　　D. 无法判断

189. 泵发生严重汽蚀时(C)。

A. 泵出口压力略有降低　　B. 轴功率增大

C. 泵出口压力大幅下降　　D. 泵功率不变

190. 离心泵发生气缚现象后，其出口压力(B)。

A. 上升　　B. 下降　　C. 不变　　D. 无法判断

191. 在下列所列的条件中，(A)会使停泵水锤事故容易发生。

A. 单管高处供水　　B. 水泵总扬程小

C. 输水管道内流速小　　D. 输水管道短

192. 增加上塔水量，冷却塔飘洒损失将会(B)。

A. 下降　　B. 上升　　C. 不变　　D. 无法判断

193. 轴承和轴封的严重磨损会使轴承箱的温度(B)。

A. 下降　　B. 上升　　C. 不变　　D. 无法判断

194. 下列因素中造成水射器不上量的是(B)。

A. 进水水压高　　B. 进水水压低

C. 水射器出口压力低　　D. 进水水温低

195. 下列因素中造成水射器无法正常工作的是(D)。

A. 进水水压高　　B. 进水水温低

C. 水射器出口压力低　　D. 真空部分漏气

196. 无阀滤池 U 形进水管底部的标高(C)虹吸下降管管口。

A. 高于　　B. 等于　　C. 低于　　D. 无法判断

197. 搞好冷却塔周围环境卫生，防止大量灰尘进入循环水系统，会使循环水的浊度(B)。

A. 升高　　B. 降低　　C. 不变　　D. 先升高后降低

198. 化工生产中，透平离心泵流量调节最常用的方法是(B)。

A. 改变阀门开度　　B. 改变透平转速

C. 车削叶轮外径　　D. 改变阀门开度和车削叶轮外径

199. 由于电气系统故障或晃电造成一台循环水泵停运时，错误的操作程序是(D)。

A. 迅速关闭停运泵出口阀　　B. 及时启运备用水泵

C. 向有关部门汇报　　D. 加大补水量

200. 空气呼吸器的使用过程中报警器发出报警声后理论上还可以使用(C)min。

A. 1 ~ 3　　B. 3 ~ 5　　C. 5 ~ 8　　D. 8 ~ 15

201. 直径较大的阀门设计旁路阀的主要目的是(B)。

A. 提高通流流量　　B. 减小水压差　　C. 减小流速　　D. 检修使用

202. 保持冷却塔收水器的良好效果，可以使飘洒损失(A)。

A. 下降　　B. 上升　　C. 不变　　D. 无法判断

203. 下列方法中处理水射器不上量的正确方法有(A)。

A. 增加压力水压力　　B. 降低压力水压力

C. 提高出口压力　　D. 检查疏通喷嘴

204. 设备图是用一组视图表示该设备的(A)之间的关系。

A. 主要结构形状与零部件　　B. 整体与主要内部零件位置

C. 内部零件的位置与功能　　D. 主要结构形状与性能

205. 下列标高标注图例表示低于零点标高的是(D)。

A. ▽±0.00　　B. ▽4.00　　C. ▽ 4.00　　D. ▽ −4.000

206. 在做高程布置时应注意(A)与污泥流程的配合，尽是减少需抽升的污泥量。

A. 污水流程　　B. 污水厂构筑物

C. 污泥处理主装置　　D. 污泥处理装置

207. 污水处理厂高程布置的任务是(D)。

A. 确定各处理构筑物的标高

B. 确定泵房等的标高

C. 选定各连接管渠的尺寸，并决定其标高

D. 计算决定各部分的水面标高，以便污水能按处理流程在处理构筑物之间通畅地流动

208. 根据剖面在绘制时所配置的位置，剖面图可分为(C)。

A. 移出剖面和阶梯剖面　　B. 重合剖面和阶梯剖面

C. 移出剖面和重合剖面　　D. 阶梯剖面和斜剖面

209. 对于施工工艺流程图的画法，下列叙述不正确的是(A)。

A. 用细实线画出主要物料的工艺流程线

B. 对各流程图间相衔接的管道，应在始(或末)端注明其连续图的图号及所来自(或去)的设备位号或管段号

C. 对于辅助管道、公用系统管道只绘出与设备(或工艺管道)相连接的一小段

D. 根据流程自左至右用细实线画出设备的简略外形和内部特征

210. 施工流程图上的管道不需标注(C)。

A. 管道号　　B. 管径　　C. 管道材质　　D. 管道等级

211. 某循环冷却水系统运行工况稳定，系统连续排污，采用间断式加药，循环冷却水的初始药剂浓度(应达到的规定药剂浓度)为7.5mg/L，2h后的循环冷却水的药剂浓度为7.25mg/L，若系统保有水量为6000 m^3，商品药剂的纯度为10%，则此时应投加该药剂(B)kg。

A. 10　　B. 15　　C. 20　　D. 25

212. 向冷却水系统首次投加总磷含量为9%的缓蚀阻垢剂，该系统保有水量为5000m^3，若使循环水总磷含量达到7.2mg/L，则应投加该药剂(C)kg。

A. 200　　B. 300　　C. 400　　D. 500

213. 冷却塔的循环水量为30000m^3/h，循环水的系统容积为9000m^3，在正常运行时，循环水的蒸发量为1%，其他泄漏及风吹损失0.3%，排污量60m^3/h，则该系统的补充水量为

(D) m^3/h。

A. 300　　B. 360　　C. 390　　D. 450

214. 冷却塔的循环水量为 $20000m^3/h$，循环水的系统容积为 $6000m^3$，在正常运行时，循环水的蒸发量为 1%，排污量为 40 m^3/h，其他损失 0.3%，则系统滞留时间为(C)h。

A. 20　　B. 40　　C. 60　　D. 80

215. 冷却塔的循环水量为 $20000m^3/h$，循环水的系统容积为 $6000m^3$，在正常运行时，循环水的蒸发量为 0.9%，排污损失 0.3%，其他损失 0.3%，则该系统的补充水量为(D) m^3/h。

A. 180　　B. 240　　C. 280　　D. 300

216. 某型离心泵转速为 2900r/min，在最大效力点时流量为 $90m^3/h$，扬程为 30m，那么该泵的比转数为(D)。

A. 97.32　　B. 113.78　　C. 156.63　　D. 130.56

217. 已知泵最高效率时的流量 $Q(m^3/s)$及扬程 H(m 液柱)，而泵的转速为 n r/min，那么泵的比转数可表示为：(B)。

A. $\frac{6.5n\sqrt{Q}}{H^{3/4}}$　　B. $\frac{3.65n\sqrt{Q}}{H^{3/4}}$　　C. $\frac{6.5n\sqrt{Q}}{H^{4/3}}$　　D. $\frac{3.65n\sqrt{Q}}{H^{4/3}}$

218. 泵工作时由驱动机传给泵的功率，称(C)。

A. 有效功率　　B. 总功率　　C. 轴功率　　D. 电动功率

219. 已知：泵的流量 $Q = 25\ m^3/h$，总效率 $\eta = 0.42$，扬程 $H = 160m$ 液柱，流体密度 $\rho = 900kg/m^3$,那么该泵的轴功率为(A)kW。

A. 23.3　　B. 32.2　　C. 83.9　　D. 90.5

220. 某内径为 100mm、长 20m 的钢管输送油品。已知该油品的密度为 $900kg/m^3$，黏度为 0.072Pa·s，流量为 32t/h，则其能量损失为(B)mH_2O。

A. 0.59　　B. 0.66　　C. 0.73　　D. 1.32

221. 某内径为 150mm 的给水管道长 25m，其沿程阻力系数为 0.037，输送流量为 25L/s，管道中有一只阀门，已知阀门局部水头损失系数为 2.06，则该阀门的局部水头损失为(A)m。

A. 0.21　　B. 0.35　　C. 0.42　　D. 2.06

222. 某水泵出厂时额定流量下的允许吸上真空高度为 4.5m，已知当地大气压为 $9.6mH_2O$，水温 30℃时的饱和蒸汽压力为 $0.43mH_2O$，则该泵安装在此地，其实际允许吸上真空高度为(A)m。

A. 3.58　　B. 3.77　　C. 4.31　　D. 4.50

223. 某离心泵在标准状况下输送水时的允许吸上真空高度为 4.5m，若用于输送密度为 $580kg/m^3$ 的液体，则其允许吸上真空高度应为(D)m。

A. 2.61　　B. 4.5　　C. 7.11　　D. 7.76

224. 某内径为 200mm 的圆形钢管输送流量为 10L/s 的水，已知水的黏度为 0.001Pa·s，则该管道的雷诺数为(D)。

A. 6499　　B. 12998　　C. 31847　　D. 63694

225. 某滤料规格为 0.5 ~ 1.2mm，通过筛分试验绘制曲线求得：$d_{10}=0.55$mm，$d_{80}=1.10$mm，则其不均匀系数 $k_{80}=$(B)。

A. 2.2　　B. 2.0　　C. 0.9　　D. 0.5

226. 根据设计，某滤料选用 0.5 ~ 1.2mm，若要求 $d_{10}=0.55$mm，不均匀系数 $k_{80}=1.8$，则 $d_{80}=$(C)mm。

A. 0.67　　B. 0.90　　C. 0.99　　D. 1.53

多选题

1. 石油化工生产的特点为(A，B，C)。

A. 原料来源较稳定　　B. 易于实现自动化

C. 适合大规模生产　　D. 加工过程简单便捷

2. 通常，石油化工基础原料中“三烯”是指(A，B，D)。

A. 乙烯　　B. 丙烯　　C. 丁烯　　D. 丁二烯

3. 在石油化工工业中，根据使用目的的不同，可将换热设备分为(A，B，C，D)等类型。

A. 冷却器　　B. 冷凝器　　C. 换热器　　D. 重沸器

4. 关于可逆反应的说法，正确的是(A，C，D)。

A. 在同一条件下，既能向正反应方向进行，同时又能向逆反应方向进行的反应，叫可逆反应

B. 所有的化学反应都是可逆的

C. 有气体参加的反应或有气体生成的反应，一定要在密闭体系的条件下才能是可逆反应

D. 可逆反应中，正反应和逆反应是相对的

5. 反应体系的化学平衡状态具有(A，B，C，D)的特点。

A. 反应速度为零　　B. 有条件的动态平衡

C. 反应物和生成物的浓度恒定　　D. 正、逆反应速度相等

6. 在无机酸中，俗称“三大强酸”是指(A，B，C)。

A. 盐酸　　B. 硫酸　　C. 硝酸　　D. 磷酸

7. 下列说法中，正确的是(A，C)。

A. 根据组成不同，盐可分为正盐、酸式盐、碱式盐等

B. 有两种以上金属离子和酸根离子形成的盐叫复盐

C. 根据盐中酸根离子不同，可分为硫酸盐、碳酸盐、氯化物等

D. 当酸中的氢离子被金属置换时，所生成的盐叫做酸式盐

8. 下列化合物中，(B，C)属有机物。

A. NH_3　　B. CH_4　　C. C_2H_4　　D. CO_2

9. 下列化合物中，(A，C)属无机物。

A. CO_2　　B. CH_4　　C. H_2SO_4　　D. CH_3COOH

10. 在某化学反应中，下列说法正确的是(C，D)。

A. 参加化学反应的各种物质，等于反应后生成的各种物质

B. 参加化学反应的反应物，等于反应后生成的生成物

C. 参加化学反应的各种物质重量之和，等于反应后生成的各种物质重量之和

D. 参加化学反应的各种反应物重量之和，等于反应后生成的各种生成物重量之和

11. 下列关于电解质电离的说法中，正确的是(A，B，D)。

A. 强电解质是因其具有强极性键

B. 弱电解质中键的极性弱

C. 具有强极性键的化合物，溶于水时只有部分分子电离，大部分仍是呈分子状态

D. 在弱电解质溶液中，始终存在着分子电离成离子和离子结合成分子的两个过程，即其电离过程是可逆的

12. 化学反应速度的影响因素为(A，B，C，D)。

A. 温度　　B. 压力　　C. 反应物浓度　　D. 催化剂

13. 下列关于物质的量浓度的说法中，正确的是(B，C)。

A. 一定体积的溶液里所含溶剂的物质的量来表示溶液的浓度，就是溶液的物质的量浓度

B. 一定体积溶液里所含溶质的物质的量来表示的浓度，就是溶液的物质的量浓度

C. 配制 500ml 的 0.5mol/L 的氢氧化钠溶液，需固体氢氧化钠 10g

D. 配制 500ml 的 0.5mol/L 的氢氧化钠溶液，需固体氢氧化钠 20g

14. 作用于淹没物体的静水总压力为(C，D)。

A. 只有一个垂直向下的力

B. 其大小等于该物体的质量

C. 其大小等于该物体所排开的同体积的水重

D. 只有一个垂直向上的力

15. 泵体是泵结构的中心，其形式为(A，B，C，D)。

A. 水平剖分式　　B. 垂直剖分式　　C. 倾斜剖分式　　D. 筒体式

16. 多级离心泵的轴向力平衡方法为(A，B，D)。

A. 采用平衡盘　　B. 叶轮开设平衡孔

C. 设置诱导轮　　D. 叶轮对称布置

17. 与填料密封相比，机械密封具有(A，B，C，D)的特点。

A. 密封性可靠　　B. 寿命长

C. 摩擦消耗小　　D. 对旋转轴的振动不敏感

18. 机械密封的常见冲洗方法为(A，B，D)。

A. 自身冲洗　　B. 外部冲洗　　C. 循环冲洗　　D. 反向冲洗

19. 闸阀的特点为(A，B，C，D)。

A. 流体阻力小　　B. 启闭力矩小　　C. 密封性能好　　D. 结构复杂

20. 腐蚀按照其作用机理的不同，可分为(A，B，C)。

A. 化学腐蚀　　B. 电化学腐蚀　　C. 物理腐蚀　　D. 机械损伤

21. 压力容器运行中严禁(B，C，D)。

A. 移动　　B. 超温　　C. 超压　　D. 超负荷

22. 在《在用工业管道定期检验规程》适用范围内的工业管道的级别分为(A，B，C)。

A. GC1 级　　B. GC2 级　　C. GC3 级　　D. GC4 级

23. 改进泵本身结构参数或结构形式来提高离心泵抗气蚀措施有(A，B，C)。

A. 设置诱导轮　　B. 设计工况下叶轮有较大正冲角

C. 采用抗气蚀材质　　D. 减小叶轮入口处直径

24. 下列关于正弦交流电的说法中，正确的是(B，C，D)。

A. 如果正弦电流的最大值为 5A，那么它的最小值为 －5A

B. 用交流电流表或电压表测量正弦电流的电流和电压时，指针来回摆动

C. 我国正弦交流电频率为 50Hz，故电流变化的周期为 0.02s

D. 正弦交变电流的有效值为 220V，它的最大值是 311V

25. 通常根据(A，B，D)来判定电动机是否正常运行。

A. 电机的声音和振动　　B. 电机各部位的温度

C. 电机的转向　　D. 电机电流表的指示

26. 关于设备接地线的说法，正确的是(A，C，D)。

A. 油罐的接地线主要用于防雷防静电保护

B. 电机的接地线主要用于防过电压保护

C. 管线的接地线主要用于防静电保护

D. 独立避雷针的接地线主要用于接闪器和接地体之间的连接

27. 静电产生的原因为(B，C)。

A. 直流发电机产生　　B. 摩擦产生

C. 感应产生　　D. 化学反应

28. 下列关于异步电动机和同步电动机的转速的说法中，正确的是(C，D)。

A. 异步电机的转速大于定子转速磁场的转速

B. 同步电机的转速小于定子旋转磁场的转速

C. 同步电机和异步电机的转数都是由极对数决定的

D. 同步电机的转速等于定子旋转磁场的转速，异步电机的转速小于定子旋转磁场的转速

29. 异步电动机的工作方式可分为(A，C，D)。

A. 连续工作　　B. 延时工作　　C. 短时工作　　D. 断续工作

30. 分程调节系统调节器的形式主要是依据(A，B，C)而定。

A. 工艺要求　　B. 对象特性　　C. 干扰性质　　D. 安全要求

31. 使继电器释放的方法为(A，B，C)。

A. 直接切断电源　　B. 电阻并联法　　C. 电源并联法　　D. 短路法

32. 气动调节阀的手轮机构的用途是(B，C，D)。

A. 改变阀门的正反作用

B. 限定阀门开度

C. 有时可以省去调节阀的副线，如大口径及贵金属管路中

D. 开停车或事故状态下可以用手轮机构进行手动操作

33. 化工自动化仪表按其功能不同可分为(A，B，C，D)。

A. 检测仪表　　B. 显示仪表　　C. 调节仪表　　D. 执行器

34. 测量蒸汽压力或压差时，应装在(C，D)。

A. 过滤器　　B. 伴热管线　　C. 冷凝管　　D. 冷凝器

35. 关于国家计量基准的特点，正确的说法是(A，B，C，D)。

A. 它是一个国家内量值溯源的终点　　B. 它是量值传递的起点

C. 用以复现和保存计量单位量值　　D. 具有最高的计量学特性

36. 计量器具强制检定的特点为(A，B，C，D)。

A. 检定由政府计量行政部门强制执行　　B. 检定关系固定

C. 定点定期送检　　D. 检定必须按检定规程实施

37. 量值传递的方式为(A，B，C，D)。

A. 用实物标准进行逐级传递　　B. 用传递标准全面考核进行传递

C. 用发放标准物质进行传递　　D. 用发播标准信号进行传递

38. 下列选项中，(B，D)是计量检定机构对检定不合格的计量器具出具的证明。

A. 检定证书　　B. 注销印

C. 检定不合格印　　D. 检定结果通知书

39. 根据工业企业内水的使用情况，冷却水系统有(A，B)系统。

A. 直流冷却水　　B. 循环冷却水　　C. 工艺用水　　D. 污水回用

40. 封闭式循环冷却水系统的特点有(A，B)。

A. 补水量小　　B. 有冷却设备　　C. 易结垢　　D. 补水量大

41. 天然水的 pH 值一般均低于 10，故组成其总碱度的物质有(B，C)。

A. 氢氧化物　　B. 碳酸盐　　C. 重碳酸盐　　D. 盐酸

42. 机械搅拌澄清池的特点有(A，B，C，D)。

A. 处理效果好　　B. 单位面积处理水量大

C. 处理水质稳定　　D. 适应性较强

43. 机械通风冷却塔与自然通风冷却塔相比，优点有(A，B，D)。

A. 通风量稳定　　B. 塔内气、水分布较均匀

C. 有较大的抽吸能力　　D. 冷却效率高

44. 循环冷却水系统中金属设备的腐蚀易产生的问题有(A，B，C)。

A. 热交换器泄漏　　B. 材质强度下降

C. 热交换器换热效率下降　　D. 泵压上升

45. 冷却水系统的清洗方法可以分为物理清洗和化学清洗，以下方法属于化学清洗的是(A，B，D)。

A. 杀生剂清洗　　B. 碱清洗　　C. 反冲洗　　D. 络合剂清洗

46. 水中的胶体结构的组成部分有(A，B，C)。

A. 胶核　　B. 吸附层　　C. 扩散层　　D. 反离子层

47. 腐蚀速度的测定中，计算的腐蚀速度(以 mm/a 计算)已知条件正确的是(A，B，C，D)。

A. 挂片失重量　　B. 测试时间　　C. 金属密度　　D. 试件面积

48. 循环冷却水系统中用于沉积物现场监测的方法有(A，B，C，D)。

A. 监测换热器法　　B. 电热式污垢监测仪法

C. 压力降法　　D. 钙离子浓度法

49. 循环水冷却塔和水池有以下哪些环境要求（ A，B，D ）。

A. 尽量防止阳光照射　　B. 避免灰尘、杂物进入

C. 靠近水源　　D. 防止工业废气污染

50. 细菌种类繁多，就单个有机体而言，其基本形态可分为三种，分别为（ A，C，D ）。

A. 球菌　　B. 放线菌　　C. 杆菌　　D. 螺旋菌

51. 在给水系统配水管网中，根据各管线所起的作用和管径大小，可分为（ A，B，C ）等类型。

A. 干管　　B. 分配管　　C. 引入管　　D. 输水管

52. 对湿球温度的叙述正确的是（ A，B，D ）。

A. 湿球温度是干球温度和含湿量的函数　　B. 数值上与空气的绝热饱和温度值相等

C. 湿球温度比干球温度高　　D. 湿球温度比干球温度低

53. 压力滤池是密封式圆柱形钢制容器，具有（ A，C ）的特点。

A. 产水量受限　　B. 清砂方便　　C. 可以移动　　D. 等速过滤

54. 影响化学反应速度的主要因素为（ A，B，C ）。

A. 反应物的浓度　　B. 温度　　C. 催化剂　　D. 压力

55. 当反应条件一定时，化学平衡具有（ A，B，C，D ）的特征。

A. 正、逆反应速度相等　　B. 反应物与生成物的浓度相等

C. 反应物浓度不变　　D. 生成物浓度不变

56. 微生物产生抗药性的可能原因有（ A，B，C ）。

A. 长期使用单一杀生剂

B. 微生物的细胞膜发生了变化，使杀生剂不能透入

C. 微生物发生遗传突变，产生了免疫力

D. 采用冲击方式添加杀生剂

57. 在碱性冷却水处理中，考虑到 pH 值的影响，采用（ C，D ）控制微生物效果较好。

A. 氯　　B. 次氯酸盐　　C. 二氧化氯　　D. 溴化物

58. 循环水补充水宜选用（ A，B，C，D ）的水。

A. 浊度低　　B. COD 低　　C. 泥沙少　　D. 硬度低

59. 天然水中（ B，C ）会与水形成溶胶状态的胶体微粒。

A. $CaCO_3$　　B. 腐殖质　　C. 硅酸盐　　D. $CaCl_2$

60. 水溶胶体系中，加入高价电解质会使（ A，C ）。

A. 胶团扩散层压缩　　B. 胶团更加稳定

C. 胶体之间发生凝聚　　D. 胶体之间排斥作用加强

61. 氯是一种强氧化剂，具有（ A，B，D ）的优点，是水处理行业应用历史最为悠久的消毒剂。

A. 价格低廉　　B. 杀菌能力强　　C. 无毒无害　　D. 来源方便

62. 二氧化氯溶于水后基本上不会与（ A，B，C ）发生化学反应。

A. 水　　B. 有机胺　　C. 氨　　D. 酚类

63. 水处理中使用的助凝剂能使（ A，C ）的絮体变为（ A，C ）的絮体。

A. 细小松散，粗大密实　　B. 粗大密实，细小松散

C. 不易沉淀，易沉淀　　D. 易沉淀，不易沉淀

64. 聚丙烯酰胺具有(A, C)特点。

A. 无色　B. 有味　C. 能溶于水　D. 有腐蚀性

65. 决定臭氧处理效果的主要因素为(B, D)。

A. 臭氧投加量　B. 接触时间　C. pH 值　D. 剩余臭氧量

66. 循环水装置开工引水过程中，安全注意事项有(A, B, C, D)。

A. 循环水场注水前，要关闭所有的排污阀门

B. 冷却水系统管网注水时，应注意排除系统内的空气

C. 循环水场塔、池内无杂物

D. 加强对管网泄漏点的检查

67. 循环水装置停工前的准备工作有(A, B)。

A. 与生产调度室联系停工时间和要求

B. 与供电、仪表、维修等单位联系有关停工事项

C. 准备好必要的清洗预膜药剂

D. 逐台停用循环水泵

68. 循环水装置开工步骤有(A, B, C, D)。

A. 系统注水　B. 系统查漏　C. 系统冲洗　D. 清洗预膜

69. 循环水装置停工操作有(A, B, C, D)。

A. 降量运行　B. 停止加药　C. 停止过滤　D. 停泵放水

70. 离心泵停泵时，错误的做法是(A, C, D)。

A. 先关入口阀　B. 先关出口阀

C. 同时关进出口阀　D. 不关阀

71. 循环水腐蚀监测挂片器由(A, C, D)组成。

A. 流量计　B. 换热器　C. 挂片　D. 挂片架

72. 汽轮机暖管时要先开启蒸汽旁路阀，其目的是(A, B, C)。

A. 能减小总气阀两边压力差，使总气阀开启容易

B. 便于正确控制蒸汽量

C. 利于控制升压速度

D. 利于低速暖机

73. 透平主油泵工作正常后，停辅助油泵操作步骤是(A, B, C, D)。

A. 确认主油泵工作正常

B. 停辅助油泵，并设定在自动位置

C. 调整主油泵回流量

D. 检查主油泵出口油压，并调整到正常工作状态

74. 透平凝结水泵不上量的原因有(A, B, C, D)。

A. 电机反向旋转　B. 真空平衡阀未开

C. 凝汽器液位过低　D. 管路有泄漏

75. 高压蒸汽放空时，其出口应(A, B, C, D)。

A. 加消音器　B. 设标志牌

C. 30m 内不许站人　D. 管口朝上

76. 不适于大流量气体及含悬浮物液体的调节阀是(A，B，D)。

A. 三通阀　　B. 球阀　　C. 蝶阀　　D. 套筒阀

77. 预膜效果的评定可以采用的方法有(A，B，C)。

A. 目视法　　B. 硫酸铜溶液法

C. 亚铁氰化钾溶液法　　D. 浓硫酸法

78. 循环冷却水系统碱洗主要目的是(A，B)。

A. 清洗设备上的油脂　　B. 使运转后设备里的硬垢变软

C. 溶解系统的金属氧化物　　D. 溶解系统中的硬垢

79. 平流隔油池有(A，B)特点。

A. 耐冲击负荷　　B. 构造简单　　C. 布水非常均匀　　D. 站地面积少

80. 影响混凝效果的因素有(B，C，D)。

A. 水中溶解氧量　　B. 水的碱度　　C. 水温　　D. 水的 pH 值

81. 下列关于硫酸盐还原菌腐蚀作用描述正确的是(A，B，C)。

A. 硫酸盐还原菌腐蚀是厌氧环境下进行的

B. 缺氧情况下，腐蚀电池阴极被氢原子覆盖而出现阴极极化

C. 硫酸盐还原菌催化如下反应：$SO_4^{2-} + 8H^+ + 8e^- \longrightarrow S^{2-} + 4H_2O$ 起到阴极去极化作用，促进了腐蚀

D. 硫酸还原菌腐蚀属于酸性腐蚀

82. 循环冷却水系统污垢的控制方法有(A，B，C，D)。

A. 降低补充水浊度　　B. 杀菌灭藻

C. 投加分散剂　　D. 增加旁滤量

83. 氯瓶在使用过程中，出现不易汽化现象时，可以采用(B，D)方法。

A. 摇晃钢瓶　　B. 用水冲淋钢瓶

C. 使用蒸汽加热钢瓶　　D. 提高加氯间室温

84. 水走壳程的冷却器易产生的问题有(C，D)。

A. 设有折流板，水的流速向下不断改变

B. 空间大、流速高

C. 悬浮物沉积和黏泥附着，微生物繁殖

D. 产生垢下腐蚀、缝隙腐蚀、电偶腐蚀等

85. 新建、改扩建工业项目时，节水工作的“三同时”内容有(A，C，D)。

A. 同时设计　　B. 同时立项　　C. 同时施工　　D. 同时投入运行

86. 下列情况中，需要加强防火防爆措施的是(A，B，C，D)。

A. 循环水中发现液态烃泄漏　　B. 循环水中发现汽油泄漏

C. 检修中的凉水塔　　D. 循环水中发现氨泄漏

87. 循环水场在下列情况中需要开动火作业票的是(A，B，C，D)。

A. 运行中的凉水塔进行焊接作业　　B. 停用的凉水塔进行焊接作业

C. 在集水池周围进行焊接作业　　D. 在停用的凉水塔内使用砂轮机

88. 滤池停用时应该注意的事项有(A，B，C)。

A. 长期停用前应进行一次反冲洗

B. 长期停用的滤池要将水排尽

C. 短期停用可不排水，但使用前要进行手动强制反冲洗

D. 必须更换滤料

89. 给水泵站将水从水厂清水池输送到用户需要消耗一定的能量，若电动机与水泵采用联轴器直接传动，无传动损失，则该过程的能量损失应包括(B，C，D)。

A. 电源线损　B. 电动机损耗　C. 水泵损耗　D. 管路损耗

90. 单吸式离心泵的优点有(A，D)。

A. 结构简单　B. 轴向推力小　C. 出口压力高　D. 检修方便

91. 单级单吸离心泵的结构形式有(A，B)。

A. 前开式　B. 后开式　C. 闭式　D. 全开式

92. 重力式无阀滤池中属于进水部分的有(B，D)。

A. 虹吸上升管　B. 进水分配槽　C. 虹吸辅助管　D. 进水管

93. 重力式无阀滤池中属于出水部分的有(B，C，D)。

A. 挡板　B. 虹吸破坏斗　C. 连通渠　D. 出水管

94. 联轴器的种类很多，主要有(A，B，C，D)联轴器。

A. 套筒　B. 凸缘　C. 万向　D. 弹性销连

95. 汽轮机升温时应当注意(A，B，C)。

A. 转子与汽缸的差胀　B. 上下缸温差

C. 法兰内外温差　D. 法兰螺栓温度

96. 循环水泵切换过程中，应保持(A，B，C)基本不变。

A. 总管压力　B. 循环水流量　C. 供水温度　D. 回水温度

97. 轴流泵工作时，叶轮旋转，对其推动方式描述错误的是(A，B，C)。

A. 利用离心力将水径向推动　B. 利用离心力将水轴向推动

C. 利用叶轮推力将水径向推动　D. 利用叶轮推力将水轴向推动

98. 螺旋泵的缺点有(B，C，D)。

A. 扬水效率低　B. 体积大　C. 扬程低　D. 必须倾斜安装

99. 液环真空泵的工作液体除起传递能量的媒介作用外，还起(C，D)作用。

A. 排气　B. 润滑　C. 密封工作腔　D. 冷却气体

100. 几何相似是指两台水泵过流部分相应点的(B，C)。

A. 同名速度相等　B. 同名角相等

C. 同名尺寸比值相等　D. 同名力相等

101. 双层过滤器的滤料一般由(BC)组成。

A. 活性炭　B. 无烟煤　C. 石英砂　D. 磁铁矿

102. 常见排水管有(A，C)。

A. 铸铁管　B. 有色金属管　C. 混凝土管　D. 不锈钢管

103. 钢凝混凝土排水管分为(A，C)水管。

A. 自应力　B. 拉应力　C. 预应力　D. 压应力

104. L－AN46全损耗系统用油应具有的特性为(A，B，C)。

A. 适宜的黏度　B. 良好的润滑性

C. 不腐蚀金属　　D. 不会出现胶状沉淀物

105. 常用电焊条的型号有(A, B, C, D)焊条。

A. 低碳钢　　B. 低合金高碳钢

C. 钼和铬钼耐热　　D. 铬和铬镍不锈钢

106. 常用电焊条的规格有(A, B, C)mm。

A. 1　　B. 2.5　　C. 3.2　　D. 4

107. 基本焊接方法有(A, B, C)。

A. 熔化焊　　B. 固相焊　　C. 钎焊　　D. 溶化焊

108. 手工氩弧焊特点有(A, B, C)。

A. 对熔化金属保护作用好　　B. 可有效防止气孔等缺陷

C. 成本较高　　D. 生产效率高

109. 风机轴承箱温度上升的原因有(B, C, D)。

A. 转速过低　　B. 油位过高　　C. 油位过低　　D. 润滑油变质

110. 液压油、透平油、空气压缩机油或其他黏度相近的油品“三级过滤”所用的滤网应符合(A, B, C)的规格。

A. 一级 60 目　　B. 二级 80 目　　C. 三级 100 目　　D. 一级 40 目

111. 动设备不准(A, B, D)运行。

A. 超温　　B. 超压　　C. 超效率　　D. 超负荷

112. 塔类完好标准内容有(A, B, D)。

A. 测量仪表指示准确灵敏、调节灵活　　B. 塔内主要构件无脱落

C. 设备的平面布置图齐全　　D. 各部紧固件齐整牢固

113. 循环水浊度高的影响因素有(A, B, C, D)。

A. 补充水浊度高　　B. 旁滤池效果不好

C. 水中菌藻超标　　D. 环境中大量灰尘进入

114. 造成循环水浓缩倍数低的原因有(B, C, D)。

A. 蒸发量大　　B. 冷却塔飘洒损失大

C. 系统泄漏量大　　D. 排污量大

115. 造成循环水出水温度高的原因有(A, B, C, D)。

A. 气温高　　B. 空气湿度大

C. 风机运行台数少　　D. 冷却塔布水不均匀

116. 防止循环水系统结垢的方法有(A, B, C, D)。

A. 增加流速　　B. 降低水温

C. 投加分散阻垢剂　　D. 加酸调 pH 值

117. 在有压管道中由于(A, B, C)等原因，引起管道局部压力急剧升高和降低交替变化，即发生水锤。

A. 阀门突然关闭　　B. 机组突然停运

C. 阀门突然开启太大　　D. 缓慢关闭阀门

118. 造成冷却塔飘洒损失增大的原因有（A，B，C）。

A. 上塔水量大　　B. 风机运行数量多

C. 收水器损坏　　D. 上塔水量小

119. 下列因素中，可能导致风机轴承箱温度高的是（A，B，C，D）。

A. 润滑油量过多或过少　　B. 轴承选型不对

C. 轴承、轴封磨损严重　　D. 轴承安装不正确

120. 下列能造成无阀滤池虹吸辅助管跑水而长时间不能形成反冲洗的因素有（A，C，D）。

A. 进水流量小　　B. 虹吸破坏斗安装位置偏高

C. 虹吸下降管损坏　　D. 虹吸破坏管漏气

121. 循环水浊度高的影响因素及处理方法有（A，B，C，D）。

A. 补充水的浊度高时，应降低补充水浊度

B. 旁滤池的效果差时，应提高旁滤池的效果

C. 环境中有大量灰尘进入时，应搞好冷却塔周围环境卫生

D. 水中菌藻超标时，应加大杀菌灭藻的力度

122. 能够降低循环水中微生物的方法有（A，B，C）。

A. 增加旁滤水量　　B. 提高补水水质

C. 加大杀生剂用量　　D. 加大缓蚀阻垢剂用量

123. 能够防止循环水中菌藻超标的方法有（A，B，C，D）。

A. 遮断阳光，防止阳光照射　　B. 对补水进行处理，提高补水水质

C. 加设旁滤池，提高旁滤效果　　D. 投加杀生剂，加大杀菌灭藻的力度

124. 提高循环水浓缩倍数的方法有（B，C，D）。

A. 减少旁滤量　　B. 减少渗漏损失　　C. 减少排污量　　D. 减少风吹损失

125. 循环水装置发生停电事故，正确的处理方法是（A，B，C，D）。

A. 向有关部门汇报　　B. 关闭各机泵出口阀

C. 保持各水池水位正常　　D. 检查各机泵

126. 空气呼吸器使用过程中，下列步骤正确的是（A，B，D）。

A. 将气瓶口向下背上气瓶

B. 戴上面罩后调整面罩位置，先收紧下端的两根颈带，后收紧上部两根头带

C. 戴上面罩后调整面罩位置，先收紧上端的两根头带，后收紧下部两根颈带

D. 使用前必须完全打开气瓶阀，确认压力表读数大于20MPa

127. 水射器不上量的影响因素及处理方法有（A，B，C，D）。

A. 进水压力低时，应提高进水压力　　B. 真空处漏气时，应检修堵漏

C. 喷嘴堵塞时，应疏通喷嘴　　D. 进出口压差小时，应增大进出口压差

128. 无阀滤池反冲洗后不能正常停止的原因及处理方法有（A，B）。

A. 虹吸破坏管堵塞，应疏通虹吸破坏管

B. 虹吸上升管口下方挡板未固定，应固定虹吸上升管的下方挡板

C. 虹吸破坏斗安装位置偏低，应抬高虹吸破坏斗的安装位置

D. 虹吸破坏斗安装位置偏高，应降低虹吸破坏斗的安装位置

129. 无阀滤池反冲洗难以形成的原因及处理方法有(A，C，D)。

A. 进水流量小，应加大进水量

B. 虹吸破坏斗安装位置偏高，应降低虹吸破坏斗的安装位置

C. 虹吸下降管损坏，应修复虹吸下降管

D. 虹吸破坏管漏气，应对虹吸破坏管堵漏

130. 1kPa = (B，C)。

A. 7.50×10^{-1}mmHg　　B. 1000Pa

C. 7.50mmHg　　D. 7.50×10^{-3}Pa

三、技能操作鉴定要素细目表

鉴定范围						鉴定点	
一级		二级		三级		代码	名称
代码	名称	代码	名称	代码	名称		
A	技能要求	A	工艺操作	A	开车准备	001	循环冷却水装置开工前检查内容
						002	引蒸汽操作
						003	开车时系统注水操作
						004	安全阀的检查
				B	正常操作	001	循环冷却水系统缓蚀阻垢剂的投加操作
						002	加氯机投用操作
						003	水冷却器的综合管理
						004	氯气瓶更换操作
						005	氯气瓶储存的检查
						006	无标识情况下识别泵出、入口
						007	无标识情况下识别循环水泵旋转方向
						008	加氯操作的个体防护
				C	开、停车操作	001	水射器的投用
						002	水射器的停用
						003	投用调节阀的操作
						004	循环冷却水装置停工前检查、准备
						005	隔油池投用操作
						006	隔油池停用操作
		B	设备使用和维护	A	使用设备	001	轴流泵开停操作
						002	计量泵的开停操作
						003	冷却塔风机的停运
						004	更换阀门的操作
						005	机械密封的维护
						006	填料密封的维护

续表

鉴定范围						鉴定点	
一级		二级		三级		代码	名称
代码	名称	代码	名称	代码	名称		
				B	维护设备	001	更换小阀门垫片
						002	机泵、管线的防冻防凝检查
						003	离心泵密封填料的更换
						004	润滑油的过滤
						005	运行电机正常检查
		C	事故判断与处理	A	判断事故	001	离心泵输送流量变小的原因检查
						002	离心泵填料密封发热的处理
						003	离心式压缩机振动大的原因检查
				B	处理事故	001	正压式空气呼吸器使用
						002	过滤式防毒面具使用
						003	计量泵不上量的原因判断和处理
						004	重力式无阀滤池反洗不能终止的处理
						005	轴流泵不上量的处理
						006	活塞空压机排气量降低的处理
		D	绘图与计算	A	绘图	001	绘制射流器构造示意图
						002	绘制开式循环冷却水系统中的水平衡示意图

四、技能操作试题

试题1：循环冷却水装置开工前的检查要点

（考核时间：15min）

序号	考核内容	考核要点	配分	评分标准	检测结果	扣分	得分	备注
1	准备工作	穿戴劳保用品	3	未穿戴整齐扣3分				
		工具、用具准备	2	工具选择不正确扣2分				
2	循环冷却水装置开工前的检查要点	检修项目检查	10	未检查装置检修项目是否结束扣5分				
				未检查塔池、吸水池是否已清扫干净扣5分				
3		电仪系统检查	11	未检查装置动力、仪表电是否已送扣5分				
				未检查装置所有仪表是否已全部投用扣6分				
4		设备检查	24	未检查所有动设备是否处于备用状态扣8分				
				未检查旁滤池是否备用扣8分				
				未检查监测系统是否具备监测条件扣8分				

续表

序号	考核内容	考核要点	配分	评分标准	检测结果	扣分	得分	备注
5		工艺检查	8	未检查系统包括管网流程是否正确扣8分				
6		加药系统检查	24	未检查加药系统是否正常备用扣8分				
				未检查加氯系统是否正常备用扣8分				
				未检查各种药剂是否准备齐全、充足扣8分				
7		安全设施检查	8	未检查消防、气防器材是否完好扣8分				
8		分析检查	5	未检查确认分析条件是否达到要求扣5分				
9	使用工具	正确使用工具	2	工具使用不正确扣2分				
		正确维护工具	3	工具乱摆乱放扣3分				
10	安全及其他	按国家法规或企业规定		违规一次总分扣5分，严重违规停止操作			—	
		在规定时间内完成操作		每超时1min总分扣5分，超时3min停止操作			—	
		合　计	100					

试题2：开车时系统注水操作

（考核时间：25min）

序号	考核内容	考核要点	配分	评分标准	检测结果	扣分	得分	备注
1	准备工作	穿戴劳保用品	5	未穿戴整齐扣5分				
2	开车时系统注水操作	循环水场水池注水操作	40	未检查循环水场排污阀开关状态扣10分				
				未联系调度申请循环水场水池注水扣10分				
				未按顺序开进装置生产水总阀及补充水阀扣10分				
				注水未达到规定要求扣10分				
3		循环水系统管网注水操作	10	未联系调度申请循环水系统管网注水扣10分				
			15	关闭装置冷却器进出水阀及循环水上塔阀，漏操作一项扣8分				
			15	打开管网系统排气阀及装置连通阀和上塔阀，漏操作一项扣8分				
			10	缓慢开启生产水连通总管阀，或用单台循环水泵注水，后关闭排气阀，未按要求注水扣10分				

续表

序号	考核内容	考核要点	配分	评分标准	检测结果	扣分	得分	备注
4	使用工具	正确使用工具	2	工具使用不正确扣2分				
		正确维护工具	3	工具乱摆乱放扣3分				
5	安全及其他	按国家法规或企业规定		违规一次总分扣5分，严重违规停止操作			—	
		在规定时间内完成操作		每超时1min总分扣5分，超时3min停止操作			—	
	合　计		100					

试题3：循环冷却水系统缓蚀阻垢剂的投加操作

（考核时间：15min）

序号	考核内容	考核要点	配分	评分标准	检测结果	扣分	得分	备注
1	准备工作	穿戴劳保用品	3	未穿戴整齐扣3分				
		工具、用具准备	2	工具选择不正确扣2分				
2	投加前的检查	水质情况检查	20	未检查循环水各项控制指标情况扣10分				
				估算加药量，若未估算扣10分				
		加药设备检查	20	未检查药罐药量是否充足或未补充到足量扣10分				
				未检查加药机是否有渗漏、腐蚀等不正常现象扣10分				
3	投加操作	投加水处理剂	30	未正确打开计量泵进出口阀，调整好泵的冲程和频率，并启动计量泵扣15分				
				若用水射器未打开水射器的进出水阀和进药阀漏开阀门扣15分				
		调整投加药量	20	未根据分析数据维持药剂在指标范围内扣20分				
4	使用工具	正确使用工具	2	工具使用不正确扣2分				
		正确维护工具	3	工具乱摆乱放扣3分				
5	安全及其他	按国家法规或企业规定		违规一次总分扣5分，严重违规停止操作			—	
		在规定时间内完成操作		每超时1min总分扣5分，超时3min停止操作			—	
	合　计		100					

试题4：加氯机投用操作

（考核时间：15min）

序号	考核内容	考核要点	配分	评分标准	检测结果	扣分	得分	备注
1	准备工作	穿戴劳保用品	3	未穿戴整齐扣3分				
		工具、用具准备	2	工具选择不正确扣2分				

续表

序号	考核内容	考核要点	配分	评分标准	检测结果	扣分	得分	备注
2	加氯机投用操作	操作前的准备	40	未打开加氯间门窗或通风设备扣5分				
				未检查氯瓶、加氯机及出氯管等安装连接部件是否妥当、紧密扣5分				
				未检查工具、垫片、氨水是否齐全扣5分				
				氯瓶未称重并记录扣5分				
				未穿戴防毒面具或空气呼吸器扣10分				
				未检查事故池是否符合要求扣10分				
3		加氯操作步骤	50	未正确开水射器出水阀扣10分				
				未正确开启水射器进水阀扣10分				
				未正开氯瓶针形阀，扣10分				
				未用氨水检查接点是否泄漏扣10分				
				未使用加氯机上的流量调节阀调节加氯量大小扣10分				
4	使用工具	正确使用工具	2	工具使用不正确扣2分				
		正确维护工具	3	工具乱摆乱放扣3分				
5	安全及其他	按国家法规或企业规定		违规一次总分扣5分，严重违规停止操作			—	
		在规定时间内完成操作		每超时1min总分扣5分，超时3min停止操作			—	
		合　计	100					

否定项说明：加氯间操作时必须要有监护人，无监护人不得分

试题5：水冷却器的综合管理

（考核时间：15min）

序号	考核内容	考核要点	配分	评分标准	检测结果	扣分	得分	备注
1	准备工作	穿戴劳保用品	3	未穿戴整齐扣3分				
		工具、用具准备	2	工具选择不正确扣2分				
2	循环水冷却器的综合管理内容	建立水冷换器的台账	15	未建立水冷换器的台帐扣15分				
3		建全水冷换器管理制度	15	未建全水冷换器日常检查制度扣15分				
4		防止水冷却器超温	15	防止水冷却器超温，缺少此项扣15分				
5		防止水冷器的内漏	15	防止水冷器的内漏，缺少此项扣15分				
6		防止水冷却器水流速过低	15	防止水冷却器水流速过低，缺少此项扣15分				

续表

序号	考核内容	考核要点	配分	评分标准	检测结果	扣分	得分	备注
7		水冷却器介质泄漏的检查	15	如水冷换器介质泄漏要及时找出漏源，缺少此项扣15分				
8	使用工具	正确使用工具	2	工具使用不正确扣2分				
		正确维护工具	3	工具乱摆乱放扣3分				
9	安全及其他	按国家法规或企业规定		违规一次总分扣5分，严重违规停止操作			—	
		在规定时间内完成操作		每超时1min总分扣5分，超时3min停止操作			—	
合　计			100					

试题6：氯气瓶更换的操作

（考核时间：15min）

序号	考核内容	考核要点	配分	评分标准	检测结果	扣分	得分	备注
1	准备工作	穿戴劳保用品	3	未穿戴整齐扣3分				
		工具、用具准备	2	工具选择不正确扣2分				
2	氯气瓶的更换操作	更换前的检查准备	30	未按规定穿戴防毒面具扣10分				
				未检查在用氯瓶重量、压力是否达到更换条件扣10分				
				未检查氯气瓶出氯阀是否已关闭扣10分				
3		氯瓶更换操作步骤	60	未将加氯铜管拆下扣10分				
				未将空氯瓶吊到空瓶区扣10分				
				未吊装新氯气瓶至磅秤上扣5分				
				两只出氯阀中心连线与地面不垂直扣10分				
				将加氯管装到新氯气瓶上端的出氯阀上，安装错误扣10分				
				未对新氯瓶称重并记录扣5分				
				开氯瓶出氯阀少许，未用氨水查漏扣5分，查漏后未关闭出氯阀扣5分				
4	使用工具	正确使用工具	2	工具使用不正确扣2分				
		正确维护工具	3	工具乱摆乱放扣3分				
5	安全及其他	按国家法规或企业规定		违规一次总分扣5分，严重违规停止操作			—	
		在规定时间内完成操作		每超时1min总分扣5分，超时3min停止操作			—	
合　计			100					

试题7：氯气瓶储存的检查

（考核时间：15min）

序号	考核内容	考核要点	配分	评分标准	检测结果	扣分	得分	备注
1	准备工作	穿戴劳保用品	3	未穿戴整齐扣3分				
		工具、用具准备	2	工具选择不正确扣2分				
2	氯气瓶储存的检查内容	氯瓶储存管理规范的检查	20	未检查氯瓶储存是否有管理制度扣10分				
				未检查是否有防氯气泄漏预案扣10分				
3		氯瓶储存环境的检查	50	未检查氯瓶库房温度、相对湿度是否符合要求扣10分				
				未检查氯气瓶是否远离火水种、热源扣10分				
				未检查氯瓶是否与易燃物、醇类、食用化学品混储扣20分				
				未检查库房氯瓶中满瓶和空瓶是否分开存放，扣10分				
4		氯瓶储存安全设施的检查	20	未检查氯瓶储区是否备有泄漏应急处理设备扣10分				
				未检查氯瓶储区是否备有氯气泄漏报警设施，扣10分				
5	使用工具	正确使用工具	2	工具使用不正确扣2分				
		正确维护工具	3	工具乱摆乱放扣3分				
6	安全及其他	按国家法规或企业规定		违规一次总分扣5分，严重违规停止操作			—	
		在规定时间内完成操作		每超时1min总分扣5分，超时3min停止操作			—	
		合　计	100					

试题8：无标识情况下识别泵出、入口

（考核时间：15min）

序号	考核内容	考核要点	配分	评分标准	检测结果	扣分	得分	备注
1	准备工作	穿戴劳保用品	3	未穿戴整齐扣3分				
		工具、用具准备	2	工具选择不正确扣2分				
2	无标识情况下识别泵出、入口	根据进出口尺寸识别泵出、入口	20	比较泵两端法兰直径大小，大的为进口，小的为出口，未比较泵两端法兰直径扣10分，未判明泵出、入口扣20分				
			10	检查比较泵两端管线直径大小，大的为进口、小的为出口，未比较泵两端管线直径大小扣5分，未判明泵出、入口扣10分				
3		根据管线上配件识别泵出、入口	20	检查泵两端管线，有控制阀和止回阀的一端为出口端，未检查扣10分，未判明泵出、入口扣20分				

续表

序号	考核内容	考核要点	配分	评分标准	检测结果	扣分	得分	备注
4			20	检查泵两端管线，有压力表的一端为出口端，未检查扣10分，未判明泵出、入口扣20分				
		根据蜗壳开口方向识别泵出、入口	20	未检查比较泵蜗壳开口方向扣10分，未判明泵出、入口扣20分				
5	使用工具	正确使用工具	2	工具使用不正确扣2分				
		正确维护工具	3	工具乱摆乱放扣3分				
6	安全及其他	按国家法规或企业规定		违规一次总分扣5分，严重违规停止操作			—	
		在规定时间内完成操作		每超时1min总分扣5分，超时3min停止操作			—	
		合　计	100					

试题9：无标识情况下识别循环水泵旋转方向

（考核时间：15min）

序号	考核内容	考核要点	配分	评分标准	检测结果	扣分	得分	备注
1	准备工作	穿戴劳保用品	3	未穿戴整齐扣3分				
		工具、用具准备	2	工具选择不正确扣2分				
2	无标识情况下识别循环水泵旋转方向	根据吸入口识别循环水泵旋转方向	25	站电机端看，若泵左端为吸入口，则该泵为逆时针旋转。未站电机端检查泵吸入口方向扣10分，未判明泵旋转方向扣15分				
3			25	站电机端看，若泵右端为吸入口，则该泵为顺时针旋转。未站电机端检查泵吸入口方向扣10分，未判明泵旋转方向扣15分				
4		根据泵体切线管方位识别循环水泵旋转方向	20	站电机端看，若泵体切线管在左侧，则该泵为顺时针旋转。未站电机端检查泵体切线方向扣10分，未判明泵旋转方向扣10分				
5			20	站电机端看，若泵体切线管在右侧，则该泵为逆时针旋转。未站电机端检查泵体切线方向扣10分，未判明泵旋转方向扣10分				
6	使用工具	正确使用工具	2	工具使用不正确扣2分				
		正确维护工具	3	工具乱摆乱放扣3分				
7	安全及其他	按国家法规或企业规定		违规一次总分扣5分，严重违规停止操作			—	
		在规定时间内完成操作		每超时1min总分扣5分，超时3min停止操作			—	
		合　计	100					

试题 10：加氯操作的个体防护

（考核时间：15min）

序号	考核内容	考核要点	配分	评分标准	检测结果	扣分	得分	备注
1	准备工作	穿戴劳保用品	3	未穿戴整齐扣3分				
		工具、用具准备	2	工具选择不正确扣2分				
2	加氯操作的个体防护	检查加氯人员呼吸系统防护是否符合要求	10	未检查加氯人员呼吸系统防护是否符合要求不得分				
3		检查加氯人员眼睛防护是否符合要求	10	未检查加氯人员眼睛防护是否符合要求不得分				
4		检查加氯人员手防护是否符合要求	10	未检查加氯人员手防护是否符合要求不得分				
5		检查加氯人员身体防护是否符合要求	10	未检查加氯人员身体防护是否符合要求不得分				
6		检查加氯人员加氯操作时是否有监护人	20	未检查加氯人员加氯操作时是否有监护人不得分				
7		检查加氯人员是否有上岗证	10	未检查加氯人员是否有上岗证不得分				
8		检查加氯人员操作是否严格操作规程	10	未检查加氯人员操作是否严格操作规程不得分				
9		检查加氯间是否符合安全管理规定	10	未检查加氯间是否符合安全管理规定不得分				
10	使用工具	正确使用工具	2	工具使用不正确扣2分				
		正确维护工具	3	工具乱摆乱放扣3分				
11	安全及其他	按国家法规或企业规定		违规一次总分扣5分，严重违规停止操作			—	
		在规定时间内完成操作		每超时1min总分扣5分，超时3min停止操作			—	
		合计	100					

试题 11：循环冷却水装置停工前的检查、准备

（考核时间：15min）

序号	考核内容	考核要点	配分	评分标准	检测结果	扣分	得分	备注
1	准备工作	穿戴劳保用品	3	未穿戴整齐扣3分				
		工具、用具准备	2	工具选择不正确扣2分				
2	循环冷却水装置停工前的准备	停工方案准备	30	未制订停工方案扣15分				
				未编制停工网络图扣15分				
		落实HSE防范措施	15	未检查HSE防范措施是否落实扣15分				
		循环水系统清洗剥离	10	未准备好清洗、剥离药剂扣10分				
			15	未按方案进行杀生剥离处理扣15分				
		密切注意循环水量、水压变化	10	未注意循环水量、水压变化扣10分				
		与相关单位联系有关停工事项	10	未与调度、供电、仪表、维修、环保部门联系扣10分				

续表

序号	考核内容	考核要点	配分	评分标准	检测结果	扣分	得分	备注
3	使用工具	正确使用工具	2	工具使用不正确扣2分				
		正确维护工具	3	工具乱摆乱放扣3分				
4	安全及其他	按国家法规或企业规定		违规一次总分扣5分，严重违规停止操作			—	
		在规定时间内完成操作		每超时1min总分扣5分，超时3min停止操作			—	
合计			100					

试题12：隔油池投用操作

（考核时间：15min）

序号	考核内容	考核要点	配分	评分标准	检测结果	扣分	得分	备注
1	准备工作	穿戴劳保用品	3	未穿戴整齐扣3分				
		工具、用具准备	2	工具选择不正确扣2分				
2	投用前的检查要点	检查隔油池内是否有杂物	5	未检查清除隔油池内杂物扣5分				
		检查来水水质、水量	10	未检查来水水质、水量扣10分				
		检查排泥阀是否已关闭	10	未检查并使排泥阀关闭扣10分				
		检查集油槽是否完好，并使开口朝上	10	未检查集油槽是否完好，并使开口朝上扣10分				
		检查收油管线是否畅通，收油阀是否关闭	10	未检查收油管线是否畅通，收油阀是否关闭扣10分				
		检查收油系统是否处在备用状态	10	按规范检查收油系统是否处在备用状态，每少一项扣5分				
		检查隔油池出水管线是否畅通	10	未检查隔油池出水管线是否畅通扣10分				
3	投用操作	打开隔油池进水阀	10	未打开隔油池进水阀扣10分				
		调节各运行池进水量	5	未调节各运行池进水量扣5分				
		控制各参数在指标范围内	10	未控制各参数在指标范围内扣10分				
4	使用工具	正确使用工具	2	工具使用不正确扣2分				
		正确维护工具	3	工具乱摆乱放扣3分				
5	安全及其他	按国家法规或企业规定		违规一次总分扣5分，严重违规停止操作			—	
		在规定时间内完成操作		每超时1min总分扣5分，超时3min停止操作			—	
合计			100					

试题 13：隔油池停用操作

（考核时间：15min）

序号	考核内容	考核要点	配分	评分标准	检测结果	扣分	得分	备注
1	准备工作	穿戴劳保用品	3	未穿戴整齐扣 3 分				
		工具、用具准备	2	工具选择不正确扣 2 分				
2	隔油池停用操作	检查来水水质、水量	10	未检查来水水质、水量扣 10 分				
3		检查隔油池内的油层厚度	10	未检查隔油池内的油层厚度扣 10 分				
4		检查集油井液位	5	未检查集油井液位扣 5 分				
5		按收油的操作步骤收油	10	未按规程进行操作，每少一项或错扣 5 分				
6		确定油层厚度符合工艺指标要求	10	未确定油层厚度符合工艺指标要求扣 10 分				
7		关闭收油阀	10	未关闭收油阀扣 10 分				
8		检查泥井液位	5	未检查泥井液位扣 5 分				
9		按排泥的操作步骤排泥	10	未按规程进行操作，每少一项或错扣 5 分				
10		关闭排泥阀	10	未关闭排泥阀扣 10 分				
11		关闭隔油池进水阀	5	未关闭隔油池进水阀扣 5 分				
12		关闭隔油池出水阀（必要时）	5	必要时未关闭隔油池出水阀扣 5 分				
13	使用工具	正确使用工具	2	工具使用不正确扣 2 分				
		正确维护工具	3	工具乱摆乱放扣 3 分				
14	安全及其他	按国家法规或企业规定		违规一次总分扣 5 分，严重违规停止操作			—	
		在规定时间内完成操作		每超时 1min 总分扣 5 分，超时 3min 停止操作			—	
		合　计	100					

试题 14：冷却塔风机的停运

（考核时间：15min）

序号	考核内容	考核要点	配分	评分标准	检测结果	扣分	得分	备注
1	准备工作	穿戴劳保用品	3	未穿戴整齐扣 3 分				
		工具、用具准备	2	工具选择不正确扣 2 分				
2	冷却塔风机的停运操作	停运风机操作	40	确认可以停运风机，若未确认扣 20 分				
				按停车按钮，停运风机。未按停车按钮或不会按扣 20 分				
3		停运后的检查	50	未检查风机部件情况扣 20 分				
				未检查风机油质、油位情况扣 20 分				
				未做好风机停车记录扣 10 分				

续表

序号	考核内容	考核要点	配分	评分标准	检测结果	扣分	得分	备注
4	使用工具	正确使用工具	2	工具使用不正确扣2分				
		正确维护工具	3	工具乱摆乱放扣3分				
5	安全及其他	按国家法规或企业规定		违规一次总分扣5分，严重违规停止操作			—	
		在规定时间内完成操作		每超时1min总分扣5分，超时3min停止操作			—	
	合　计		100					

否定项说明：若出现风机未停止运转即进塔检查情况，该题为零分。

试题15：更换小阀门垫片

（考核时间：30min）

序号	考核内容	考核要点	配分	评分标准	检测结果	扣分	得分	备注
1	准备工作	穿戴劳保用品	3	未穿戴整齐扣3分				
		工具、用具准备	2	工具选择不正确扣2分				
		正确选择合适垫片	10	垫片尺寸选择错误扣5分				
				垫片材质选用错误扣5分				
2	拆下旧垫片	确认更换垫片处管线已进行处理和隔离	15	未处理扣10分				
				未隔离扣5分				
		拆下阀门法兰螺栓	5	未完全拆下阀门法兰螺栓扣5分				
		将螺栓呈三角形摆放	5	未呈三角形摆放扣5分				
		取下旧垫片	10	未完全清除旧垫片扣10分				
		清除阀门法兰面上的余物	10	未清除扣5分，未清除干净扣5分				
3	安装新垫片	新垫片入槽或放至适当位置	10	未入槽扣5分				
				安装位置不合适扣5分				
		对称把紧螺栓，直至两个阀门法兰面平行	15	未对称把紧螺栓扣10分				
				阀门法兰面不平行扣5分				
4	试投用	试投检查更换垫片处泄漏情况	10	未试投检查泄漏情况扣10分				
5	使用工具	正确使用工具	2	工具使用不正确扣2分				
		正确维护工具	3	工具乱摆乱放扣3分				
6	安全及其他	按国家法规或企业规定		违规一次总分扣5分，严重违规停止操作			—	
		在规定时间内完成操作		每超时1min总分扣5分，超时3min停止操作			—	
	合　计		100					

否定项说明：若出现操作结束后更换垫片处严重泄漏等情况，该题为零分。

试题 16：机泵、管线防冻防凝检查

（考核时间：20min）

序号	考核内容	考核要点	配分	评分标准	检测结果	扣分	得分	备注
1	准备工作	穿戴劳保用品	3	未穿戴整齐扣 3 分				
		工具、用具准备	2	工具选择不正确扣 2 分				
2	防冻防凝检查要点	动设备盘车，检查是否冻凝	20	未盘车检查是否冻凝扣 20 分				
3		检查停用设备是否按要求排空	10	未检查停用设备是否排空扣 10 分				
4		检查管线保温是否完好	10	未检查管线保温情况扣 10 分				
5		检查水汽管网系统是否畅通，是否按要求排凝	10	未检查水汽管网系统通畅和排凝情况扣 10 分				
6		检查管线介质是否冻凝	20	未检查管线介质是否冻凝扣 20 分				
7		检查门窗是否关严	20	未检查门窗是否关严扣 20 分				
8	使用工具	正确使用工具	2	工具使用不正确扣 2 分				
		正确维护工具	3	工具乱摆乱放扣 3 分				
9	安全及其他	按国家法规或企业规定		违规一次总分扣 5 分，严重违规停止操作			—	
		在规定时间内完成操作		每超时 1min 总分扣 5 分，超时 3min 停止操作			—	
		合　计	100					

试题 17：离心泵密封填料的更换

（考核时间：25min）

序号	考核内容	考核要点	配分	评分标准	检测结果	扣分	得分	备注
1	离心泵密封填料的更换	考核前的准备	2	未整齐穿戴劳保用品扣 2 分				
			3	未正确选择工具，选错 1 件扣1 分				
2		更换前的操作	25	未正确停运泵扣 10 分				
				未能采用正确的方法泄掉压力扣 5 分				
				未联系停泵的动力电源扣 10 分				
3		更换填料操作	65	未能正确拆卸填料压盖扣 10 分				
				未掏或未掏尽旧填料扣 15 分				
				压不进新填料或切口角未呈 45°角扣 10 分				
				若各切缝未交错 180°排列扣 10 分				
				未能正确安装压盖扣 10 分				
				未视盘车情况调整填料压盖压紧程度扣 10 分				

续表

序号	考核内容	考核要点	配分	评分标准	检测结果	扣分	得分	备注
4	使用工具	正确使用工具	2	工具使用不正确扣2分				
		正确维护工具	3	工具乱摆乱放扣3分				
5	安全及其他	按国家法规或企业规定		违规一次总分扣5分，严重违规停止操作			—	
		在规定时间内完成操作		每超时1min总分扣5分，超时3min停止操作			—	
		合　计	100					

否定项说明：若出现操作中造成机泵严重损坏等情况，该题为零分。

试题18：运行电机正常检查

（考核时间：15min）

序号	考核内容	考核要点	配分	评分标准	检测结果	扣分	得分	备注
1	准备工作	穿戴劳保用品	3	未穿戴整齐扣3分				
		工具、用具准备	2	工具选择不正确扣2分				
2	运行电机正常检查要点	检查电机电流是否超过允许值	15	未检查电机电流是否超过允许值扣15分				
3		检查电机电压是否在规定范围内	15	未检查电机电压是否在规定范围内扣15分				
4		检查轴承的润滑是否正常	15	未检查轴承的润滑是否正常扣15分				
5		检查电机声音和振动有否超常现象	15	未检查电机声音和振动有否超常现象扣15分				
6		检查电机各部分温升是否在规定值范围以内	10	未检查电机各部分温升是否在规定值范围以内扣10分				
7		检查电机附近是否清洁	10	未检查电机附近是否清洁扣10分				
8		发现有异常情况后，应通知电工再做检查	10	若有异常情况未及时联系电工检查扣10分				
9	使用工具	正确使用工具	2	工具使用不正确扣2分				
		正确维护工具	3	工具乱摆乱放扣3分				
10	安全及其他	按国家法规或企业规定		违规一次总分扣5分，严重违规停止操作			—	
		在规定时间内完成操作		每超时1min总分扣5分，超时3min停止操作			—	
		合　计	100					

试题19：离心泵输送流量变小原因的检查

（考核时间：15min）

序号	考核内容	考核要点	配分	评分标准	检测结果	扣分	得分	备注
1	准备工作	穿戴劳保用品	3	未穿戴整齐扣3分				
		工具、用具准备	2	工具选择不正确扣2分				

续表

序号	考核内容	考核要点	配分	评分标准	检测结果	扣分	得分	备注
2	检查泵入口部分	检查入口液位是否正常	50	未查入口液位扣10分				
		检查入口阀是否全开		未检查入口阀开度扣10分				
		检查入口管线紧固件是否松动		未检查入口管线紧固件扣10分				
		检查入口管线是否堵塞		未检查入口管线是否堵塞扣10分				
		检查入口管线是否窜入其他介质		未检查入口管线是否窜入其他介质，扣10分				
3	检查泵出口部分	检查出口阀是否开度过小	10	未检查出口阀开度扣10分				
4	检查泵体	检查机封是否泄漏	30	未检查机封扣10分				
		检查泵内是否有气体		未检查泵内是否有气体扣10分				
		检查泵是否发生气蚀		未检查泵是否发生气蚀扣10分				
		检查电机转速是否正常		未查电机转速扣10分				
5	使用工具	正确使用工具	2	工具使用不正确扣2分				
		正确维护工具	3	工具乱摆乱放扣3分				
6	安全及其他	按国家法规或企业规定		违规一次总分扣5分，严重违规停止操作			—	
		在规定时间内完成操作		每超时1min总分扣5分，超时3min停止操作			—	
	合　计		100					

试题20：离心泵填料密封发热的处理

（考核时间：15min）

序号	考核内容	考核要点	配分	评分标准	检测结果	扣分	得分	备注
1	准备工作	穿戴劳保用品	3	未穿戴整齐扣3分				
		工具、用具准备	2	工具选择不正确扣2分				
2	检查发热原因	检查填料是否压得太紧	15	未检查填料松紧度扣15分				
		检查填料冷却水是否正常	15	未检查填料冷却水是否正常扣15分				
		检查填料材质、规格是否符合要求	15	未检查填料材质、规格是否符合要求扣15分				
3	根据原因处理	若填料压得太紧应适当放松	15	若填料是否压得太紧未适当放松扣15分				
		若填料冷却水中断应设法使通畅	15	若填料冷却水中断未使其通畅扣15分				
		若填料材质、规格不符合要求应更换	15	若填料材质、规格不符合要求未更换扣15分				

续表

序号	考核内容	考核要点	配分	评分标准	检测结果	扣分	得分	备注
4	使用工具	正确使用工具	2	工具使用不正确扣2分				
		正确维护工具	3	工具乱摆乱放扣3分				
5	安全及其他	按国家法规或企业规定		违规一次总分扣5分，严重违规停止操作			—	
		在规定时间内完成操作		每超时1min总分扣5分，超时3min停止操作			—	
		合　计	100					

试题21：离心式压缩机振动大的原因检查

（考核时间：15min）

序号	考核内容	考核要点	配分	评分标准	检测结果	扣分	得分	备注
1	准备工作	穿戴劳保用品	3	未穿戴整齐扣3分				
		工具、用具准备	2	工具选择不正确扣2分				
2	离心式压缩机振动大的原因检查要点	检查润滑油温度和质量	25	未检查油温扣15分				
				未检查油质量扣10分				
3		转动零部件是否平衡	40	未检查传动装置是否同心扣10分				
				未检查联轴器是否磨损扣10分				
				未检查转子装配是否平衡扣10分				
				未检查叶轮是否过脏或磨损扣10分				
4		电动机的振动和仪表检查	10	未检查电动机的振动情况扣5分				
				未检查测振探头松动扣5分				
5		工艺情况检查	15	未检查是否有喘振现象扣5分				
				未检查负荷是否波动大扣5分				
				未检查工艺介质是否带液扣5分				
6	使用工具	正确使用工具	2	工具使用不正确扣2分				
		正确维护工具	3	工具乱摆乱放扣3分				
7	安全及其他	按国家法规或企业规定		违规一次总分扣5分，严重违规停止操作			—	
		在规定时间内完成操作		每超时1min总分扣5分，超时3min停止操作			—	
		合　计	100					

试题22：正压式空气呼吸器使用

（考核时间：15min）

序号	考核内容	考核要点	配分	评分标准	检测结果	扣分	得分	备注
1	准备工作	穿戴劳保用品	3	未穿戴整齐扣3分				
		工具、用具准备	2	工具选择不正确扣2分				
2	正压式空气呼吸器使用步骤	打开气瓶阀并检查压力是否在正常范围内	5	未检查压力不得分				
3		气瓶阀向下，上肩	5	上肩后气瓶阀向上不得分				
4		拉肩带上下调整，收紧腰带	10	未调整肩带扣5分				
				未收紧腰带扣5分				
5		配戴面罩，收紧上下端颈带	10	不会佩戴面罩扣5分				
				未收紧颈带扣5分				
6		用手掌心捂住面罩接口，吸气检查封闭	10	未检查气密扣10分				
7		供气阀与面罩对接	10	未将红色旋钮向上，顺时针旋转90°对接不得分				
8		深呼吸，自动供气	10	未深呼吸不得分				
				若感到供气不足或面罩模糊未开快供阀扣5分				
9		使用中，听到呼吸器气量不足的报警信号应立即撤离现场	10	听到报警信号未立即撤离现场不得分				
10		使用结束后，用右手大拇指将锁闩拉起，把供气阀沿逆时针旋转90°，使供气阀与面罩脱开	5	不能使供气阀与面罩脱开不得分				
				方法不正确扣3分				
11		按供气阀上方橡胶开关，关闭供气阀	5	未关闭供气阀不得分				
12		用手捏住下面左右两侧的颈带扣环向前一推，松开头带，脱下面罩	5	不能卸下面罩不得分				
				方法不正确扣3分				
13		将装具卸下并关闭气瓶阀	10	不能将装具从背肩卸下扣5分				
				未关闭气瓶阀扣5分				
14	安全及其他	按国家法规或企业规定		违规一次总分扣5分，严重违规停止操作			—	
		在规定时间内完成操作		每超时1min总分扣5分，超时3min停止操作			—	
合计			100					

试题23：计量泵不上量的原因判断和处理

（考核时间：20min）

序号	考核内容	考核要点	配分	评分标准	检测结果	扣分	得分	备注
1	准备工作	穿戴劳保用品	3	未穿戴整齐扣3分				
		工具、用具准备	2	工具选择不正确扣2分				

续表

序号	考核内容	考核要点	配分	评分标准	检测结果	扣分	得分	备注
2	不上量的原因判断	吸入口检查	20	未检查吸入管是否堵塞扣4分				
				未检查吸入管路阀门是否打开扣4分				
				未检查吸入管路是否漏气扣4分				
				未检查吸入滤网是否堵塞扣4分				
				未检查吸入液面是否过低扣4分				
3		泵体的检查	16	未检查柱塞填料或膜片处泄漏是否严重扣4分				
				未检查泵转速是否偏低或不稳定扣4分				
				未检查泵的冲程是否控制不当扣4分				
				未检查泵体是否有故障扣4分				
4		排出口检查	8	未检查排出口是否堵塞扣4分				
				未检查排出阀门是否打开或故障扣4分				
5	根据原因处理	吸入口故障的处理	20	若吸入管堵塞未进行清洗扣4分				
				若吸入管路阀门没打开未处理扣4分				
				若吸入管路漏气未处理扣4分				
				若吸入滤网堵塞未疏通扣4分				
				若吸入液面过低未调整液面高度扣4分				
6		泵体故障的处理	16	若柱塞填料或膜片泄漏严重未处理扣4分				
				若电机转数不足或不稳定未联系电工调整扣4分				
				若泵的冲程控制不当未处理扣4分				
				若泵体故障未处理扣4分				
7		排出口故障的处理	10	若排出口堵塞未处理扣5分				
				排出阀门关闭未打开或故障未处理扣5分				
8	使用工具	正确使用工具	2	工具使用不正确扣2分				
		正确维护工具	3	工具乱摆乱放扣3分				
9	安全及其他	按国家法规或企业规定		违规一次总分扣5分，严重违规停止操作			—	
		在规定时间内完成操作		每超时1min总分扣5分，超时3min停止操作			—	
		合　　计	100					

试题24：重力式无阀滤池反冲洗不能终止的处理

（考核时间：25min）

序号	考核内容	考核要点	配分	评分标准	检测结果	扣分	得分	备注
1	准备工作	穿戴劳保用品	3	未穿戴整齐扣3分				
		工具、用具准备	2	工具选择不正确扣2分				
2	检查滤池反冲洗不能终止的原因	检查反冲洗强度	10	未检查反冲洗强度不得分				
3		检查配水挡板情况	10	未检查挡板情况不得分				
4		检查虹吸破坏斗	10	未检查虹吸破坏斗是否堵塞不得分				
5		检查虹吸破坏管	10	未检查虹吸破坏管是否堵塞不得分				
6	滤池反冲洗不能终止的处理	调节反冲洗强度调节器	10	若反冲洗强度过小未调整不得分				
7		停运滤池固定配水挡板	10	若滤池内挡板活动未固定不得分				
8		疏通虹吸破坏斗	15	若虹吸破坏斗堵塞未疏通不得分				
9		疏通虹吸破坏管	15	若虹吸破坏管堵塞未疏通不得分				
10	使用工具	正确使用工具	2	工具使用不正确扣2分				
		正确维护工具	3	工具乱摆乱放扣3分				
11	安全及其他	按国家法规或企业规定		违规一次总分扣5分，严重违规停止操作			—	
		在规定时间内完成操作		每超时1min总分扣5分，超时3min停止操作			—	
	合　计		100					

否定项说明：若出现未能立即终止反冲洗过程，该题为零分。

试题25：轴流泵不上量的处理

（考核时间：21min）

序号	考核内容	考核要点	配分	评分标准	检测结果	扣分	得分	备注
1	准备工作	穿戴劳保用品	3	未穿戴整齐扣3分				
		工具、用具准备	2	工具选择不正确扣2分				
2	原因检查判断	检查叶片安装角是否太小	10	未检查叶片安装角是否太小扣10分				
3		检查转速是否达到额定值	10	未检查转速是否达到额定值扣10分				
4		检查叶片或叶轮是否损坏	10	未检查叶片或叶轮是否损坏扣10分				
5		检查是否有杂物堵塞叶轮	10	未检查是否有杂物堵塞叶轮扣10分				
6	根据原因处理	若叶片安装角太小，联系检修调整叶片安装角	15	未联系检修调整叶片安装角扣15分				
7		若转速未达到额定值，联系电工调整电机转速	10	未联系电工调整电机转速扣10分				
8		若叶片或叶轮损坏，联系检修更换	15	未联系检修更换损坏的叶片或叶轮扣15分				
9		若叶轮有杂物，清除	10	未清除叶轮杂物扣10分				

续表

序号	考核内容	考核要点	配分	评分标准	检测结果	扣分	得分	备注
10	使用工具	正确使用工具	2	工具使用不正确扣2分				
		正确维护工具	3	工具乱摆乱放扣3分				
11	安全及其他	按国家法规或企业规定		违规一次总分扣5分，严重违规停止操作			—	
		在规定时间内完成操作		每超时1min总分扣5分，超时3min停止操作			—	
		合　　计	100					

试题26：活塞空压机排气量降低的处理

（考核时间：15min）

序号	考核内容	考核要点	配分	评分标准	检测结果	扣分	得分	备注
1	准备工作	穿戴劳保用品	5	未穿戴整齐扣5分				
2	活塞空压机排气量降低的处理	检查进气过滤器是否堵塞，若堵塞应进行清理	10	未检查进气过滤器是否堵塞扣5分				
				若进气过滤器堵塞未进行清理扣5分				
3		检查中冷及后冷器是否堵塞，若堵塞应进行清理	10	未检查中冷及后冷器是否堵塞扣5分				
				若检查中冷及后冷器堵塞未进行清理扣5分				
4		检查压缩机转速，转速低应进行相应的处理	15	未检查压缩机转速扣5分				
				电机转速低未联系电气处理扣5分				
				皮带打滑未打蜡或检修扣5分				
5		检查气体管路及冷却器，有漏气缺陷的，检修消除	10	未检查气体管路及冷却器是否有漏气扣5分				
				若气体管路及冷却器有漏气未检修消除扣5分				
6		检查进气门是否打开，未打开的修理正常	10	未检查进气门是否打开扣5分				
				若进气门关闭未打开扣5分				
7		检查汽缸间隙是否过大，若过大应检修	10	未检查汽缸间隙扣5分				
				若检查汽缸间隙过大未检修扣5分				
8		检查阀片、阀座是否严密或损坏，损坏的检修处理	15	未检查阀片、阀座是否严密或损坏扣5分				
				若阀片、阀座未严密或损坏未检修处理好扣10分				
9		检查活塞环是否磨损或损坏，异常的应修理或更换	15	未检查活塞环是否磨损或损坏扣5分				
				若活塞环磨损或损坏未修理或更换扣10分				

续表

序号	考核内容	考核要点	配分	评分标准	检测结果	扣分	得分	备注
10	安全及其他	按国家法规或企业规定		违规一次总分扣5分，严重违规停止操作			—	
		在规定时间内完成操作		每超时1min总分扣5分，超时3min停止操作			—	
	合　计		100					

试题27：绘制射流器构造示意图

（考核时间：30min）

序号	考核内容	考核要点	配分	评分标准	检测结果	扣分	得分	备注
1	射流器的基本构造绘制	射流器喷嘴是逐渐缩小的	10	管径无变化扣10分				
2		喷嘴尖端管口对正喉管	10	喷嘴尖端管口未对正喉管扣10分				
3		喷嘴尖端与喉管有适当距离	10	喷嘴尖端与喉管有相连扣10分，距离太远扣5分				
4		喷嘴尖端管径小于喉管管径	10	喷嘴尖端管径不小于喉管管径扣10分				
5		喷嘴的尖端处于吸入室内	10	未画吸入室扣10分				
6		吸入管管口位于吸入室的中前部	10	吸入管管口与喷嘴尖端相垂直对应扣10分				
7		吸入室后部应该是锥形	5	后部不是锥形扣5分				
8		喉管的管径要小于喷嘴尖端的管径	5	喉管的管径不小于喷嘴尖端的管径扣5分				
9		喉管应该有一定长度	5	喉管过短或过长扣5分				
10		喉管段后面应该有管径逐渐扩大的锥形扩散段	5	缺少扩散段扣5分，扩散段不是锥形扣3分				
11	绘图要求	检查射流器的基本构造图是否符合规范要求	20	线条不符合规范扣5分				
				未标识流程方向或标错扣5分				
				未标明构件名称扣5分				
				基本构造图不整洁扣5分				
	合　计		100					

试题28：绘制开式循环冷却水系统中的水平衡示意图

（考核时间：20min）

序号	考核内容	考核要点	配分	评分标准	检测结果	扣分	得分	备注
1	绘制开式循环冷却水系统中的水平衡示意图	检查绘制开式循环冷却水系统中的水平衡示意图主要绘制内容是否正确	35	未绘出系统水扣5分				
				未绘出冷却塔扣5分				
				未绘出补充水扣5分				
				未绘出排污水扣5分				

续表

序号	考核内容	考核要点	配分	评分标准	检测结果	扣分	得分	备注
				未绘出循环冷却水系统渗漏水或循环冷水和循环热水扣5分				
				未绘出风吹水扣5分				
				未绘出蒸发水扣5分				
2		检查绘制开式循环冷却水系统中的水平衡示意图主要组成部分位置是否正确	25	循环冷水位置错误扣5分				
				循环热水位置错误扣5分				
				补充水位置错误扣5分				
				排污水位置错误扣5分				
				冷却塔位置错误扣5分				
				风吹水位置错误扣5分				
				蒸发水位置错误扣5分				
3		检查绘制开式循环冷却水系统中的水平衡示意图主要绘制内容的名称标识是否正确	20	未标识系统水或标错扣3分				
				未标识冷却塔或标错扣3分				
				未标识补充水或标错扣3分				
				未标识排污水或标错扣3分				
				未标识循环冷水或标错扣3分				
				未标识循环热水或标错扣3分				
				未标识风吹水或标错扣3分				
				未标识蒸发水或标错扣3分				
4		检查绘制开式循环冷却水系统中的水平衡示意图是否符合规范要求	20	未绘出连接管线或绘错扣5分				
				线条不符合规范扣5分				
				未标识流程方向或标错扣5分				
				水平衡示意图不整洁扣5分				
合　计			100					

第三部分

高 级 工

一、理论知识鉴定要素细目表

行业通用理论知识鉴定要素细目表

鉴定范围						鉴定点		
一级		二级		三级		代码	名称	重要程度
代码	名称	代码	名称	代码	名称			
A	基本要求	B	基础知识	A	记录填写基础知识	001	班组交接记录的填写要求	X
						002	班组安全活动记录填写要求	X
				B	识图基础知识	001	剖视图知识	X
						002	断面图知识	X
						003	化工设备图表示方法	X
						004	零件图的内容	X
				C	安全环保基础知识	001	清洁生产审计的程序	X
						002	HSE 管理体系文件架构	X
						003	ISO 14001 环境管理体系的组成要素	X
						004	ISO 14000 系列标准的指导思想	X
						005	ISO 14001 环境管理体系的运行模式	X
						006	防尘防毒的技术措施	X
						007	防尘防毒的管理措施	X
						008	国家劳动安全卫生管理体制职责划分的内容	X
						009	ISO 14001 环境管理体系建立的步骤	X
						010	HSE 危害辨识	X
						011	HSE 风险评价的概念	X
						012	HSE 风险评价的目的	X
				D	质量基础知识	001	不合格品的处置途径	X
						002	ISO 9001 族标准质量管理审核的特点	X
						003	ISO 9000 族标准第一、第二、第三方审核的区别	X
						004	质量统计直方图	X
						005	质量统计排列图	X
						006	质量统计因果图	X
						007	质量统计控制图	X
						008	不良产品的分级	X
				E	计算机基础知识	001	Word 绘图	X
						002	Excel 公式与函数的运用	X
						003	Excel 数据的简单分析与管理	X
						004	Excel 简单的图表处理	X

续表

鉴定范围						鉴定点		
一级		二级		三级		代码	名称	重要程度
代码	名称	代码	名称	代码	名称			
B	相关知识	E	管理知识	A	生产管理	001	班组的管理	X
						002	班组的成本核算	X
				B	编写技术文件	001	总结的格式	X
						002	报告的格式	X
						003	请示的格式	X

工种理论知识鉴定要素细目表

鉴定范围						鉴定点		
一级		二级		三级		代码	名称	重要程度
代码	名称	代码	名称	代码	名称			
A	基本要求	B	基础知识	G	石化基本常识	001	原油预处理的工艺特点	Y
						002	原油常减压蒸馏的工艺特点	Y
						003	催化裂化的工艺特点	Z
						004	催化重整的工艺特点	Z
				H	化学基础知识	001	中和反应的特点	X
						002	置换反应的特点	X
						003	分子间作用力的特点	Y
						004	化学键的特点	Y
						005	金属的性质	X
						006	有机化合物的特点	X
						007	有机化合物的分类	Y
						008	基础化学的相关计算	X
				I	水力学基础知识	001	恒定流的概念	X
						002	流体运动的能量方程式	X
						003	水头损失的类型	X
						004	流体运动的连续性方程式	X
				J	机械设备基础知识	001	滑动轴承的特点	Y
						002	滑动轴承的工作原理	Z
						003	滚动轴承的特点	Y
						004	滚动轴承的工作原理	Z
						005	法兰压力等级含义	Z
						006	管道检修的验收标准	Y

续表

鉴定范围						鉴定点		
一级		二级		三级		代码	名称	重要程度
代码	名称	代码	名称	代码	名称			
						007	泵检修的验收标准	X
						008	电化学腐蚀的概念	Y
						009	防腐的常用方法	Z
						010	离心泵联合工作的特点	X
				K	电气基础知识	001	闭合电路欧姆定律	X
						002	交流电路的参数分析	Y
						003	混联电路的相关分析	X
						004	三相交流电的概念	X
						005	异步电动机的工作特点	X
						006	用电设备防爆等级的常识	Z
						007	装置用电设备的防护	Y
				L	仪表基础知识	001	比值控制系统的特点	Y
						002	均匀控制系统的特点	Y
						003	前馈控制系统的特点	X
						004	调节阀故障的判断	Y
						005	控制回路的正反作用判断	Y
						006	自力式控制阀工作原理	Z
				M	计量基础知识	001	法定计量单位使用的注意事项	Y
						002	误差的概念	X
						003	计量误差的来源	Y
						004	系统误差的特点	X
						005	消除误差的方法	Y
B	相关知识	A	工艺操作	A	循环水基础知识	001	给水水源的选择原则	X
						002	天然水中二氧化碳的来源	X
						003	湿空气的性质	X
						004	水的三态变化	X
						005	滤池反冲洗的概念	X
						006	碱度和硬度的关系	X
						007	横流冷却塔的结构	X
						008	逆流冷却塔的结构	X
						009	循环冷却水冷却过程	X

续表

鉴定范围						鉴定点		
一级		二级		三级		代码	名称	重要程度
代码	名称	代码	名称	代码	名称			
						010	微生物的生长特点	X
						011	循环水系统结垢的危害	X
						012	循环水系统腐蚀的危害	X
						013	腐蚀的电化学过程	X
						014	预膜的作用	X
						015	微生物的危害	X
						016	水体中碳酸平衡	X
						017	培养基概念	X
						018	微生物的抗药性	Y
						019	微生物对金属的腐蚀作用	X
						020	水冷却器沉积物类型	X
						021	分质给水系统的特点	X
						022	分压给水系统的特点	Y
						023	分区给水系统的特点	Y
						024	石化行业生产用水的特点	Y
						025	循环冷却水系统的组成	Y
						026	pH值对腐蚀速率的影响	X
						027	防腐措施	X
						028	污水回用循环水的水质要求	X
						029	管网及输水管定线	Z
						030	产品工艺用水的水质要求	X
						031	双层滤池的特点	X
						032	理想沉淀池的特征	Y
						033	悬浮杂质去除率的概念	X
						034	双层滤料的工作特点	X
						035	过滤水头损失的变化特点	X
				B	循环水原、辅材料	001	常用滤料的规格及滤料的级配	X
						002	工业循环冷却水处理设计有关水质标准的规范	X
						003	循环水处理剂的命名	X
						004	再生剂的选择原则	Y
						005	试样的保存	Y
						006	电磁过滤器的工作原理	Y

续表

鉴定范围						鉴定点		
一级		二级		三级		代码	名称	重要程度
代码	名称	代码	名称	代码	名称			
						007	杀菌剂作用机理	X
						008	缓蚀剂作用机理	X
						009	阻垢剂作用机理	X
						010	水稳剂的协同作用	X
						011	污水回用概念	Y
				C	开、停工操作	001	影响混凝效果的因素	X
						002	斜板隔油池的工作原理	Z
						003	监测换热器投用操作步骤	X
						004	滤池滤料的选择	X
						005	串级调节系统的特点	Y
						006	阻垢分散剂作用原理	X
						007	水稳剂投加方式及特点	X
						008	循环水的 pH 值调节操作要点	X
						009	预膜方法	X
						010	预膜操作要点	X
				D	正常操作	001	水平衡测试目的	Y
						002	余氯的控制方法	X
						003	监测换热器操作方法	X
						004	工业循环冷却水处理设计有关参数的规范	Y
						005	循环水浓缩倍数控制方法	X
						006	冷却塔的水量损失	X
						007	装置(工艺)联锁设置原则	X
						008	高浊度水的处理工艺	X
						009	离心泵装置工况点的确定	Z
						010	离心泵装置工况点的调节手段	X
						011	监测换热器的管理	X
						012	影响腐蚀速度的因素	X
						013	常用循环水浓缩倍数的测定方法	Y
						014	循环水系统中沉积物的控制方法	X
						015	循环水系统中金属腐蚀的控制方法	X
						016	循环水系统中微生物的控制方法	X
						017	氯离子的测定方法	Z
						018	水中油含量的测定方法	Y

续表

鉴定范围						鉴定点		
一级		二级		三级		代码	名称	重要程度
代码	名称	代码	名称	代码	名称			
		B	设备使用与维护	A	使用设备	001	离心压缩机的结构	X
						002	离心压缩机的工作原理	X
						003	双吸式离心泵的性能特点	X
						004	离心泵的并联工作特点	X
						005	离心泵的气蚀现象	X
						006	换热器的传热特点	Y
						007	换热器的切换操作方法	Y
						008	离心泵的气缚现象	X
						009	往复压缩机的结构	X
						010	往复压缩机的工作原理	X
						011	电动阀门的结构	X
						012	无阀滤池的滤料更换方法	X
						013	轴流泵的结构	X
						014	液环真空泵的结构	Y
						015	压力容器的安全附件	X
						016	水射器的结构	Y
						017	垫片的种类及适应范围	X
						018	透平泵的日常维护	X
						019	使用摇表测量绝缘电阻的注意事项	X
						020	离心泵的变速调节	X
						021	交流电动机调速原理	X
						022	交流电动机调速方法	X
						023	滤料承托层装配方法	X
						024	潜污泵的结构	X
						025	计量泵的结构	X
				B	维护设备	001	水泵检修工作注意事项	Y
						002	允许吸上真空高度的概念	X
						003	水泵机组的安装	X
						004	气蚀的防止方法	X
						005	加氯的维护方法	X
						006	润滑脂的组成	X
						007	计量泵的日常维护	X
						008	凉水塔防冻防凝措施	X
						009	机械密封的基本原理	X

续表

鉴定范围						鉴定点		
一级		二级		三级		代码	名称	重要程度
代码	名称	代码	名称	代码	名称			
		C	事故判断与处理	A	判断事故	001	金属腐蚀的影响因素	Y
						002	水垢析出的判断	X
						003	离心泵出现故障的原因判断	X
						004	循环冷却水系统清洗的原因	X
						005	水池溢流的原因判断	X
						006	循环水吸水池水位下降的原因	X
						007	风机振动大的原因	X
						008	循环水中 pH 值异常的原因	X
						009	循环水中余氯检测不出的原因	X
						010	旁滤池反冲洗不能形成的原因	X
				B	处理事故	001	腐蚀速度高的处理方法	X
						002	沉积速度高的方法	X
						003	电机着火的处理方法	X
						004	蒸汽管线的水击的处理方法	X
						005	循环水吸水池水位下降的处理	X
						006	循环水供水温度高的处理	X
						007	风机振动大的原因及处理	X
						008	硫酸泄漏的处理方法	Y
						009	循环水药剂使用中的安全注意事项	X
		D	绘图与计算	A	绘图	001	绘制管道布置图	X
						002	绘制空视图	X
						003	绘制设备零件图	X
				B	计算	001	杀菌率、阻垢率、缓蚀率的计算	X
						002	泵的效率的计算	X
						003	工业水重复利用率的计算	X
						004	冷却水系统水量平衡计算	X
						005	pH 值的计算	X
						006	离心泵比例律的应用计算	Y

二、理论知识试题

行业通用理论知识试题

判断题

1. 班组交接班记录必须凭旧换新。（√）

2. 车间主要领导参加班组安全日活动每月不少于 2 次。（×）

正确答案： 车间主要领导参加班组安全日活动每月不少于 3 次。

3. 在剖视图中，零件后部看不见的轮廓线、虚线一律省略不画。（×）

正确答案： 在剖视图中，零件后部看不见的轮廓线、虚线一般省略不画，只有对尚未表达清楚的结构，才用虚线画出。

4. 剖面图是剖视图的一种特殊视图。（×）

正确答案： 剖面图是零件上剖切处断面的投影，而剖视图是剖切后零件的投影。

5. 化工设备图的视图布置灵活，俯(左)视图可以配置在图面任何地方，但必须注明"俯(左)视图"的字样。（√）

6. 化工设备图中的零件图与装配图一定分别画在不同的图纸上。（×）

正确答案： 化工设备图中的零件图可与装配图画在同张图纸上。

7. 零件图不需要技术要求，在装配图表述。（×）

正确答案： 零件图一般需要技术要求。

8. 零件图用视图、剖视图、剖面图及其他各种表达方法，正确、完整、清晰地表达零件的各部分形状和结构。（√）

9. ISO 14000 系列标准对管理标准的一个重大改进，就是建立了一套对组织环境行为的评价体系，这便是环境行为评价标准。（√）

10. 环境管理体系的运行模式，遵守由查理斯·德明提供的规划策划(PLAN)、实施(DO)、验证(CHECK)和改进(ACTION)运行模式可简称 PDCA 模式。（√）

11. 环境管理体系的运行模式与其他管理的运行模式相似，共同遵循 PDCA 运行模式，没有区别。（×）

正确答案： 环境管理体系的运行模式与其他管理的运行模式相似，除了共同遵循 PDCA 运行模式外，它还有自身的特点，那就是持续改进，也就是说它的环线是永远不能闭合的。

12. 采取隔离操作，实现微机控制，不属于防尘防毒的技术措施。（×）

正确答案： 采取隔离操作，实现微机控制是防尘防毒的技术措施之一。

13. 严格执行设备维护检修责任制，消除"跑冒滴漏"是防尘防毒的技术措施。（×）

正确答案： 严格执行设备维护检修责任制，消除"跑冒滴漏"是防尘防毒的管理措施。

14. 在 ISO 14001 环境管理体系中，初始环境评审是建立环境管理体系的基础。（√）

15. 在 HSE 管理体系中，定量评价指不对风险进行量化处理，只用发生的可能性等级和后果的严重度等级进行相对比较。（×）

正确答案： 在 HSE 管理体系中，定性评价指不对风险进行量化处理，只用发生的可能性等级和后果的严重度等级进行相对比较。

16. HSE 管理体系规定，在生产日常运行中各种操作、开停工、检维修作业、进行基建及变更等活动前，均应进行风险评价。（√）

17. 对某项产品返工后仍需重新进行检查。（√）

18. ISO 9000 族标准中，质量审核是保证各部门持续改进工作的一项重要活动。（√）

19. ISO 9000 族标准的三种审核类型中，第三方审核的客观程度最高，具有更强的可信度。（√）

20. 平顶形直方图的形成由单向公差要求或加工习惯等引起。（×）

正确答案： 平顶形直方图的形成往往因生产过程有缓慢因素作用引起。

21. 质量统计排列图分析是质量成本分析的方法之一。（√）

22. 质量统计因果图的作用是为了确定“关键的少数”。 (×)

正确答案： 质量统计排列图的作用是为了确定“关键的少数”。

23. 质量统计控制图上出现异常点时，才表示有不良品发生。 (×)

正确答案： 不一定。在质量统计控制图上，即使点子都在控制线内，但排列有缺陷，也要判做异常。

24. 国际上通用的产品不良项分级共分三级。 (×)

正确答案： 国际上通用的产品不良项分级共分四级。

25. 在计算机应用软件 Word 中插入的文本框不允许在文字的上方或下方。 (×)

正确答案： Word 中插入的文本框通过设置文本框格式当中的版式允许在文字的上方或下方。

26. 在计算机应用软件 Word 中绘制图形要求两个图形能准确对齐可通过调整绘图网格的水平、垂直间距来实现。 (√)

27. 在计算机应用软件 Excel 中“COUNTIF(　　)”函数的作用是计算某区域满足条件的单元格数。 (√)

28. Excel 数据表中汉字排序一般是按拼音顺序排序，但也可以按笔画排序。 (√)

29. Excel 数据表中分类汇总的选项包括分类字段、汇总方式两方面的内容。 (×)

正确答案： Excel 数据表中分类汇总的选项包括分类字段、汇总方式多方面的内容。

30. Excel 数据表中修改图表中的数据标志是通过图表区格式选项中的数据标志选项实现的。 (×)

正确答案： Excel 数据表中修改图表中的数据标志是通过数据系列格式选项中的数据标志选项实现的。

31. 班组建设不同于班组管理，班组建设是一个大概念，班组管理从属于班组建设。 (√)

32. 一般来说，班组的成本核算是全面的统计核算、业务核算和会计核算。 (×)

正确答案： 一般来说，班组的成本核算是局部核算和群众核算。

33. 总结的基本特点是汇报性和陈述性。 (×)

正确答案： 总结的基本特点是回顾过去，评估得失，指导将来。

34. 报告的目的在于把已经实践过的事情上升到理论认识，指导以后的实践，或用来交流，加以推广。 (×)

正确答案： 报告的主要目的是下情上达，向上级汇报工作、反映情况、提出意见和建议。

35. 为了减少发文，可以把若干问题归纳起来向上级写综合请示，但不能多方请示。 (×)

正确答案： 要坚持“一文一事”的原则，切忌“一文数事”使上级机关无法审批。

单选题

1. 班组交接班记录填写时，一般要求使用的字体是(B)。

A. 宋体　　B. 仿宋　　C. 正楷　　D. 隶书

2. 下列选项中不属于班组安全活动的内容是(A)。

A. 对外来施工人员进行安全教育

B. 学习安全文件、安全通报

C. 安全讲座、分析典型事故，吸取事故教训

D. 开展安全技术座谈、消防、气防实地救护训练

3. 安全日活动常白班每周不少于(D)次，每次不少于 1h。

A.4　　B.3　　C.2　　D.1

4. 物体结构形状愈复杂，虚线就愈多，为此，对物体上不可见的内部结构形状采用(C)来表示。

A. 旋转视图　　B. 局部视图　　C. 全剖视图　　D. 端面图

5. 单独将一部分的结构形状向基本投影面投影需要用(B)来表示。

A. 旋转视图　　B. 局部视图　　C. 全剖视图　　D. 端面图

6. 用剖切平面把物体完全剖开后所得到的剖视图称为(D)。

A. 局部剖视图　　B. 局部视图　　C. 半剖视图　　D. 全剖视图

7. 画在视图外的剖面图称为(A)剖面图。

A. 移出　　B. 重合　　C. 局部放大　　D. 局部

8. 重合在视图内的剖面图称为(B)剖面图。

A. 移出　　B. 重合　　C. 局部放大　　D. 局部

9. 化工设备图中，表示点焊的焊接焊缝是(A)。

A.○　　B.∪　　C.△　　D.⊿

10. 下列选项中，不属于零件图内容的是(D)。

A. 零件尺寸　　B. 技术要求　　C. 标题栏　　D. 零件序号表

11. 在 HSE 管理体系中，(C)是管理手册的支持性文件，上接管理手册，是管理手册规定的具体展开。

A. 作业文件　　B. 作业指导书　　C. 程序文件　　D. 管理规定

12. ISO 14001 环境管理体系共由(B)个要素所组成。

A.18　　B.17　　C.16　　D.15

13. ISO 14000 系列标准的指导思想是(D)。

A. 污染预防　　B. 持续改进

C. 末端治理　　D. 污染预防，持续改进

14. 不属于防尘防毒技术措施的是(C)。

A. 改革工艺　　B. 湿法除尘　　C. 安全技术教育　　D. 通风净化

15. 防尘防毒治理设施要与主体工程(A)、同时施工、同时投产。

A. 同时设计　　B. 同时引进　　C. 同时检修　　D. 同时受益

16. 在 HSE 管理体系中，物的不安全状态是指使事故(B)发生的不安全条件或物质条件。

A. 不可能　　B. 可能　　C. 必然　　D. 必要

17. 在 HSE 管理体系中，风险指发生特定危害事件的(C)性以及发生事件结果严重性的结合。

A. 必要　　B. 严重　　C. 可能　　D. 必然

18. 在(B)情况下不能对不合格品采取让步或放行。

A. 有关的授权人员批准　　B. 法律不允许

C. 顾客批准　　D. 企业批准

19. 不合格品控制的目的是(C)。

A. 让顾客满意　　B. 减少质量损失

C. 防止不合格品的非预期使用　　D. 提高产品质量

20. 在 ISO 9001 族标准中，内部审核是(D)。

A. 内部质量管理体系审核

B. 内部产品质量审核

C. 内部过程质量审核

D. 内部质量管理体系、产品质量、过程质量的审核

21. 在 ISO 9001 族标准中，第三方质量管理体系审核的目的是(C)。

A. 发现尽可能多的不符合项

B. 建立互利的供方关系

C. 证实组织的质量管理体系符合已确定准则的要求

D. 评估产品质量的符合性

22. ISO 9000 族标准规定，(C)属于第三方审核。

A. 顾客进行的审核　　B. 总公司对其下属公司组织的审核

C. 认证机构进行的审核　　D. 对协作厂进行的审核

23. 在 ISO 9000 族标准中，组织对供方的审核是(D)。

A. 第一方审核　　B. 第一、第二、第三方审核

C. 第三方审核　　D. 第二方审核

24. 数据分组过多或测量读数错误而形成的质量统计直方图形状为(A)形。

A. 锯齿　　B. 平顶　　C. 孤岛　　D. 偏峰

25. 把不同材料、不同加工者、不同操作方法、不同设备生产的两批产品混在一起时，质量统计直方图形状为(D)形。

A. 偏向　　B. 孤岛　　C. 对称　　D. 双峰

26. 在质量管理过程中，以下哪个常用工具可用于明确“关键的少数”(A)。

A. 排列图　　B. 因果图　　C. 直方图　　D. 调查表

27. 质量统计图中，图形形状像“鱼刺”的图是(D)图。

A. 排列　　B. 控制　　C. 直方　　D. 因果

28. 在质量统计控制图中，若某个点超出了控制界限，就说明工序处于(D)。

A. 波动状态　　B. 异常状态

C. 正常状态　　D. 异常状态的可能性大

29. 质量统计控制图的上、下控制限可以用来(B)。

A. 判断产品是否合格　　B. 判断过程是否稳定

C. 判断过程能力是否满足技术要求　　D. 判断过程中心与技术中心是否发生偏移

30. 产品的不良项分级分为 A、B、C、D 四级，A 级不良项是指产品的(C)不良项。

A. 轻微　　B. 一般　　C. 致命　　D. 严重

31. 产品的不良项分级分为 A、B、C、D 四级，C 级不良项是指产品的(B)不良项。

A. 轻微　　B. 一般　　C. 致命　　D. 严重

32. 在计算机应用软件 Word 中插入的图片(A)。

A. 可以嵌入到文本段落中　　B. 图片的位置可以改变，但大小不能改变

C. 文档中的图片只能显示，无法用打印机打印输出

D. 不能自行绘制，只能从 Office 的剪辑库中插入

33. 在 Excel97 工作表中，单元格 C4 中有公式"=A3+$C$5"，在第 3 行之前插入一行之后，单元格 C5 中的公式为(A)。

A. =A4+$C$6　　B. =A4+$C$5

C. =A3+$C$6　　D. =A3+$C$5

34. 图中所指的按钮是(B)。

A. 降序按钮　　B. 升序按钮　　C. 插入字母表　　D. 删除字母表

35. 建立图表的方法是从(C)菜单里点击图表。

A. 编辑　　B. 视图　　C. 插入　　D. 工具

36. 班组管理是在企业整个生产活动中，由(D)进行的管理活动。

A. 职工自我　　B. 企业　　C. 车间　　D. 班组自身

37. 属于班组经济核算主要项目的是(C)。

A. 设备完好率　　B. 安全生产　　C. 能耗　　D. 环保中的三废处理

多选题

1. 属于班组交接班记录的内容是(A，B，C)。

A. 生产运行　　B. 设备运行　　C. 出勤情况　　D. 安全学习

2. 下列属于班组安全活动的内容是(B，C，D)。

A. 对外来施工人员进行安全教育

B. 学习安全文件、安全通报

C. 安全讲座、分析典型事故，吸取事故教训

D. 开展安全技术座谈，消防、气防实地救护训练

3. 化工设备装配图中，螺栓连接可简化画图，其中所用的符号可以是(C，D)。

A. 细实线 +　　B. 细实线 ×　　C. 粗实线 +　　D. 粗实线 ×

4. 下列选项中，属于零件图内容的是(A，C)。

A. 零件尺寸　　B. 零件的明细栏　　C. 技术要求　　D. 零件序号表

5. 清洁生产审计有一套完整的程序，是企业实行清洁生产的核心，其中包括以下(B，C，D)阶段。

A. 确定实施方案　　B. 方案产生和筛选　　C. 可行性分析　　D. 方案实施

6. HSE 体系文件主要包括(A，B，C)。

A. 管理手册　　B. 程序文件　　C. 作业文件　　D. 法律法规

7. 下列叙述中，属于生产中防尘防毒技术措施的是(A，B，C，D)。

A. 改革生产工艺　　B. 采用新材料新设备

C. 车间内通风净化　　D. 湿法除尘

8. 下列叙述中，不属于生产中防尘防毒的管理措施的有(A，B)。

A. 采取隔离法操作，实现生产的微机控制　　B. 湿法除尘

C. 严格执行安全生产责任制　　D. 严格执行安全技术教育制度

9. 我国在劳动安全卫生管理上实行“(A，B，C，D)”的体制。

A. 企业负责　B. 行业管理　C. 国家监察　D. 群众监督

10. 在 HSE 管理体系中，危害识别的状态是(A，B，C)。

A. 正常状态　B. 异常状态　C. 紧急状态　D. 事故状态

11. 在 HSE 管理体系中，可承受风险是根据企业的(A，B)，企业可接受的风险。

A. 法律义务　B.HSE 方针　C. 承受能力　D. 心理状态

12. 在 HSE 管理体系中，风险控制措施选择的原则是(A，B)。

A. 可行性　B. 先进性、安全性

C. 经济合理　D. 技术保证和服务

13. 对于在产品交付给顾客及产品投入使用时才发现不合格产品，可采用以下方法处置(B，D)。

A. 一等品降为二等品　B. 调换

C. 向使用者或顾客道歉　D. 修理

14. 在 ISO 9000 族标准中，关于第一方审核说法正确的是(A，B，D)。

A. 第一方审核又称为内部审核

B. 第一方审核为组织提供了一种自我检查、自我完善的机制

C. 第一方审核也要由外部专业机构进行的审核

D. 第一方审核的目的是确保质量管理体系得到有效地实施

15. 质量统计排列图的作用是(A，B)。

A. 找出关键的少数　B. 识别进行质量改进的机会

C. 判断工序状态　D. 度量过程的稳定性

16. 质量统计因果图具有(C，D)特点。

A. 寻找原因时按照从小到大的顺序　B. 用于找到关键的少数

C. 是一种简单易行的科学分析方法　D. 集思广益，集中群众智慧

17. 质量统计控制图包括(B，C，D)。

A. 一个坐标系　B. 两条虚线　C. 一条中心实线　D. 两个坐标系

18. 产品不良项的内容包括(A，C，D)。

A. 对产品功能的影响　B. 对质量合格率的影响

C. 对外观的影响　D. 对包装质量的影响

19. 在计算机应用软件 Word 中页眉设置中可以实现的操作是(A，B，D)。

A. 在页眉中插入剪贴画　B. 建立奇偶页内容不同的页眉

C. 在页眉中插入分隔符　D. 在页眉中插入日期

20. 在计算机应用软件 Excel 中单元格中的格式可以进行(A，B，C)等操作。

A. 复制　B. 粘贴　C. 删除　D. 链接

21. 自动筛选可以实现的条件是(A，C，D)。

A. 自定义　B. 数值　C. 前 10 个　D. 全部

22. 对于已生成的图表，说法正确的是(A，B，D)。

A. 可以改变图表格式　B. 可以更新数据

C. 不能改变图表类型　D. 可以移动位置

23. 班组的劳动管理包括(A，B，D)。

A. 班组的劳动纪律　　B. 班组的劳动保护管理

C. 对新工人进行“三级教育”　　D. 班组的考勤、考核管理

24. 班组生产技术管理的主要内容有(A，C，D)。

A. 定时查看各岗位的原始记录，分析判断生产是否处于正常状态

B. 对计划完成情况进行统计公布并进行分析讲评

C. 指挥岗位或系统的开停车

D. 建立指标管理账

25. 在班组经济核算中，从项目的主次关系上看，属于主要项目的有(A，C，D)指标。

A. 产量　　B. 安全生产　　C. 质量　　D. 工时

26. 总结与报告的主要区别是(A，C，D)不同。

A. 人称　　B. 文体　　C. 目的　　D. 要求

27. 报告与请示的区别在于(A，B，C，D)不同。

A. 行文目的　　B. 行文时限　　C. 内容　　D. 结构

28. 请示的种类可分为(A，B，C，D)的请示。

A. 请求批准　　B. 请求指示　　C. 请求批转　　D. 请求裁决

简答题

1. 清洁生产审计有哪几个阶段?

答：①筹划与组织；②预评估；③评估；④方案产生和筛选；⑤可行性分析；⑥方案实施；⑦持续清洁生产。

2. ISO 14001 环境管理体系由哪些基本要素构成?

答：ISO 14001 环境管理体系由环境方针、规划、实施、测量和评价、评审和改进等五个基本要素构成。

3. 防尘防毒的主要措施是什么?

答：我国石化工业多年来治理尘毒的实践证明，在大多数情况下，靠单一的方法防尘治毒是行不通的，必须采取综合治理措施。即首先改革工艺设备和工艺操作方法，从根本上杜绝和减少有害物质的产生，在此基础上采取合理的通风措施，建立严格的检查管理制度，这样才能有效防止石化行业尘毒的危害。

4. 什么叫消除二次尘毒源?

答：对于因“跑冒滴漏”而散落地面的粉尘、固、液体有害物质要加强管理，及时清扫、冲洗地面，实现文明生产，叫消除二次尘毒源。

5. 什么是劳动安全卫生管理体制中的“行业管理”?

答：劳动安全卫生管理体制中的“行业管理”就是行业主管部门根据本行业的实际和特点切实提出本行业的劳动安全卫生管理的各项规章制度，并监督检查各企业的贯彻执行情况。

6. 简述 ISO 14001 环境管理体系建立的步骤。

答：一般而言，建立环境管理体系过程包括以下六大阶段：①领导决策与准备；②初始环境评审；③体系策划与设计；④环境管理体系文件编制；⑤体系运行；⑥内部审核及管理评审。

7. HSE管理体系中危害识别的思路是什么？

答：①存在什么危害(伤害源)？②谁(什么)会受到伤害？③伤害怎样发生？

8. 什么是第一方审核？第二方审核？第三方审核？

答：第一方审核又称为内部审核，第二方审核和第三方审核统称为外部审核。①第一方审核指由组织的成员或其他人员以组织的名义进行的审核。这种审核为组织提供了一种自我检查、自我完善的机制。②第二方审核是在某种合同要求的情况下，由与组织有某种利益关系的相关方或由其他人员以相关方的名义实施的审核。这种审核旨在为组织的相关方提供信任的证据。③第三方审核是由独立于受审核方且不受其经济利益制约的第三方机构依据特定的审核准则，按规定的程序和方法对受审核方进行的审核。

9. 什么是排列图？

答：排列图又叫帕累托图，在质量管理中，排列图是用来寻找影响产品质量的主要问题，确定质量改进关键项目的图。

10. 控制图的主要用途是什么？

答：①分析用的控制图主要用于分析工艺过程的状态，看工序是否处于稳定状态；②管理用的控制图主要用于预防不合格品的产生。

11. 国际上通用的产品不良项分级分为几级？

答：国际上通用的产品不良项分级共分为：致命(A级)、严重(B级)、一般(C级)、轻微(D级)四级。

12. 班组在企业生产中的地位如何？

答：①班组是企业组织生产活动的基本单位；②班组是企业管理的基础和一切工作的立脚点；③班组是培养职工队伍，提高工人技能的课堂；④班组是社会主义精神文明建设的重要阵地。

13. 班组管理有哪些基本内容？

答：①建立和健全班组的各项管理制度；②编制和执行生产作业计划，开展班组核算；③班组的生产技术管理；④班组的质量管理；⑤班组的劳动管理；⑥班组的安全管理；⑦班组的环境卫生管理；⑧班组的思想政治工作。

14. 班组经济核算的基本原则和注意事项是什么？

答：班组经济核算应遵循“干什么、管什么、算什么”的原则，力求注意三个问题：一是计算内容少而精；二是分清主次；三是方法简洁。

15. 总结的写作要求是什么？

答：①要新颖独特，不能报流水账；②要重点突出，找出规律，避免事无巨细面面俱到；③要实事求是，全面分析问题，从中找出经验教训；④要材料取舍得当；⑤要先叙后议或夹叙夹议。

16. 什么是报告？

答：报告是下级机关向上级机关汇报工作、反映情况、提出意见或建议，答复上级机关的询问时使用的行文。

17. 请示的特点是什么？

答：请示的最大特点是请求性。指本机关、本部门打算办理某件事情，而碍于无权自行决定，或者无力去做，或不知该不该办，必须请求上级机关批准、同意后方可办理。

工种理论知识试题

判断题

1. 由于原油中含有 $C_5 \sim C_{15}$烷烃、胶质和沥青等天然“乳化剂”，所以其能够形成较稳定的油包水型乳化液。 (×)

正确答案：由于原油中含有环烷酸、胶质和沥青等天然“乳化剂”，所以其能够形成较稳定的油包水型乳化液。

2. 由于原油中大部分盐是溶解在水中的，所以在对原油脱水的同时也脱除了盐分。 (√)

3. 酸碱中和反应是一种复分解反应。 (√)

4. 分子间的作用力通常大于化学键力。 (×)

正确答案：分子间的作用力远小于化学键力。

5. 以极性键相结合，分子空间构型是不对称的分子，叫做极性分子。 (√)

6. 人们通常按金属密度的大小将金属分类，把密度小于 $4.5g/cm^3$ 的金属叫做轻金属，密度大于该值的叫重金属。 (√)

7. 有机化合物分子中，碳原子与其他原子是以离子键相结合的。 (×)

正确答案：有机化合物分子中，碳原子与其他原子是以共价键相结合的。

8. 互为同分异构体的有机物，其分子式相同，虽然结构不同，但它们的性质完全相同。 (×)

正确答案：互为同分异构体的有机物，其分子式相同，而结构不同，因此它们的性质不同。

9. 流线就是液体质点运动时所走过的轨迹线。 (×)

正确答案：迹线就是液体质点运动时所走过的轨迹线。

10. 伯努力方程式只能表达流体流动的基本规律，不能表达流体静止时的基本规律。 (×)

正确答案：伯努力方程式只能表达流体流动的基本规律，能表达流体静止时的基本规律。

11. 流体为均匀流时，只有沿程水头损失，而无局部水头损失。 (√)

12. 在不可压缩液体恒定总流中，任意两个过水断面所通过的流量相等。 (√)

13. 在不可压缩液体恒定总流中，任意两个过水断面，其平均流速的大小与过水断面面积成正比。 (×)

正确答案：在不可压缩液体恒定总流中，任意两个过水断面，其平均流速的大小与过水断面面积成反比。

14. 滑动轴承工作平稳性差，振动噪音较大，不能承受较大的冲击载荷。 (×)

正确答案：滑动轴承工作平稳，振动噪音较小，能承受较高的冲击载荷。

15. 滑动轴承的材料只能是金属，不能使用非金属。 (×)

正确答案：滑动轴承常用材料可分为金属和非金属材料两类，非金属材料常用于水作为润滑剂且比较脏污之处或者低载荷轴承上。

16. 内圈固定比外圈固定的滚动轴承在相同转速下，滚珠绕轴承轴线转动的回转数小。 (√)

17. 滚动轴承基本结构都是由内圈、外圈、滚动体、保持架四个零件组成。 (√)

18. 法兰的尺寸是由法兰的公称压力和公称直径共同确定。 (√)

19. 根据腐蚀的电化学机理，电化学保护方法可以分为阴极保护和阳极保护两种。 (√)

20. 闭合电路的电流与电源电动势成正比，与整个电路的电阻成反比。 (√)

21. 异步电动机的转子转速总是低于定子旋转磁场转速。 (√)

22. 比值控制系统中至少有两种物料。 (√)

23. 均匀控制系统中，两个变量在控制过程中应该是恒定的。 (×)

正确答案：均匀控制系统中，两个变量在控制过程中应当是变化的，不是恒定的。

24. 静态前馈不仅考虑扰动补偿最终能使被控变量稳定的设定值，而且考虑补偿过程中偏差的大小和变化。 (×)

正确答案：静态前馈只考虑扰动补偿最终能使被控变量稳定的设定值，而不考虑补偿过程中偏差的大小和变化。

25. 调节器的正反作用和调节阀的正反作用意义相同。 (×)

正确答案：调节器的正反作用和调节阀的正反作用意义完全不同。

26. 自力式调节阀在工艺管线上安装反向对控制没有影响。 (×)

正确答案：自力式调节阀在工艺管线上安装不能反向，否则将无法控制。

27. 计量单位的名称或符号可以拆开使用，如20℃可写成“摄氏20度”。 (×)

正确答案：根据我国的法定计量单位使用要求，单位的名称或符号必须作为一个整体使用，不得拆开，如20℃应写成“20摄氏度”。

28. 特殊条件下的测量结果是没有误差的。 (×)

正确答案：任何测量结果都含有误差。

29. 系统误差具有累加性，而随机误差具有抵偿性。 (√)

30. 湿空气中所含水蒸气的质量称为空气的绝对湿度。 (×)

正确答案：每一立方米湿空气中所含水蒸气的质量称为湿空气的绝对湿度。

31. 在所有的液体中，水的比热容最大，为1J/g·K。 (×)

正确答案：在所有的液体中，水的比热容最大，为4.18J/g·K。

32. 水在流动时，可分为层流和紊流两种状态。 (√)

33. 循环冷却水系统漏氨时，容易引起氨化菌群的大量繁殖。 (×)

正确答案：循环冷却水系统漏氨时，容易引起硝化菌群的大量繁殖。

34. 金属腐蚀是指金属和它所存在的环境之间的化学或电化学反应引起的金属破坏和性能恶化现象。 (√)

35. 配制培养基要注意各种营养物质的浓度与配比。 (√)

36. 用来衡量毒物毒性大小的指标 LD_{50} 表示毒物的抗药性。 (×)

正确答案：用来衡量毒物毒性大小的指标 LD_{50} 表示毒物的半致死剂量。

37. 硫化细菌可将木材的纤维素转化为葡萄糖而损坏冷却水系统中的木质构件。 (×)

正确答案：真菌可将木材的纤维素转化为葡萄糖而损坏冷却水系统中的木质构件。

38. 循环冷却水系统是以水作为冷却介质，由换热器、冷却塔、水泵、管道及其他有关设备组成，并循环使用的一种给水系统。 (√)

39. 冷却水的pH值对于金属腐蚀速度的影响，取决于该金属的氧化物在水中的溶解度对pH值的依赖关系。 (√)

40. 蒸汽发生器的给水水质，不会影响蒸汽的产品质量。 (×)

正确答案： 蒸汽发生器的给水水质，会影响蒸汽的产品质量。

41. 理想沉淀池悬浮杂质总的去除率大于沉淀池的沉淀效率。 (×)

正确答案： 理想沉淀池悬浮杂质总的去除率等于沉淀池的沉淀效率。

42. 在滤速相同的情况下，双层滤料反冲洗周期比单层滤料的反冲洗周期短。 (×)

正确答案： 在滤速相同的情况下，双层滤料反冲洗周期比单层滤料的反冲洗周期长。

43. 在上向流单层滤料滤池中，过滤水流是沿着滤料粒径由小到大的方向流动的。 (×)

正确答案： 在上向流单层滤料滤池中，过滤水流是沿着滤料粒径由大到小的方向流动的。

44. 污水回用于冷却水系统所遇到的主要技术问题是要解决由于污水的水质变差给系统造成更为严重的腐蚀、结垢和粘泥故障等危害。 (√)

45. 斜板隔油池是一种异向流分离装置，其水流方向与油珠运动方向相同。 (×)

正确答案： 斜板隔油池是一种异向流分离装置，其水流方向与油珠运动方向相反。

46. 预膜时水的浊度升高，会使金属表面沉积物增多，从而使腐蚀率相应降低。 (×)

正确答案： 预膜时水的浊度升高，会使金属表面沉积物增多，从而使腐蚀率相应增加。

47. 离心泵的工况点可以使用“折引性能曲线法”求得，折引性能曲线为水泵的 Q－H 性能曲线上减去相应流量下的管路特性值后所得到的曲线。 (×)

48. **正确答案：** 离心泵装置的工况点可以使用“折引性能曲线法”求得，折引性能曲线为水泵的 Q－H 性能曲线上减去相应流量下的水头损失后所得到的曲线。

49. 两台或两台以上不同型号离心泵并联运行，是基于各泵扬程范围比较接近的基础上，否则将找不出具有相等能量的并联工作起点，出现高扬程泵出水、低扬程泵不出水的状态。 (√)

50. 当循环水 pH 值低于 4.0 时，金属表面保护膜被溶解，腐蚀速度急剧增加。 (√)

51. 冷却水系统中碳钢与铜或铜合金的设备共存时，必须考虑投加苯并三氮唑一类的铜缓蚀剂。 (√)

52. 双吸式离心泵特性曲线的形状与单吸式离心泵不同。 (×)

正确答案： 双吸式离心泵特性曲线的形状与单吸式离心泵基本相同。

53. 液环真空泵的叶轮是偏心配置在泵缸体内。 (√)

54. 安全阀与压力容器接管之间不能装有任何阀门。 (×)

正确答案： 安全阀和压力容器之间可以安装截止阀。

55. 喷射泵的抽吸能力与动力源的压力及流量有关，而与喷嘴的尺寸关系不大。 (×)

正确答案： 喷射泵的抽吸能力与喷嘴的尺寸、动力源的压力及流量等有关。

56. 用兆欧表测量设备绝缘时，确认设备上的电源已经断开就可以工作。 (×)

正确答案： 用兆欧表测量设备绝缘时，必须切断被测设备的电源，并使设备对地短路放电后才可以工作。

57. 变频调速中一般采取调压的办法来维持电动机气隙磁通基本不变。 (√)

58. 水泵机组安装时，电动机联轴器与水泵联轴器之间应达到同心且两端面紧密无隙。 (×)

正确答案： 水泵机组安装时，电动机联轴器与水泵联轴器之间应达到同心且两端面平行，轴向间隙一般应大于两轴的窜动量之和。

59. 减小叶片进口边宽度，是防止泵发生气蚀的一种方法。 (×)

正确答案：增大叶片进口边宽度，是防止泵发生气蚀的一种方法。

60. 在润滑脂中，稠化剂是起润滑作用的主要物质。 (×)

正确答案：在润滑脂中，基础油是起润滑作用的主要物质。

61. 机械隔膜式计量泵柱塞前后移动时，通过液压油将压力传递给隔膜，并使隔膜前后挠曲变形。 (×)

正确答案：机械隔膜式计量泵柱塞前后移动时，直接带动隔膜前后挠曲变形。

62. 冷却塔风机轮毂的作用为可以减少风机运行的振动。 (×)

正确答案：冷却塔风机轮毂的作用为传递动力和固定叶片。

63. 冷却塔出水温度与当时当地湿球温度之差越大，说明冷却塔的冷却能力越大。 (×)

正确答案：冷却塔出水温度与当时当地湿球温度之差越小，说明冷却塔的冷却能力越大。

64. 若硫酸溅到皮肤上，应立即用2%的碳酸氢钠溶液清洗。 (×)

正确答案：若硫酸溅到皮肤上，应立即用大量的清水冲洗，再用2%的碳酸氢钠溶液清洗。

65. 当强碱溅入眼睛时，应立即用2%稀硼酸溶液清洗。 (×)

正确答案：当强碱溅入眼睛时，应立即用大量流动清水冲洗，再用2%稀硼酸溶液清洗。

66. 用细实线按比例画出带有管口方位的设备布置图，不需要注位号及名称。 (×)

正确答案：用细实线按比例画出带有管口方位的设备布置图，加注位号及名称。

67. 标注尺寸的步骤是先标注基本形体的定形尺寸，后标注反映位置关系的定位尺寸。(√)

68. 在任何条件下，pH值为7表示溶液呈中性。 (×)

正确答案：只有25℃时，pH值为7表示溶液呈中性。

单选题

1. 石油炼制中，原油脱盐脱水广泛采用(C)的方法。

A. 加热　　B. 加乳化剂
C. 加破乳剂和高压电场联合作用　　D. 蒸馏

2. 下列石油炼制方法中，(B)是原油的一次加工方法。

A. 催化　　B. 常减压蒸馏　　C. 加氢精制　　D. 延迟焦化

3. 蒸馏的依据是(A)。

A. 混合物各组分沸点不同　　B. 混合物各组分凝固点不同
C. 混合物各组分蒸气压不同　　D. 混合物各组分黏度不同

4. 石油炼制中，催化裂化的原料一般为(C)。

A. 低沸馏分油　　B. 中间馏分油　　C. 重质馏分油　　D. 渣油

5. 石油炼制中，催化重整的主要目的是生产(C)。

A. 烯烃　　B. 环烷烃　　C. 芳香烃　　D. 烷烃

6. 目前芳烃抽提采用(D)从重整产物中分离芳烃。

A. 精馏法　　B. 过滤法　　C. 加热法　　D. 萃取法

7. 石油炼制中，催化重整通常以(A)为原料。

A. 汽油馏分　　B. 中间馏分　　C. 重质馏分　　D. 渣油

8. 范德华力是(B)的作用力。

A. 原子间　B. 分子间　C. 离子键　D. 共价键

9. 分子间的作用力的特点为(A)。

A. 它是一种吸引力　B. 具有饱和性

C. 具有方向性　D. 作用范围为 0.1 ~ 1nm 之间

10. 下列化合物中，(C)为非极性分子。

A. CO　B. NH_3　C. CO_2　D. HCl

11. 下列化合物中，既有离子键又有共价键的是(B)。

A. NaOH　B. HCl　C. NaCl　D. NH_4Cl

12. 有机化合物一般是指含(D)元素的化合物及其衍生物。

A. 氧　B. 氮　C. 氢　D. 碳

13. 有机物一般不导电、难溶于水，其化学反应速度一般比较慢，同时常伴有副反应。其具有这些特点的根本原因是(D)。

A. 有机物分子较大　B. 碳元素不易氧化

C. 有机物中有氢键存在　D. 有机物中原子以共价键相结合

14. 下列各有机物中，(A)与乙醇互为同分异构体。

A. 二甲醚　B. 乙烷　C. 乙烯　D. 乙炔

15. 若在流场中任何空间点上(D)都不随时间而改变，这种水流称为恒定流。

A. 压力　B. 流量　C. 速度　D. 所有的运动要素

16. 在不可压缩理想液体恒定流中，微小流束内不同的过水断面上，单位重量液体所具有(B)保持相等。

A. 动能　B. 机械能　C. 位能　D. 压能

17. 流体运动中产生水头损失的内因是(A)。

A. 流体具有黏滞性　B. 流体具有压缩性

C. 流体具有表面张力　D. 固体边界的影响

18. 在滑动轴承中，轴承宽度与轴颈直径之比 L/d 越大，油膜的承载能力(A)。

A. 越大　B. 越小　C. 不变　D. 无法确定

19. 推力滚动轴承能承受(A)的作用力。

A. 轴向　B. 径向

C. 径向和轴向两个方向　D. 任何方向

20. 在滚动轴承中，载荷 Q 从轴传递到内座圈，再通过滚子传递给外座圈和轴承座上。载荷 Q 由(B)承受。

A. 全部滚子　B. 一半滚子　C. 1/3 滚子　D. 2/3 滚子

21. 管道检修的验收标准不包括(D)。

A. 检修记录准确齐全

B. 管道油漆完好无损，附件灵活好用，运行一周无泄漏

C. 提交检修过程有关技术资料

D. 管道耐压试验报告

22. 泵检修通知单内容中不包括(D)。

A. 检修的详细项目　　B. 检修完成时间

C. 泵出现故障项目　　D. 更换配件清单

23. 经过人们的长期研究已经确定，金属与电解液作用所发生的腐蚀，是由于金属表面发生(B)而引起的。因此，这一类腐蚀，通常叫做电化学腐蚀。

A. 微电池　　B. 原电池　　C. 电极电位　　D. 干电池

24. 下列腐蚀防护方法中，(C)是使电解液中的金属离子在直流电作用下，于阴极(待镀零件)表面沉积出金属而成为镀层的工艺过程。

A. 浸镀　　B. 衬里防护　　C. 电镀　　D. 喷涂

25. 两台离心泵的流量、扬程分别用 Q_1、H_1 和 Q_2、H_2 表示，当它们串联工作时，则流量满足 $Q_{总}=Q_1=Q_2$，扬程应满足(D)。

A. $H_{总}=H_1-H_2$　　B. $H_{总}=H_2-H_1$　　C. $H_{总}=H_1=H_2$　　D. $H_{总}=H_1+H_2$

26. 下列表达式中，I 表示电流，R 表示电阻，E 表示电源电动势，r 表示电源内阻，则闭合电路负载端电压 U 的计算公式应为(C)。

A. $U=I(R+r)$　　B. $U=E+IR$　　C. $U=IR$　　D. $U=E+Ir$

27. 下列图中，(B)是混联电路图。

A. 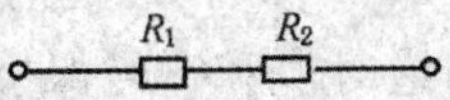

B. 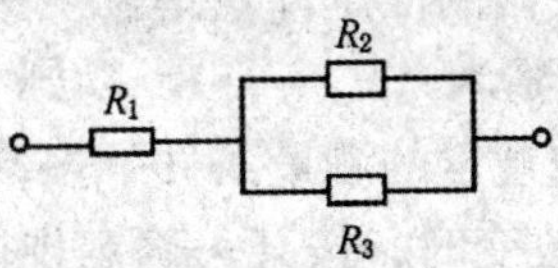

C. 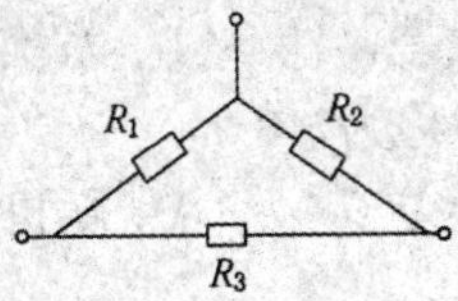

D. 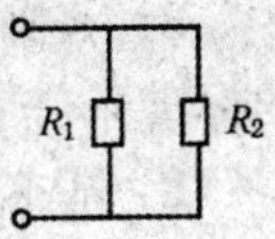

28. 对称三相交流电是由(C)的三个正弦电动势按照一定的方式连接而成的。

A. 频率相同、最小值相等、彼此具有 90°相位差

B. 频率相同、最大值相等、彼此具有 90°相位差

C. 频率相同、最大值相等、彼此具有 120°相位差

D. 频率不同、最大值相等、彼此具有 120°相位差

29. 已知对称三相电源中 B 相的电动势瞬时值函数式为 $v_B=311\sin(\omega t-30°)$V，则其他两相的相电压瞬时值函数式为(D)。

A. $v_A=311\sin(\omega t-120°)$，$v_C=311\sin(\omega t+120°)$

B. $v_A=311\sin\omega t$，$v_C=311\sin(\omega t+120°)$

C. $v_A=311\sin(\omega t+90°)$，$v_C=311\sin(\omega t-90°)$

D. $v_A=311\sin(\omega t+90°)$，$v_C=311\sin(\omega t+210°)$

30. 某异步电动机的额定转速 $n=960$r/min，电源频率 $f=50$Hz，则该电动机的额定转差率为(B)。

A. 0.03　　B. 0.04　　C. 0.05　　D. 0.06

31. 在正常运行时，不可能出现爆炸性气体混合物的环境，或者即使出现也仅是短时存在的爆炸性气体混合物环境，按规定应属于(C)区。

A. 0　　B. 1　　C. 2　　D. 3

32. 固定使用在火灾危险区域22区的电机，选用的防护等级为(D)。

A. IP21　　B. IP30　　C. IP14　　D. IP54

33. 电机防护等级IP56中"5"表示(B)的技术要求。

A. 防水　　B. 防尘　　C. 防爆　　D. 防雷

34. 化工生产中要求把两种物料按一定比例配合，以保证反应充分节约能量，此条件下可使用(B)控制系统进行自动控制。

A. 均匀　　B. 比值　　C. 串级　　D. 前馈

35. 当液体流过调节阀，在节流口流速急剧上升，压力下降，若此时压力下降到低于液体在该温度下的饱和蒸汽压便会汽化，分解出气体后形成气液双向流动，这种现象叫(A)。

A. 闪蒸　　B. 空化　　C. 气蚀　　D. 腐蚀

36. 自力式调节阀与其他调节阀的区别是(B)。

A. 执行机构靠气源或电源产生的动力

B. 执行机构靠工艺管线中介质的压力产生动力

C. 它没有正反作用

D. 它没有风开风关

37. 根据我国的法定计量单位使用要求，电阻率单位Ω m的名称书写时应为(A)。

A. 欧姆米　　B. 欧姆 米　　C. 欧姆—米　　D.〔欧姆〕〔米〕

38. 在偏离规定的测量条件下多次测量同一量时，误差的绝对值和符号保持恒定；或者在该测量条件改变时，按某一确定规律变化的误差，称为(D)。

A. 偶然误差　　B. 随机误差　　C. 粗大误差　　D. 系统误差

39. 测量设备在规定的标准条件下使用时产生的示值误差称为(B)。

A. 系统误差　　B. 基本误差　　C. 附加误差　　D. 随机误差

40. 计量器具的零位误差应属于(B)。

A. 线性系统误差　　B. 定值系统误差　　C. 周期系统误差　　D. 粗大误差

41. 消除误差源是消除系统误差的方法之一，主要是依靠测量人员对测量过程中可能产生系统误差的因素和环节做仔细分析，并在(A)将产生系统误差的因素和根源加以消除。

A. 测量之前　　B. 测量过程中　　C. 测量之后　　D. 测量数据处理中

42. 重力式无阀滤池反冲洗流程是(B)。

A. 滤料层、冲洗水箱、虹吸上升管、虹吸下降管

B. 冲洗水箱、滤料层、虹吸上升管、虹吸下降管

C. 冲洗水箱、虹吸上升管、滤料层、虹吸下降管

D. 滤料层、虹吸上升管、虹吸下降管、冲洗水箱

43. 当水中碱度等于硬度时，水中只有(D)的重碳酸盐。

A. Mg^{2+}和Na^{+}　　B. K^{+}和Ca^{2+}　　C. Na^{+}和Ca^{2+}　　D. Mg^{2+}和Ca^{2+}

44. 在淋水装置中，空气在水平方向上流动，这种冷却塔称为(A)冷却塔。

A. 横流式　　B. 逆流式　　C. 风筒式　　D. 鼓风式

45. 在横流式冷却塔的(D)安装收水器来减少气流夹带水滴。

A. 上部　　B. 下部　　C. 中部　　D. 风道侧

46. 逆流式冷却塔通风总阻力(B)塔内各部件阻力的总和。

A. 大于　　B. 等于　　C. 小于　　D. 无法判断

47. 目前冷却塔出水温度一般要比湿球温度(D)。

A. 低 1 ~ 2℃　　B. 高 0 ~ 1℃　　C. 高 1 ~ 2℃　　D. 高 2℃以上

48. 水垢沉积在换热器传热表面，会(B)冷却器的换热效率。

A. 增大　　B. 减小　　C. 不变　　D. 无法判断

49. 冷却水中换热器水侧传热表面上沉积物增多，则冷却水侧的污垢热阻(A)。

A. 增大　　B. 不变　　C. 减小　　D. 无法判断

50. 循环冷却水系统在开车时投加较高剂量的药剂，使之在金属表面形成极薄的一层保护层，这就叫做(D)。

A. 缓蚀　　B. 阻垢　　C. 杀菌　　D. 预膜

51. 真菌对循环水系统中(A)的影响最大。

A. 木结构冷却塔　　B. 不锈钢水冷器

C. 碳钢水冷器　　D. 聚氯乙烯淋水填料

52. 配制培养基需要根据不同微生物的(B)配制不同培养基。

A. 繁殖速度　　B. 营养需要　　C. 呼吸类型　　D. 生物活性

53. 自来水和游泳池中用氯气消毒时，其余氯指标通常控制在(B)mg/L。

A. 0.1 ~ 0.2　　B. 0.2 ~ 0.5　　C. 0.5 ~ 1.0　　D. 1.0 ~ 2.0

54. 某给水系统从同一水源取水，在同一水厂中经过不同的工艺流程处理后，分别向某区域供给生产用水和生活用水，该系统应属于(A)给水系统。

A. 分质　　B. 分压　　C. 分区　　D. 统一

55. 分压给水系统是指因用户对(B)不同而分成两个或两个以上的给水系统。

A. 水质要求　　B. 水压要求　　C. 功能分区　　D. 自然地形

56. 某城镇被河流分隔，两岸居民和工业用水分别供给，而自成系统，则该城镇的给水属于(C)给水系统。

A. 分质　　B. 分压　　C. 分区　　D. 统一

57. 某企业利用地下水消毒处理后作为生活水，利用河水处理后作为生产用水，则该企业给水系统属于(B)给水系统。

A. 单水源分质　　B. 多水源分质　　C. 单水源分区　　D. 多水源分区

58. 石化企业中通常用量最多的是(C)。

A. 原料用水　　B. 洗涤用水　　C. 冷却用水　　D. 锅炉用水

59. 循环冷却水与大气直接接触冷却的循环冷却水系统为(B)。

A. 密闭式循环冷却水系统　　B. 敞开式循环冷却水系统

C. 直流式冷却水系统　　D. 工艺冷却水系统

60. 在循环冷却水中，pH 值控制在较高范围会(A)腐蚀速度。

A. 降低　　B. 升高　　C. 不变　　D. 无相应关系

61. 选用耐蚀材料是一种有效防腐蚀手段，各种材料耐微生物腐蚀能力为(A)。

A. 钛 > 不锈钢 > 黄铜 > 碳钢　　B. 不锈钢 > 钛 > 黄铜 > 碳钢

C. 不锈钢 > 黄铜 > 碳钢 > 钛　　D. 钛 > 黄铜 > 不锈钢 > 碳钢

62. 在石化行业内，污水回用于循环水时，其CODCr一般不宜高于(D)mg/L。
A. 45 B. 55 C. 65 D. 75
63. 在石化行业内，污水回用循环水时，其浊度一般不宜高于(B)mg/L。
A. 5 B. 10 C. 15 D. 20
64. 一般干管上每隔(B)m应设置一个阀门，且设置在支管的下游为好。
A. 200~400 B. 400~600 C. 600~800 D. 800~1000
65. "反粒度"过滤是指滤料粒径沿水流方向(A)。
A. 逐渐减小 B. 不变
C. 逐渐增大 D. 先逐渐增大后减小
66. 下列关于理想沉淀池的描述，错误的是(D)。
A. 颗粒处于自由沉降状态 B. 水流沿着水平方向移动
C. 颗粒沉到水底不再返回水流中 D. 颗粒沉降速度是变化的
67. 沉淀池的截留沉速与表面负荷率的数值关系为(B)。
A. 截留沉速大 B. 相等 C. 截留沉速小 D. 随机变化
68. 理想沉淀池去除率一定时，下述说法错误的是(D)。
A. 颗粒沉速越大则表面负荷率越高
B. 颗粒沉速越大则产水量越多
C. 表面负荷率越高则产水量越多
D. 颗粒沉速与凝聚效果无关
69. 滤池易产生负水头的部位在滤料的(A)。
A. 上层 B. 中层 C. 下层 D. 随机出现
70. 下列滤池中不会产生负水头的是(A)。
A. 无阀滤池 B. 快滤池
C. 移动冲洗罩滤池 D. 压力滤池
71. 水走壳程的冷却器冷却水流速不宜小于(A)m/s。
A. 0.3 B. 0.5 C. 0.9 D. 1.0
72. 能与水中某些离子或腐蚀下来的金属离子相互结合沉淀在金属的表面上，形成一层难溶的沉淀物或络合物，从而阻止了金属的继续腐蚀的是(B)型缓蚀剂。
A. 氧化膜 B. 沉淀膜 C. 吸附膜 D. 钝化膜
73. 在水样中加入氧化汞的作用是(A)。
A. 抑制细菌 B. 作金属溶剂，防止沉淀
C. 与有机碱形成盐 D. 与挥发化合物形成盐
74. 电磁过滤器清洗时，应该(B)。
A. 断开励磁电流，正洗 B. 断开励磁电流，反洗
C. 通励磁电流，正洗 D. 通励磁电流，反洗
75. 钼酸盐是种很好的(C)剂。
A. 阻垢 B. 杀菌 C. 缓蚀 D. 灭藻
76. 铬酸盐能使钢铁表面生成一层连续而致密的钝化膜，其主要成分是(B)。
A. Cr_2O_3 B. $\gamma-Fe_2O_3$ C. Fe_2O_3 D. $\gamma-Cr_2O_3$

77. 有机膦酸在水中离解后能与 Ca^{2+}、Mg^{2+} 等金属离子形成稳定(B)，从而增加了 $CaCO_3$ 在水中的溶解度。

A. 聚合物　　B. 络合物　　C. 化合物　　D. 胶体

78. 在循环水中使用阻垢剂时，有机膦酸和聚磷酸盐混合使用的效果比单一使用任何一种都好的现象，称为多种药剂的(C)。

A. 混合效应　　B. 叠加效应　　C. 协同效应　　D. 聚合效应

79. 采用膦酸(盐)和聚羧酸(盐)复合水稳剂使用时，是利用其(D)增强药效。

A. 混合效应　　B. 聚合效应　　C. 叠加效应　　D. 协同效应

80. 在下列给水系统中，(A)给水系统的水的重复利用率最低。

A. 直流冷却水　　B. 循环冷却水　　C. 串级使用　　D. 污水回用

81. 水温对混凝效果的影响，下列描述错误的是(D)。

A. 水温低时，絮体形成缓慢　　B. 水温低时，形成的絮体结构松散

C. 水温低时，难以形成较大絮体　　D. 水温越高，混凝效果越好

82. 水处理用石英砂滤料的密度不应小于(D) g/cm^3(CJ24·1—88)。

A. 1.95　　B. 2.15　　C. 2.05　　D. 2.55

83. 串级调节系统在系统结构上组成(B)个闭合回路。

A. 1　　B. 2　　C.3　　D. 4

84. 串级调节系统的主、副回路协同工作，克服干扰能力强，可用于不同(C)和操作条件变化的场合。

A. 质量　　B. 压力　　C. 负荷　　D. 重量

85. 流量比例式自动加药系统主要由流量计、自动计量泵和控制器构成。当设定浓缩倍数和药剂浓度保持不变时，系统中加药量正比于补充水量；如浓缩倍数高于设定值则发生加药量(C)。

A. 过低　　B. 不变　　C. 过高　　D. 无法判断

86. 不属于水平衡测试技术准备的是(B)。

A. 对测试人员进行培训，掌握测试技术，明确测试任务

B. 制定周密的用水方案

C. 根据生产流程或供水管路等特点划分用水单元，选择好测试员

D. 制定好切实可行的测试方案

87. 转效点加氯(折点加氯)就是向水中加入足够量的氯，直到满足(C)，再继续加氯使之有剩余氯产生。

A. 加氯量　　B. 分解量　　C. 需氯量　　D. 余氯量

88. 按石化行业规定，循环水监测换热器的流速应为(B) m/s。

A. 0.5 ~ 0.8　　B. 0.8 ~ 1.0　　C. 1.0 ~ 1.5　　D. 1.5 ~ 2.0

89.《工业循环冷却水处理设计规范》GB/T 50102—2003 规定，管程循环冷却水流速不宜小于(C) mm/a。

A. 0.3　　B. 0.6　　C. 0.8　　D. 1.2

90. 在沉降过程中，粒径大于(B) mm 的泥沙沉降较快，称为不稳定泥沙。

A. 0.001 ~ 0.015　　B. 0.015 ~ 0.030　　C. 0.030 ~ 0.045　　D. 0.045 ~ 0.060

91. 某水塔由一台离心泵从恒定水位的集水池供水，在水塔蓄水过程中，若无任何操作和调节，则该泵的工况点将(B)。

A. 不变　B. 向流量减小侧移动
C. 向流量增大侧移动　D. 来回移动

92. 离心泵在并联工作与其单独工作相比较，每台泵的工况点(A)。

A. 左移　B. 右移
C. 不变　D. 移动方向因扬程高低而异

93. 化工行业标准推荐的Ⅰ型标准腐蚀试片的面积为(B)cm^2。

A. 18　B. 28　C. 38　D. 40

94.《工业循环冷却水处理设计规范》GB/T 50102—2003 中规定，当换热器的型式为板式，翅片管式和螺旋板式时，循环冷却水中悬浮物浓度不宜大于(B)mg/L。

A. 5　B. 10　C. 15　D. 20

95. 用紫外分光光度法测定循环冷却水中油含量的范围是(C)mg/L。

A. 0.1~1　B. 0.01~2　C. 0~10　D. 10~20

96. 离心式压缩机的弯道和回流室主要起(C)作用。

A. 增压　B. 降压　C. 导流　D. 密封

97. 离心式压缩机属于(A)型压缩机。

A. 速度　B. 容积　C. 压力　D. 温度

98. 并联两台同型号离心泵，则总扬程为单台泵的(B)。

A. 1倍　B. 1倍以上　C. 2倍　D. 2倍以上

99. 为了提高传热效率，可采取(B)途径。

A. 减小流速　B. 用翅片管代替光管
C. 减少列管换热器的管程　D. 两流体采用并流流向

100. 属于提高传热系数来强化传热目的的是(A)。

A. 换热器壳程中设挡板　B. 换热器采用翅片管
C. 泡沫冷却塔　D. 采用并流流向的换热器

101. 当换热器切换时，应注意(A)。

A. 启用时，先开冷源；停用时，先关热源
B. 启用时，先开冷源；停用时，先关冷源
C. 启用时，先开热源；停用时，先关冷源
D. 启用时，先开热源；停用时，先关热源

102. 为防止气缚，离心泵进口偏心管安装时要注意(A)。

A. 平面朝上　B. 斜面朝上　C. 平面朝左　D. 平面朝右

103. 往复式压缩机的中间接筒一般设在十字头滑道与(B)之间。

A. 活塞　B. 汽缸　C. 曲轴　D. 连杆

104. 往复式压缩机属于(B)压缩机。

A. 速度型　B. 容积型　C. 回转式　D. 转子式

105. 电动偏心旋转阀的组成为(A)。

A. 电动执行机构和偏心旋转机构　B. 电动蜗轮蜗杆机构和偏心旋转机构

C. 电动手轮机构和偏心旋转机构　D. 电动蜗轮蜗杆机构和电动手轮机构

106. 下列表示电-液动阀门传动方式的符号是(A)。

A. 2　B. 5　C. 3　D. 4

107. 轴流泵的泵轴一般较长，通常需要用(D)制成。

A. 普通铸铁　B. 橡胶　C. 普通铸铝　D. 优质碳钢

108. 液环真空泵和容积泵的主要差别在于液环真空泵必须依靠(A)来传递能量。

A. 工作介质　B. 叶轮　C. 轴　D. 壳体

109. 在抽送泥浆时，水射器喉管入口、喉管及吸入室设计成(D)。

A. 柱形　B. 三角形　C. 菱形　D. 锥形

110. 一氢气管道，温度300℃，压力为2.5MPa，则其上平面法兰的垫片应选(C)垫。

A. 中压橡胶石棉　B. 耐油橡胶石棉　C. 缠绕　D. 钢

111. 比例律是相似定律的特例，此时线性比例尺 $\lambda =$ (A)。

A. 1　B. 2　C. 3　D. 4

112. 已知现工况点A需要流量26L/s、扬程60m，若对IS100-65-250型泵采用变速调节来满足使用要求，现过A点绘制相似工况抛物线，与转速 $n_1 = 2900$r/min时该泵Q-H曲线相交于B点，其相应流量为29.8L/s、扬程为79m，则调节后的转速 n_2 应等于(C)r/min。

A. 1673　B. 2203　C. 2530　D. 2708

113. 可控硅串级调速系统的基本原理是(B)。

A. 电机定子串接外加电势改变定子电流　B. 电机转子串接外加电势改变转子电流

C. 电机定子串接外加电阻改变定子电压　D. 电机转子串接外加电阻改变转子电压

114. 在恒定电源频率下，电机的同步转速与(C)成反比。

A. 电压　B. 电流　C. 绕组极对数　D. 转差率

115. 下列调速方法中，(B)不适用异步电动机。

A. 变频调速　B. 无换向电动机调速

C. 变极调速　D. 可控硅串级调速

116. 大阻力配水系统的承托层最下一层顶面应高出配水系统(D)mm。

A. 40　B. 60　C. 80　D. 100

117. 中、小阻力配水系统的承托层厚度大约(B)mm。

A. 150~200　B. 200~250　C. 300~350　D. 350~400

118. 潜污泵安装方式有(C)种。

A. 1　B. 2　C. 3　D. 4

119. 计量泵的水力部分是(B)。

A. 传动箱部件　B. 液缸部件　C. 柱塞　D. 行程调节机构

120. 离心泵大修时应做(D)动平衡。

A. 轴承　B. 机封　C. 叶轮　D. 转子

121. 离心泵试车时，滚动轴承温度不得超过(C)℃。

A. 50　B. 65　C. 70　D. 90

122. 由于泵入口真空过高时，泵会产生(C)现象，所以要规定泵的允许吸上真空高度。

A. 喘振　B. 不上量　C. 气蚀　D. 气缚

123. 水泵机组安装工作包括电动机、水泵、管路和附件的安装，安装先后顺序为(B)。

A. 电动机、水泵、管路和附件　B. 水泵、电动机、管路和附件

C. 水泵、管路和附件、电动机　D. 电动机、管路和附件、水泵

124. 加氯时在液氯钢瓶上淋水目的是(B)。

A. 降温　B. 加热　C. 防止氯气泄漏　D. 防止氯瓶腐蚀

125. 润滑脂的组成中，(C)是一种极性较强的化合物。

A. 基础油　B. 稠化剂　C. 稳定剂　D. 防锈添加剂

126. 计量泵停车顺序正确的是(A)。

A. 切断电源→关入口阀→调节冲程到零　B. 调节冲程到零→关入口阀→切断电源

C. 调节冲程到零→切断电源→切断电源　D. 关入口阀→调节冲程到零→切断电源

127. 冬季横流塔最易结冰处是(A)。

A. 填料外边缘　B. 填料内边缘　C. 收水器　D. 风机叶片

128. 循环冷却水中微生物的大量繁殖(B)对金属的腐蚀。

A. 减速　B. 加速　C. 不变　D. 无法判断

129. 已知某循环冷却水实际测量 pH 值为 7.0，经计算该水质的 pH 值为 7.5，则该水有(B)倾向。

A. 结垢　B. 腐蚀　C. 不结垢不腐蚀　D. 腐蚀和结垢

130. 造成离心泵运行轴承发热的原因是(B)。

A. 动力机轴与泵轴同心　B. 动力机轴与泵轴不同心

C. 转动皮带太松　D. 泵负荷低

131. 循环冷却水系统进行化学清洗能(C)对系统的预膜效果的影响。

A. 无影响　B. 降低　C. 提高　D. 无法判断

132. 碳钢在冷却水中的腐蚀速度随水的 pH 值的升高而(C)。

A. 升高　B. 不变　C. 降低　D. 无法判断

133. 循环水供水温度偏高，正确的处理方法是(A)。

A. 增加风机运行台数　B. 减少上塔水量

C. 减少风机运行台数　D. 增加旁滤水量

134. 氯酚类杀生剂近年来较少使用是因为(D)。

A. 价格高　B. 效果差　C. 易分解　D. 毒性大

135. 用(A)投影画出管段及其所附管件、阀门、控制点等图形、符号。

A. 正等轴侧　B. 主视　C. 侧视　D. 俯视

136. 某一级泵站 4 月份供水总量为 3.60×10^6t，消耗电能(扣除电源线损后)5.4×10^5kW 时，已知该泵站静扬程平均为 30m，则其泵站效率为(C)。

A. 75%　B. 66.67%　C. 54.44%　D. 45%

137. pH 值的计算公式为(B)。

A. $pH = \lg\{c(H^+)\}$　B. $pH = -\lg\{c(H^+)\}$

C. $pH = \ln\{c(H^+)\}$　D. $pH = -\ln\{c(H^+)\}$

多选题

1. 石油炼制中，催化裂化装置通常由(A，B，C)等部分组成。

A. 反应－再生系统　B. 分馏系统

C. 吸收稳定系统　　D. 能量回收系统

2. 下列化学反应中，(A，B，C，D)不是中和反应。

A. $Zn + 2HCl = ZnCl_2 + H_2\uparrow$　　B. $H_2SO_4 + NaCl = NaHSO_4 + HCl$

C. $Fe_2O_3 + 6HCl = 2FeCl_3 + 3H_2O$　　D. $NaCl + AgNO_3 = AgCl\downarrow + NaNO_3$

3. 下列化学反应中，(A，B，D)不是置换反应。

A. $BaCl_2 + Na_2SO_4 = BaSO_4 + 2NaCl$　　B. $NH_4OH = NH_3\uparrow + H_2O$

C. $Fe + CuCl_2 = FeCl_2 + Cu$　　D. $2CO + O_2 = 2CO_2$

4. 硝酸跟金属反应一般情况下生成水而不生成氢气，这是由于(C，D)。

A. 硝酸的酸性强　　B. 硝酸的强腐蚀性

C. 硝酸的强氧化性　　D. 氢的强还原性

5. 金属铝作为导线使用，是由于它具有(A，C)性质。

A. 导电性　　B. 导热性　　C. 延展性　　D. 氧化性

6. 根据碳的骨架可把有机化合物分为(A，C，D)。

A. 开链化合物　　B. 基本有机化合物　　C. 杂环化合物　　D. 碳化化合物

7. 恒定流的流线具有(A，B，C)的特性。

A. 流线的形状和位置不随时间而改变　　B. 液体质点运动的迹线与流线重合

C. 流线不相交　　D. 流线均为直线

8. 流体在流动时所具有的机械能的形式有(A，B，D)。

A. 位能　　B. 动能　　C. 内能　　D. 压能

9. 根据流体产生能量损失的外在原因不同，将流体水头损失分为(A，D)。

A. 沿程损失　　B. 水力损失　　C. 摩阻损失　　D. 局部损失

10. 与滚动轴承相比，滑动轴承工作时具有(A，B，C，D)的特点。

A. 寿命长　　B. 承载能力高　　C. 抗振性好　　D. 噪声小

11. 滚动轴承的缺点是(A，B，C，D)。

A. 负担冲击载荷能力差　　B. 高速运转时噪声大

C. 径向尺寸大　　D. 寿命短

12. 法兰的公称压力并不代表它的允许工作压力，这两个压力之间的差别完全取决于(A，B)。

A. 法兰材料　　B. 工作温度　　C. 法兰型式　　D. 工作介质

13. 在泵检修完工后，其施工现场的验收标准为(A，B，C)。

A. 现场清洁无油污　　B. 零部件齐全好用

C. 连接螺丝齐全、满扣、整齐、坚固　　D. 旧配件现场摆放整齐

14. 金属防腐蚀通常采用的方法为(A，B，C，D)。

A. 腐蚀介质的处理　　B. 正确选用金属材料

C. 合理设计金属结构　　D. 电化学保护

15. 下列各种方法中，(A，C)可调节离心泵装置的出口流量。

A. 泵并联　　B. 泵串联

C. 阀门控制　　D. 减少多级泵的级数

16. 均匀控制系统通常是对(A，D)的均匀控制。

A. 流量　　B. 压力　　C. 温度　　D. 液位

17. 一般来说，前馈控制系统常用于(B，C，D)的场合。

A. 干扰因素多

B. 扰动频繁而又幅值较大

C. 主要扰动可测而不可控

D. 扰动对被控变量影响显著，单靠反馈控制难以达到要求的情况

18. 气动活塞式执行机构振荡的原因为(A，B，C，D)。

A. 执行机构输出力不够　　B. 气缸压力不足

C. 气源压力不够　　D. 放大器节流孔堵塞

19. 设备误差是计量误差的主要来源之一，它可分为(A，B，C)。

A. 标准器误差　　B. 测量装置误差　　C. 附件误差　　D. 随机误差

20. 常用的消除定值系统误差的方法，除了消除误差源外，还有(A，B，C，D)。

A. 交换法　　B. 加修正值法　　C. 替代法　　D. 抵消法

21. 选择给水水源时，坚持(A，B，C)的原则能降低给水系统的投资，有利于提高给水系统的可靠性。

A. 分质供水　　B. 地下水源与地表水源相结合

C. 集中与分散相结合的多水源供水　　D. 集中单水源供水

22. 天然水中 CO_2 的主要来源有(B，C，D)。

A. 空气中 CO_2 溶解　　B. 有机物的氧化分解

C. 降水夹带　　D. 地层深处的化学反应变化

23. 缝隙区形成的氧浓差电池造成的腐蚀部位有(A，C)。

A. 缝隙之内　　B. 缝隙之外　　C. 沉积物下面　　D. 沉积物上面

24. 在有溶解氧存在的条件下，金属在中性溶液中的腐蚀过程是一个(C，D)反应。

A. 氧化　　B. 还原　　C. 氧化还原　　D. 电化学

25. 形成氧化型膜的缓蚀剂有(A，B，D)。

A. 铬酸盐　　B. 亚硝酸盐　　C. 聚磷酸盐　　D. 钼酸盐

26. 微生物的腐蚀作用表现在(A，B，C)。

A. 形成生物黏泥，产生氧的浓度差电池，促进垢下腐蚀

B. 硫酸盐还原菌的阴极去极化作用

C. 新陈代谢产生腐蚀性物质，如无机盐、有机酸等

D. 形成生物黏泥，增加氧的浓度，促进垢下腐蚀

27. 碳酸化合物在水中存在的形态有(A，B，C，D)。

A. CO_2　　B. H_2CO_3　　C. HCO_3^-　　D. CO_3^{2-}

28. 因地形高差较大或输水距离较长而分区的给水系统，通常也可看作分压给水系统，按其布置形式可分为(C，D)等类型。

A. 交叉分区　　B. 平行分区　　C. 并联分区　　D. 串联分区

29. 循环水系统的有效防腐控制方法有(A，B，D)。

A. 选用耐蚀材料　　B. 控制水质　　C. 阳极保护　　D. 阴极保护

30. 输水管定线和布置时，应遵循(A，B，D)的原则。

A. 尽量做到线路短　　B. 力求全部或部分重力输水

C. 保证两条输水管线　　D. 尽可能沿现有道路或规划道路定线

31. 硫酸作离子交换树脂的再生剂有(A，C)的优点。

A. 价格便宜　　B. 再生效果好

C. 易于采取防腐措施　　D. 易于清除树脂的有机污染物

32. 对于强酸性阳离子交换树脂，可以选择(B，D)做再生剂。

A. 磷酸　　B. 硫酸　　C. 硝酸　　D. 盐酸

33. 影响混凝的主要因素包括(A，B，C)。

A. pH 值　　B. 水温　　C. 源水浊度　　D. 滤料

34. 满足斜板隔油池油水分离的基本条件是(B，D)。

A. 水温　　B. 缩短油珠上浮距离

C. 水质　　D. 水流呈层流状态

35. 以下可作为分散剂的有(B，C)。

A. 磷酸盐　　B. 聚丙烯酸　　C. 聚甲基丙烯酸　　D. 聚磷酸盐

36. 下列因素中能造成循环水 pH 值升高的有(A，C)。

A. 冷却塔周围空气氨含量高　　B. 蒸发量小

C. 含碱介质的水冷器泄漏　　D. 补水量大

37. 循环冷却水系统预膜应具备的条件有(A，B，C，D)。

A. 各水冷器已检修完毕并投运　　B. 所需的化工药品全部运到现场

C. 循环水管线的 pH 计调试正常　　D. 水质分析及监测工作准备就绪

38. 冷却塔中，循环冷却水蒸发损失率与(A，D)有关。

A. 循环水温差　　B. 循环水水量　　C. 循环水压力　　D. 环境湿度

39. 冷却塔中，循环水风吹损失与(A，B，D)有关。

A. 当地的风速　　B. 冷却塔的类型

C. 循环水水温　　D. 循环水水量

40. 决定联锁系统设计功能的主要因素有(A，B，C，D)。

A. 工艺过程　　B. 工艺设备的保护要求及控制要求

C. 电源、气源供应的可靠性　　D. 系统元件本身的可靠性

41. 防止冷却水系统结垢，通常采用的化学处理方法有(A，B，C)。

A. 从冷却水中除去成垢离子

B. 加酸或通 CO_2，降低 pH 值，稳定重碳酸盐

C. 投加阻垢剂破坏 $CaCO_3$ 等盐类的结晶增长过程

D. 使用静电水垢控制器，阻止水中溶解盐的阴阳离子产生化学结合

42. 测定氯离子的方法常用的有(A，B，C)。

A. 佛尔哈德法　　B. 莫尔法

C. 汞量法　　D. 靛蓝二磺酸钠比色法

43. 双吸式离心泵的优点有(A，B)。

A. 流量大　　B. 轴向推力小　　C. 出口压力高　　D. 检修方便

44. 将两台同型号的离心泵并联，且吸入、排出管路相同，则两泵(A，B，C)相同。

A. 流量　　B. 压头　　C. 效率　　D. 无法判断

45. 造成离心泵气缚的原因主要有(A，B，C，D)。

A. 启动前排气不完全　　B. 密封填料泄漏量过大

C. 进水管漏气　　D. 吸入口液位偏低

46. 往复式压缩机气缸内的活塞，通过(A，B，C，D)连接传动，而在气缸内作往复运动。

A. 曲轴　　B. 连杆　　C. 十字头　　D. 活塞杆

47. 确定滤池滤层的厚度应考虑的因素有(A，B，D)。

A. 水质　　B. 滤料的种类　　C. 水温　　D. 滤料的级配

48. 滤料的不均匀系数值偏大可能对滤池运行产生的影响有(C，D)。

A. 滤料均匀性好　　B. 水头损失降低

C. 小颗粒的滤料可能填充到大滤料间的孔隙，使截污能力减小

D. 使孔隙率减小

49. 轴流泵的叶轮组成有(B，C，D)。

A. 导叶体　　B. 叶片　　C. 轮毂　　D. 导水锥

50. 液环真空泵工作空间分为(A，B，C)。

A. 吸气区　　B. 压缩区　　C. 排气区　　D. 排水区

51. 密封垫泄漏的形式有(A，B，C)。

A. 界面泄漏　　B. 渗透泄漏　　C. 破坏性泄漏　　D. 浸渍泄漏

52. 下列选项中能造成气轮机润滑油压力低的原因有(A，B，C)。

A. 油泵出口油压低　　B. 过滤器压差大

C. 油冷器泄漏　　D. 气轮机转速过高

53. 凝汽器冷却管泄漏或爆管的现象有(A，B，D)。

A. 凝结水电导迅速上升　　B. 凝汽器液位很快升高

C. 凝汽器液位很快下降　　D. 真空急剧下降

54. 可以用兆欧表测量绝缘电阻的设备有(B，C)。

A. 电子设备　　B. 低压电动机　　C. 高压电动机　　D. 带电设备

55. 下列调速方法中，(C，D)改变了异步电机的转差率。

A. 变频调速　　B. 变极调速

C. 可控硅串级调速　　D. 调压调速

56. 潜污泵(B，C，D)之间是静密封。

A. 电机输出轴与泵体　　B. 电缆和接线盒

C. 上下壳体　　D. 电机壳体与泵体

57. 影响泵的允许吸上真空高度的因素有(A，C，D)。

A. 泵产生的吸上高度　　B. 泵的最大流量

C. 克服吸水管水力损失　　D. 泵入口造成的适当流速

58. 防止泵气蚀的方法有(A，B，C，D)。

A. 降低泵的转数　　B. 采用双吸式泵

C. 尽可能将泵安装得低一点　　D. 叶轮采用抗气蚀材料

59. 由于润滑脂的(B，C，D)不同，混合后会引起胶体结构的变化，影响使用性能。

A. 闪点　　B. 稠化剂　　C. 添加剂　　D. 基础油

60. 冬季防止凉水塔结冰的措施有（A，B，C）。
A. 增加上塔水量　B. 停运风机　C. 关闭上塔水阀　D. 增开风机

61. 采用机械密封时，（B，C，D）是静密封。
A. 静环和动环的接触面间的密封　B. 静环与端盖之间的密封
C. 端盖与泵体之间的密封　D. 动环与轴之间的密封

62. 循环冷却水水池溢流的可能原因有（B，C）。
A. 补水量偏小　B. 补水量偏大
C. 工艺水窜入冷却水系统　D. 生产装置人为排放循环冷却水

63. 造成循环水集水池液位急剧下降的原因有（C，D）。
A. 补水水量小　B. 旁滤池反冲洗　C. 管网爆管　D. 系统排水量太大

64. 敞开式循环水系统中发生低 pH 腐蚀事故的可能原因有（A，B，C，D）。
A. 加酸过量　B. 加氯过多
C. 酸性工艺物质泄漏进入冷却水系统　D. 冷却塔周围空气中二氧化硫含量高

65. 影响循环水余氯偏低的因素有（A，B，C，D）。
A. 加氯量偏小　B. 水中有机物含量高
C. 水中菌藻繁殖严重　D. 含氨介质的水冷器泄漏

66. 影响重力无阀滤池自动反冲洗难以形成的因素有（A，B，C）。
A. 虹吸下降管水封无效　B. 虹吸破坏管漏气
C. 虹吸辅助管堵塞　D. 真空泵或水射器不能抽真空

67. 降低循环冷却水系统腐蚀速度的方法有（A，B，C，D）。
A. 添加缓蚀剂　B. 提高冷却水的 pH 值
C. 选用耐腐蚀材料的换热器　D. 使用防腐涂料

68. 循环冷却水系统控制水垢析出的方法有（A，B，C）。
A. 对补充水进行软化处理
B. 加酸或通二氧化碳气体，降低 pH 值，稳定重碳酸盐
C. 投加阻垢剂
D. 加设旁滤池

69. 旋转电机着火不能用（A，D）进行处理。
A. 干粉灭火器　B. 消防水
C. 二氧化碳灭火器　D. 泡沫灭火器

70. 新建低压蒸气管网投用前，需要确认的工作有（A，B，C，D）。
A. 所有施工项目均已完成　B. 沿途管线低点导淋均已打开放净
C. 流程正确无误　D. 管线吹扫合格

71. 高压蒸气放空时，其出口应（A，B，C，D）。
A. 加消音器　B. 设标志牌
C. 30m 内不许站人　D. 管口朝上

72. 消除冷却塔风机振动偏大的方法有（A，B，C，D）。
A. 加固基础，紧固地脚螺栓　B. 重新找正动力机轴和齿轮箱
C. 调整风机叶片角度使一致　D. 保持齿轮箱正常的油位

73. 在管道平面布置图上应画出(A，B，C，D)。

A. 管件　　B. 阀门　　C. 仪表控制点　　D. 管架

74. 零件图的定义为具有技术要求的，并能表示加工后零件的(A，B，C)的图样。

A. 形状　　B. 结构　　C. 大小　　D. 性能

75. 常压下，90℃纯水的 pH 值等于(B，C)。

A. p*K*w　　B. 0.5p*K*w　　C. pOH　　D. 7

简答题

1. 中和反应在实际生产中有哪些用途?

答: ①化学分析中测定溶液的酸或碱的浓度。②水处理工艺中废酸、废碱的处理等。

2. 为什么铝、铁容器可以盛装浓硝酸和浓硫酸而不能盛装稀酸?

答: ①铝、铁在浓硝酸、浓硫酸中能发生钝化现象；②由于浓硝酸、浓硫酸具有强氧化性，可将铝、铁表面氧化，生成一层致密的氧化物薄膜，从而阻止了进一步反应；③稀酸氧化性差或无氧化性，不能使铁、铝表面生成氧化物薄膜，故稀酸不能用铁、铝做容器；④浓硝酸低于 98%就很容易腐蚀铝容器而造成漏酸。

3. 简述管道检修的验收标准。

答: ①检修记录准确齐全；②管道油漆完好无损，附件灵活好用，运行一周无泄漏；③提交下列技术资料，设计变更及材料代用通知单；材质、零部件合格证；隐蔽工程记录；检修记录(含单线图)；焊缝质量检验报告；试验记录。

4. 简述电化学腐蚀过程。

答: 电化学腐蚀过程由三个环节组成：①金属在阳极溶解，变成金属离子进入溶液中，电子留在金属上；②电子从阳极流到阴极；③在阴极，流来的电子被溶液中能够吸收电子的物质所吸收。

5. 简述纯电感和纯电容电路中交流电压和电流的关系。

答: ①在纯电感电路中，在相位上电流滞后电压 90°，在数值上 $U = IX_L$；②在纯电容电路中，在相位上电流超前电压 90°，在数值上 $U = IX_C$。

6. 何为隔爆型电气设备和增安型电气设备?

答: 隔爆型电气设备是具有隔爆外壳的电气设备，是指能把点燃爆炸性混合物的部件封闭在一个外壳内，该外壳能承受内部爆炸性混合物的爆炸压力，并阻止向周围的爆炸性混合物传爆的电气设备。增安型电气设备是在正常运行条件下，不会产生点燃爆炸性混合物的火花或危险温度，并在结构上采取措施，提高其安全程度，以避免在正常和规定过载条件下出现点燃现象的电气设备。

7. 简述水的特性。

答: ①温度 - 体积效应异常；②热容量大；③在常压下 0 ~ 100℃内有三相变化；④表面张力大；⑤溶解及反应能力极强；⑥导电性特殊(纯水不导电)。

8. 简述重力式无阀滤池反冲洗停止过程。

答: 重力式无阀滤池反冲洗时，当水箱中水位下降到虹吸破坏斗缘口以下时，虹吸破坏管即将斗中水吸光，管口露出水面，空气便大量由破坏管进入虹吸管，破坏虹吸，反冲洗停止。

9. 简述冷却塔收水器的作用。

答： 收水器将冷却塔排出湿热空气中所携带的水滴与空气分离，减少逸出水量损失和对周围环境的影响。

10. 简述循环水的冷却原理。

答： ①在冷却塔内，水的冷却主要是由蒸发散热和接触传热来完成的；②蒸发传热是当水在其表面温度时的饱和蒸气压大于空气中水蒸气分压时，水滴表面的水分子克服液态水分子之间的吸引力而汽化逸入空气中，并带走汽化潜热，使液态水的温度下降；③接触传热是当空气的温度低于水温时，热量从水传入空气，带走的热量是显热，使空气温度提高而水温降低。

11. 为什么循环冷却水系统适宜微生物的大量繁殖？

答： ①温度适宜，一般循环水温度范围 20～40℃；②pH 值适合，一般循环水 pH 值在 6.5～9.0；③氧的供给情况，水中溶解氧升高，而污垢下缺氧，故好氧菌、厌氧菌都有生长条件；④营养丰富，水的浓缩，水处理剂，工艺泄漏，大气及水源污染等都增加营养。

12. 什么是腐蚀？

答： 腐蚀是由于材料(通常是金属)和周围介质作用，使其被破坏或使材料性能恶化的过程。

13. 写出各种形态的碳酸相互转化的反应式？

答： $CO_2 + H_2O \rightleftharpoons H_2CO_3$

$H_2CO_3 \rightleftharpoons H^+ + HCO_3^-$

$HCO_3^- \rightleftharpoons H^+ + CO_3^{2-}$

14. 循环冷却水中微生物的繁殖是如何加速金属设备腐蚀的？

答： ①形成生物黏泥，促使氧浓度差电池腐蚀；②腐蚀微电池的去极化作用，如硫酸盐还原菌的腐蚀；③有些微生物的代谢会直接对金属构成腐蚀。

15. 什么是黏泥？

答： 黏泥是指由于水中溶解的营养源而引起细菌、丝状菌(霉菌)、藻类等微生物群的增殖，并以这些微生物为主体，混有泥砂、无机物和尘土等，形成悬浮的、附着的或堆积的软泥性沉积物。

16. 如何区分冷却器内的软垢和硬垢？

答： ①外观形状不同：软垢软而有黏性，呈细状有湿润感；硬垢则较硬，取出后往往呈块状、粒状、片状等；②含水量不同：在 105～110℃条件下烘干，软垢失重大，而硬垢失重小；③有机物含量不同：在 450～550℃条件下灼烧，软垢失重大，而硬垢失重小。

17. 为什么"反粒度"过滤能提高滤池性能？

答： 由于单层滤池滤料粒径沿水流方向逐渐增大，使截留在滤层中的杂质分布不均匀，表层最多，越向下越少，以致表层水头损失增加很快，过滤周期明显缩短。而"反粒度"过滤使滤料粒径循水流方向逐渐减小，即过滤水流先经过粗粒滤料，再依次流过粒度更小的滤料，使得滤层中杂质分布趋于均匀，滤层含污能力提高，滤层水头损失增加减缓，过滤周期将延长。

18. 简述黏泥量的测定。

答： 用标准的浮游生物网，在一定时间内过滤定量的水，将截留下来的悬浮物放入量筒内静置一定时间，测其沉淀后黏泥量的容积，以 mL/m^3 表示。

19. 简述缓蚀阻垢剂的定义。

答： 缓蚀阻垢剂是指兼有抑制腐蚀和结垢两种作用的药品或制剂，其中包括复合剂。

20. 选择采集和存放样品的容器，尤其是分析微量组分，应遵循哪些原则？

答： ①制造容器的材料应对水样的污染降至最小；②制造容器的材料在化学和生物方面具有惰性，使样品组分与容器之间的反应减到最低程度；③选用对样品吸附较小的材料的容器；④容器壁应易清洗和处理，以便减少微量组分的损失。

21. 简述电磁过滤器的工作及清洗原理。

答： ①电磁过滤器是利用电磁线圈产生直流磁场；②该磁场作用于具有较大导磁系数物质(如铁球、钢毛等)，以磁力吸引及磁凝聚原理，从水中去除铁、铜等金属氧化物和其他杂质；③当电磁过滤器运行一段时间，需清洗。清洗时，断开励磁电流，由于铁球的软磁特性，其剩磁很小，借助水力作用，可以使吸着的杂质从球表面分离下来，随冲洗水排出过滤器。冲洗后，电磁过滤器又可恢复原来的工作状态，继续投入运行。

22. 液氯的杀生机理是什么？

答： 氯进入冷却水中，水解生成盐酸和次氯酸：$Cl_2 + H_2O \rightleftharpoons HCl + HOCl$，其杀生作用主要是依靠具有强氧化能力的次氯酸。HOCl 分子量很小，能够很快扩散到带负电荷的细菌表面，并透过细胞壁进入细菌体内，发挥其氧化作用，使细菌中的酶遭到破坏；细菌的养分要经过酶的作用才能吸收，酶被破坏，细菌也就死亡。

23. 季铵盐的杀菌作用机理是什么？

答： 季铵盐的杀菌作用应归功于其正电荷，这些正电荷与微生物细胞壁上带负电的基团结合，破坏细胞壁，导致溶菌作用和细胞的死亡；季铵盐也能使蛋白质变性而导致细胞死亡；它们破坏细胞膜的半透性，使维持生命的养分摄入量降低。

24. 以有机膦酸盐阻垢为例，说明晶格畸变机理。

答： 在冷却水中加入有机膦酸时，它们会吸附到碳酸钙晶体的活性增长点上与 Ca^{2+} 螯合，抑制了晶格向一定的方向成长，使碳酸钙晶体结构发生很大的畸变，碳酸钙的晶体结构被歪曲了，从而产生了一些较大的非结晶的颗粒，这种非结晶的颗粒较容易被水流等冲刷分散，可使碳酸钙硬垢转变成为一定程度的呈分散状态的软垢。

25. pH 值对 $Al(OH)_3$ 混凝剂的混凝效果有哪些影响？

答： 在不同的 pH 值下，Al^{3+} 的存在形态不同。①$pH<4$ 时，$Al(OH)_3$ 溶解，混凝除浊效果差；②在 $pH=6.5\sim7.5$ 时，聚合度很大的中性 $Al(OH)_3$ 胶体占绝对多数，故混凝效果好；③当 $pH>8$ 时，$Al(OH)_3$ 胶体又重新溶解为负离子，生成 AlO_2^-，混凝效果又变差。

26. 简述监测换热器投用操作步骤。

答： ①将处理好的挂片及试管安装完毕；②开启挂片器和换热器进、出水阀；③开启蒸汽进、出口阀；④调节挂片器、换热器进出水阀，控制流量；⑤调节蒸汽阀控制循环水进出口温差。

27. 简要回答滤料有效粒径 d_{10} 和不均匀系数 K_{80} 的含义。

答： d_{10} 表示能使 10% 滤料(重量)通过的筛孔的孔径，它反映滤料中细颗粒的尺寸；$K_{80}=d_{80}/d_{10}$，K_{80} 愈大，表示粗细颗粒尺寸相差愈大，滤料粒径愈不均匀。

28．滤池滤料需符合哪些要求？

答：①足够的机械强度；②足够的化学稳定性；③具有一定的颗粒级配和适当的孔隙率；④货源充足、廉价。

29．阻垢分散剂对碳酸盐钙和磷酸盐钙作用机理有何不同？

答：①对阻碳酸钙垢主要靠增溶和致畸，使碳酸钙不易形成晶体和晶体增大；②但对阻磷酸钙不同，由于磷酸钙溶度极小，极易形成晶体，阻垢分散剂对磷酸钙的增溶作用微不足道；③只有那些能够分散已经形成晶体的阻垢分散剂，才能显示阻止磷酸钙形成水垢的作用，因此，对磷酸钙起作用主要靠药剂的分散能力；④在一般条件下，含羟基、磺酸基的聚合物有较好的分散作用，因而表现出较好的阻磷酸钙的效果。

30．什么是连续式加药？其加药方式有哪些？

答：①连续式加药是指将所用的缓蚀阻垢剂溶成一定浓度的液体，定量地连续地加入系统。②其加药方式有：高位槽投加、水射器投加、计量泵投加等。

31．冷却水系统发生跑酸事故后的处理措施有哪些？

答：冷却水系统发生跑酸事故后的处理措施有：①迅速大流量用新鲜水置换；②视情况加碳酸钠中和；③重新预膜。

32．循环冷却水预膜时的水流速度对预膜效果有何影响？

答：在循环水预膜过程中，预膜时水的流速要高一些较好。流速大有利于预膜剂和水中溶解氧的扩散，因而生成膜快，其生成的膜较均匀密实，但流速过高，则又可能引起冲刷侵蚀，妨碍保护膜的形成，如果流速过低，成膜的速度较慢，而生成的保护膜亦不均匀。

33．水量平衡测试要达到的目的有哪些？

答：①搞清工业企业用水现状，工业用水水量之间的定量关系；②进行合理化用水分析，找出节约用水潜力，根据实际条件，制定切实可行的合理用水规划；③建立工业用水档案，健全工业用水计量仪表，培养一批熟悉本企业工业用水现状的管理人员；④为制定企业工业用水定额和取水用水定额标准积累基础数据。

34．什么是需氯量？

答：由于水中含有一定的微生物、黏泥、有机物及其他还原性化合物，要消耗掉一部分有效氯，这部分被消耗的氯称为需氯量。

35．什么是腐蚀挂片？

答：腐蚀挂片是指悬挂于现场监测换热器或测试管道上，测定腐蚀用的标准金属试片。

36．什么是循环冷却水的浓缩倍数？

答：在开式循环冷却水系统中，由于蒸发使循环水中的盐类不断积累浓缩，水的含盐量大大高于补充水的含盐量，两者的比值称为浓缩倍数。

37．浓缩倍数为什么不是越高越好？

答：①过多地提高浓缩倍数，会使循环冷却水中的硬度、碱度和浊度升得太高，水的结垢倾向增大很多，从而使结垢控制的难度变得太大；②还会使循环水中的腐蚀性离子和腐蚀性物质的含量增加，水的腐蚀性增强，从而使腐蚀控制难度增加；③过多地提高浓缩倍数还会使药剂在冷却水系统内的停留时间增长而水解。因此，浓缩倍数不是越高越好。

38．简述针对工艺事故设计联锁系统时的注意事项。

答：①动设备或其他工艺设备的停车必须按一定的顺序进行，防止设备的损伤；②在不安全的状态结束之前，应防止工艺装置或设备再启动；③工艺过程控制系统的控制器应复位到启动时的设定值，以防控制阀被推到极限位置而使工艺进入不安全状态；④尽可能防止操作人员对安全和联锁系统进行误操作，导致不安全的启动或停车。

39. 高浊度水的沉淀处理工艺流程通常分为哪几类？

答：自然沉淀－混凝沉淀工艺，该流程先以自然沉淀作为预处理，然后再进行混凝沉淀处理；混凝沉淀工艺处理高浊度水一般有两种方法，一是使用聚丙烯酰胺配合普通混凝剂，可以将含砂量约 $20 \sim 40kg/m^3$ 的高浊度原水一次处理至出水符合滤前水要求；二是先投加聚丙烯酰胺进行初次混凝沉淀，再投加普通混凝剂进行二次沉淀，使出水浊度达到滤前水要求。

40. 什么是监测换热器？

答：①监测换热器是循环冷却水系统监测换热测试的主要设备；②安装于冷却水系统现场的试验换热装置，能同时测得腐蚀和垢样的数据；③用来监测控制系统的腐蚀和沉积的过程及发展趋势。

41. 水的温度升高对金属的腐蚀有什么影响？

答：①在开放系统中，开始时随温度上升腐蚀率变大，这是由于扩散速度和反应速度提高的结果；②温度上升到 80℃时，腐蚀率最大；③以后随温度的升高腐蚀率急剧下降；④这是因为温度升高引起水中溶解氧浓度减少，所以腐蚀率降低。

42. 用电导率来测定循环水浓缩倍数时存在哪些问题？

答：①循环水的日常运行中，需投加水处理剂，会增加循环水电导率，使测量产生误差；②在需要控制 pH 值的循环水中，常加酸调节 pH 值，也会使电导率增大，使测量产生误差；③工艺物料泄漏也会使循环水的电导率增大，使测量产生误差。

43. 微生物控制是指什么？

答：在循环冷却水系统中，周期性的或连续的向循环冷却水中投加适量的杀生剂，以控制微生物繁殖。

44. 冷却水系统中微生物的控制方法主要有哪些？

答：①减少水中的营养源；②采用杀生涂料；③投加杀生剂；④防止阳光照射。

45. 为什么在使用莫尔法测定氯离子时要控制 pH 值？

答：①莫尔法测定 Cl^- 必须在 pH 值为 6.5～10.5 的溶液中进行，最好 pH 值控制在 6.5～7.2 范围内；②若酸度过大，CrO_4^{2-} 与 H^+ 形成 $HCrO_4^-$、H_2CrO_4，不能形成红色的 Ag_2CrO_4 沉淀，不能指示终点；③若碱度太强，Ag^+ 会水解成 AgOH，甚至形成 Ag_2O 沉淀。如果水样中含有 NH_4^+，在强碱性下转变为 NH_3，它能和 Ag^+ 形成 $[Ag(NH_3)]^+$、$[Ag(NH_3)_2]^+$ 等络离子，也使测定产生较大的正误差。

46. 简述用红外分光光度法进行油分析的注意事项。

答：①禁止用塑料器皿吸、存水样；②如果用滤纸过滤，规格应一致；③如水样中含有 30mg/L 以上的六偏磷酸钠、4mg/L 以上的 HEDP、5mg/L 以上的丙烯酸或其他钠盐时，要进行空白试验消除干扰。

47. 离心式压缩机的结构主体由哪些部分组成？

答：①转子：多为双支承挠性轴结构，柱轴上装有叶轮、平衡盘、推力盘、轴套和联轴器等；②定子：就是机壳，它由吸气室、级间隔板（扩压器、弯道、回流器）、排气室（蜗壳)、轴封、级间密封、入口导流器(预旋器)等组成；③轴承：由于离心压缩机转速较高，目前均采取滑动轴承；④其他附属设备：有润滑系统、保护系统、控制系统等。

48. 离心式压缩机流量调节的方法有哪些?

答: ①改变转速；②出口排气阀节流；③入口吸气阀节流；④进口处装导向片；⑤旁路循环或出口放空。

49. 什么叫气蚀?

答: ①离心泵叶轮高速旋转时产生离心力，在泵入口处产生低于大气压的真空度；②当入口处压力低于液体的饱和蒸气压时，入口处液体汽化而产生气泡。这些汽泡随液体进入叶轮；③在叶轮中压力渐高，高于饱和蒸气压时，气泡凝结成液体；④周围液体迅速补充，从而产生猛烈碰撞打击叶轮表面，产生机械腐蚀；⑤同时发生响声，泵振动，流量降低，效率降低，这种现象称为气蚀现象。

50. 什么叫允许气蚀余量?

答: ①为保证离心泵不发生气蚀现象；②入口处流体的压力比操作温度下流体饱和蒸气压高出的最小余量。

51. 简述切换换热器的操作注意要点。

答: ①一般情况下先投用备用换热器，然后停在用的换热器。②遵循先开冷流体后开热流体；先关热流体后关冷流体的原则。③在切换操作时，阀门开关要缓慢，要边开边关，保证压力、温度的平稳。

52. 往复式压缩机的主要零件有哪些?

答: ①机座：压缩机的机座是基础部件，它承载压缩机整个结构的静负荷(重力)与动负荷(惯性力)；②曲柄连杆机构：是由曲轴、连杆、十字头等组成，是往复式压缩机的重要运动部件，它将驱动机传来的旋转运动通过连杆的传递变为十字头和活塞的往复运动；③中间接筒：一般设在十字头滑道与气缸之间；④气缸：是活塞式压缩工作部件中重要部分；⑤气阀：有吸气阀和排气阀，它是完成压缩机工作循环的重要部件；⑥活塞：它在气缸内作往复运动时与气缸及气缸盖之间形成可变的供吸气、压缩和排气的工作容积；⑦填料：多用自紧式密封圈，有平面和锥形两类。

53. 轴流泵的结构主体由几部分组成?

答: ①叶轮：它是决定轴流泵性能的主要部件；②吸入管；③泵壳：由外壳、导叶体、出水流道(或压出弯管)组成；④泵轴：轴流泵的泵轴一般较长，需用优质碳素钢制成。

54. 如何选用压力表?

答: ①考虑压力表的量程、准确度和灵敏度；②考虑压力表的表盘外形尺寸、安装环境的工作条件、被测介质性质以及规程的有关规定。

55. 简述密封垫选用的原则。

答: ①一般常温低压时选用非金属密封垫；②中压高温时选用非金属与金属组合密封垫或金属密封垫；③在温度、压力有较大波动时选用弹性好或自紧式密封垫；④在低温、腐蚀介质或真空条件下应考虑密封垫的特殊性能。

56. 透平推力轴承温度升高的主要原因有哪些?

答: ①蒸汽中带水或蒸汽压力不变温度明显下降，使蒸汽过热度小，做功能力下降；②汽轮机叶片结垢，使蒸汽通流面积减少；③隔板的汽封间隙太小，致使漏气严重，造成叶轮前后压差增大，导致轴向推力增大；④机组的膨胀受阻，油质、油量的影响都会引起轴承温度升高。

57. 用兆欧表进行绝缘测量时，应该怎样接线？

答：①兆欧表有三个接线柱：一个为L，一个为E，还有一个为G(屏蔽)。②测量电力线路或照明线路时，L接线柱与被测线路相连接，E接线柱接地线。③测量电缆的绝缘电阻时，为消除表面漏电引起的误差，应将G接在电缆的绝缘层上，L接芯线，E接外层。

58. 水泵调速的方式有哪几种？

答：水泵调速一般有两种方式，一种是通过电机与水泵中间机械式调速设备，如液力耦合器调速，另一种是电气调速，如变频和串级调速。

59. 卧式离心泵安装时需要进行哪些找正？

答：①水泵纵横中心线找正；②水平找正，使水泵成水平；③水泵轴线高程找正，使水泵轴线高程与设计高程一致。

60. 简述组成润滑脂的成分及其作用。

答：润滑脂是由基础油、稠化剂、添加剂三部分组成，其中基础油约占70%～90%，稠化剂占10%～20%，添加剂含量在5%以下。

① 基础油：它是润滑脂中的重要组成部分，润滑脂的润滑性质取决于基础油的润滑性质，所以正确选择基础油是非常重要的。

② 稠化剂：是润滑脂中的重要组成部分，它在润滑脂中形成骨架，将基础油吸附在和固定在骨架上形成胶体。稠化剂的性质和含量决定了润滑脂的黏稠程度以及耐水性和耐热等使用性能。

③ 添加剂：它的作用是改善润滑脂的某些性能。如加入抗压添加剂，可以提高润滑脂的抗压性能；加入防锈添加剂可提高润滑脂的防锈性能等。

61. 机械密封工作原理是什么？

答：至少有一对垂直于旋转轴线的端面，该端面在流体压力及补偿机械弹力(或磁力)的作用下，加之辅助密封的配合，与另一端面保持贴合并相对滑动，从而防止流体泄漏。

62. 水中溶解盐类的浓度对腐蚀有什么影响？

答：水中溶解盐类的浓度对腐蚀的影响有两个方面：①水中溶解盐类浓度增加时，使水的导电性增大，容易发生电化学作用，增大腐蚀电流，使腐蚀增加；②当溶解盐类增加到一定浓度时，可使水中氧的溶解度下降，阴极过程减弱，腐蚀速率变小，在通常情况下，可以认为水的腐蚀性随盐类浓度的增加而增加。

63. 水中溶解氧浓度对碳钢腐蚀有什么影响？

答：①在发生腐蚀的金属表面上，氧起着阴极去极化剂的作用，促进金属腐蚀；②溶解氧浓度增大，扩散过程及离子化学反应速度加快，使腐蚀速度加大；③当氧的浓度超临界浓度时，在金属表面形成钝化膜，使腐蚀速度下降；④氧的临界浓度随pH值的升高而降低，因此在碱性条件下碳钢的腐蚀速度会降低。

64. 什么叫朗格利饱和指数？如何根据饱和指数判断水质倾向？

答：朗格利饱和指数是朗格利提出的一种反映水质稳定性的指标，它是指水的实际pH值与水为碳酸钙所饱和时的pH值的差值，可表示为：

$$L.S.I. = \mathrm{pH} - \mathrm{pH_S}$$

式中，$L.S.I.$ 表示朗格利饱和指数；pH 表示水的实际 pH 值；pH_S 表示水为碳酸钙所饱和时的pH 值。

当 $L.S.I.=0$ 时，不腐蚀不结垢。

当 $L.S.I.>0$ 时，有结垢倾向。

当 $L.S.I.<0$ 时，有腐蚀倾向。

65. 什么是微溶性盐的饱和 pH 值和临界 pH 值？

答：碳酸钙等微溶性盐类，在水中处于饱和状态时的 pH 值称为饱和 pH 值。微溶性盐类在水中沉淀析出时，必须要有一定的过饱和度，与此相应的 pH 值称为临界 pH 值。

66. 离心泵振动大，声音不正常的原因有哪些？

答：①叶轮磨损或阻塞造成叶轮不平衡。②泵轴弯曲，泵内旋转部件与静止部件有严重摩擦。③两联轴器不同心。④泵内发生气蚀现象。⑤地脚螺栓松动。⑥轴承润滑不良或损坏。

67. 离心泵轴功率过大的原因有哪些？

答：①泵轴弯曲、轴承磨损或损坏；②平衡盘与平衡环磨损过大使叶轮盖板与中段摩擦；③叶轮前盖板与密封环、泵体摩擦；④填料压得过紧；⑤泵内吸进泥砂及其他杂物；⑥流量过大超出使用范围。

68. 冷却水系统中沉积物的来源和种类有哪些？

答：①由补充水带入的无机盐类，在冷却水中析出而产生水垢；②金属冷却设备腐蚀而产生的腐蚀产物；③补充水带入的固体悬浮物及冷却水在冷却塔内从空气中洗涤下来的尘埃；④补充水或空气中带入的微生物在冷却水中繁殖后形成的微生物黏泥；⑤生产中的物料泄漏进入冷却水系统中后生成的污垢；⑥加入冷却水中的有些的水处理剂由于选用不当或管理不善而生成的沉积物。

69. 为什么要对循环冷却水系统进行清洗？

答：清洗工作是循环水系统开车必不可少的一个环节。对于新系统而言，设备和管道在安装过程中，难免会有碎屑、杂物和尘土落在系统中，有时冷却设备的腐蚀和油物也很严重，这些杂物和油物如不清洗干净，会影响下一步的预膜处理。对于老系统而言，冷却设备中常有结垢、黏泥和金属腐蚀产物，会严重影响设备的使用寿命和换热效率。因此，清洗工作对新系统，可以提高预膜效果，减少腐蚀和结垢的产生；对于已投产的老系统，可以提高换热效率，改善工艺操作条件，保证长周期运行，降低消耗。

70. 为什么循环水泵突然停运会造成水池短时间内溢流？

答：由于循环水泵突然停运，系统水不能外送，而塔顶仍有部分水继续下落，水池内的水短时间内不能及时外送，如果原来水池液位较高，这时可能造成短时间内水池溢流。

71. 为什么冷却塔风机要设置振荡开关？

答：振荡开关的作用是在设备异常振动时能及时停车以保护设备。当风机减速箱内各机械部分发生异常故障，或其他传动部件发生异常振动，轴承损坏时，往往很难及时发现，即使到塔内检查，风机叶片在高速旋转工作，也不易判断故障原因。如果没有振荡开关保护，这些异常状况的发生将进一步扩大，导致严重的设备事故。设置振荡开关可以保护风机的正常运行，一旦出现故障，振动值上升到给定值，风机就会安全地停下。

72. 冷却塔风机振动大的原因有哪些?

答: ①地脚螺栓松动；②传动轴弯曲，不平衡；③叶轮轴孔与轴配合度不重合；④叶片没有按号装配，失去平衡；⑤齿轮箱与动力机轴不同心，找正不好；⑥机组基础钢度不够；⑦紧固件松动；⑧齿轮减速机轴磨损；⑨叶片磨损、开裂；⑩动力机不平衡；⑪轮毂上的平衡块脱落或未校准平衡；⑫叶片安装角度不一致，高度差超出要求；⑬叶片上黏附物不均匀。

73. 循环冷却水 pH 值突然升高，是何原因? 如何处理?

答: 原因：①含碱性介质的水冷器泄漏；②冷却塔周围空气氨含量高；③补充水 pH 值突然升高；④调 pH 值用的酸中断。

处理：①及时向有关部门汇报，迅速查明原因；②组织人员查漏、堵漏；③改用 pH 值正常的补充水；④加酸调节 pH 值至正常范围；⑤加大系统排放量，进行置换。

74. 在加酸调节 pH 值的循环冷却水系统，加酸过量后应如何处理?

答: ①立即关闭加酸管线阀门，停止进酸；②进行快速排放置换，立即打开离加酸点最近的排放阀，然后相继打开其他排放阀进行排放，同时以最大的补水量向系统补水，争取以最快的速度让 pH 值尽快回升，也可视情况用 Na_2CO_3 处理；③进行补膜处理，待系统 pH 值自然回升正常后，应加大缓蚀剂的投加量，进行补膜处理，然后恢复正常操作。

75. 为什么循环冷却水中有机物和氨含量大时，水中的余氯难以测出?

答: 当循环冷却水中有机物和氨含量大时，杀生用的氯加入水中后，主要消耗在菌藻或黏泥等产生的有机物上，同时还要被含活性氨的化学物质(如：氨、聚丙烯酰胺等)消耗形成氯胺，只有满足了这些需氯的消耗后，水中才会出现游离氯，当循环冷却水中有机物和氨含量大时，需氯量增大，所以水中的余氯测不出。

76. 为什么虹吸滤池的虹吸下降管水封无效时，反洗不能形成?

答: 水封下降管水封无效，即：始终有空气进入反洗虹吸管，使管内不能形成真空，达不到形成虹吸的条件，所以反洗不能形成。

77. 简述重力式无阀滤池自动反洗形成的原理。

答: 随着过滤时间的延续，滤料层水头损失逐渐增加，虹吸上升管中水位相应升高。当水位上升到虹吸辅助管的管口时，水从辅助管流下，依靠下降水在管中形成的真空和水流的挟气作用，抽气管不断将虹吸管中的空气抽走，使虹吸管中真空度逐渐增大。其结果，一方面虹吸上升管中水位升高；同时，虹吸下降管将排水水封井中的水吸上至一定的高度。当上升管中的水越过虹吸顶端弯管而下落时，管中的真空度急剧增加，达到一定程度时，下落水流与上升水柱汇成一股冲出管口，把管中残余的空气全部带走，形成连续水流，发生虹吸。这时，由于滤层上部压力骤降，促使冲洗水箱内的水循着过滤时的相反方向经过滤池，滤料层因而受到反冲洗。

78. 为什么在循环冷却水中加酸可以防止系统结垢?

答: 通常是加硫酸。由于重碳酸盐在水中常呈下列平衡：

$$Ca(HCO_3)_2 \rightleftharpoons Ca^{2+} + 2HCO_3^-$$

$$HCO_3^- \rightleftharpoons H^+ + CO_3^{2-}$$

所以加酸带入的 H^+，可促使反应向左进行，使重碳酸盐稳定，可以防止系统结垢。

79. 简述防止循环冷却水系统结垢的方法有哪些。

答：①对补充水进行软化处理；②在循环水中加酸，控制系统的 pH 值；③投加高效的阻垢剂；④避免冷却器超温运行；⑤增大循环水压差，提高循环水流速。

80. 简述带电灭火的安全要求。

答：①应按灭火器的种类选择适当的灭火器。②用水枪灭火时宜采用喷雾水枪。人体与带电体之间要保持必要的安全距离。③对高空设备进行灭火时，人体与带电体之间的仰角不应超过 45°。④如带电导线断落在地面上，要划出警戒区域，防止跨步电压伤人。

81. 循环冷却水吸水池液位过低的原因及处理方法有哪些?

答：①补水量偏小，应加大补充水量；②排污量过大，应减少排污量；③循环水被用作滤池反洗等其他用途，应停止使用；④某些设备或地下管线有泄漏，应查明并处理。

82. 为什么循环水吸水池进口滤网堵塞会造成冷水池液位降低?

答：吸水池进口滤网堵塞，系统回水不能进入吸水池，可能在塔池处溢流掉，此时循环水泵继续将吸水池内的水抽出，这样吸水池进出水量不平衡，进水量小于出水量，所以液位会降低。

83. 风机振动大的处理方法有哪些?

答：①加固基础，紧固地脚螺栓；②重新找正动力机轴和齿轮箱；③检修齿轮箱，更换已磨损的轴承和齿轮；④在规定范围内调整风机叶片角度使一致；⑤检修破损的风机叶片；⑥保持齿轮箱正常的油位，保持良好的润滑；⑦调整轮毂上的平衡块使平衡。

84. 简述因硫酸泄漏发生人员灼伤时的急救处理方法。

答：①如硫酸溅到皮肤上，应立即用大量的清水冲洗，再用 2% 的碳酸氢钠溶液清洗；②如硫酸溅到眼睛上，应迅速用清水冲洗，也可用 0.5% 的碳酸氢钠溶液冲洗；③严重灼伤者要送医院治疗。

85. 循环冷却水使用二氧化氯为什么宜采用现场活化?

答：因为难液化，易爆炸，不易运输。故采用二氧化氯发生器现场制取使用，或者采用稳定性二氧化氯现场活化。

86. 空视图的标题栏包括哪些内容?

答：①图名；②图号；③比例；④设计阶段；⑤签名；⑥日期。

87. 如何读识零件图?

答：①读标题栏，了解零件名称、材料、比例等；②识读视图，分析形体，想象零件；③分析尺寸标注，了解各部分大小、相互位置及基准；④了解技术要求，分析尺寸公差，形位公差，表面粗糙度及表面处理等内容，从而掌握加工精度要求。

计算题

1. 某物质含钠 43.4%，碳 11.3%，氧 45.3%，该物质是什么? 写出其分子式。

解：求出该物质中 Na、C、O 原子个数之比，即可得出其分子式。

设 A 为分子式，根据计算化合物中某元素百分含量的方法，可得

$$A \times \frac{43.4\%}{23} : A \times \frac{11.3\%}{12} : A \times \frac{45.3\%}{16} = 1.89 : 0.94 : 2.83 = 2 : 1 : 3$$

该物质为碳酸钠，分子式 Na_2CO_3。

答：该物质为碳酸钠，分子式为 Na_2CO_3。

2. 将 156.2g、100℃的饱和 KCl 溶液冷却至 0℃，可析出多少克 KCl 晶体？已知 KCl 的溶解度 100℃为 56.2g，0℃为 28.2g。

解：

根据溶解度的定义，100℃时 156.2gKCl 饱和溶液中溶剂(水)的质量为：

$$(100 + 56.2):100 = 156.2:x$$

则

$$x = \frac{156.2 \times 100}{100 + 56.2} = 100\text{g}$$

溶质的质量为 156.2 − 100 = 56.2g

而溶液冷却至 0℃时只能溶解 28.2g，故应析出 KCl 晶体质量为：

$$56.2 - 28.2 = 28\text{g}$$

答：溶液冷却至 0℃时析出 28gKCl 晶体。

3. 在室温 25℃，大气压力为 100015Pa 时，取气体试样 100mL，换算为标准状况下的气体体积为多少毫升？

解：

根据气体方程式：

$$\frac{P_1 V_1}{T_1} = \frac{P_0 V_0}{T_0}$$

则

$$\frac{100 \times 100015}{273 + 25} = \frac{101325 \times V_0}{273}$$

$$V_0 = 90.43\text{mL}$$

答：换算为标准状况下气体的体积为 90.43mL。

4. 某水泵的吸入管为 Φ108mm × 4mm，出水管为 Φ76mm × 2.5mm，已知吸水管中水的流速为 1.5m/s，求出水管中水流速度。

解：$d_1 = 108 - 2 \times 4 = 100\text{mm}$，$d_2 = 76 - 2 \times 2.5 = 71\text{mm}$，$v_1 = 1.5\text{m/s}$

由于该水泵系统运行时符合恒定流条件，故可运用质量守恒方程，即

$$\frac{v_1}{v_2} = \left(\frac{d_2}{d_1}\right)^2$$

$$v_2 = v_1\left(\frac{d_1}{d_2}\right)^2 = 1.5 \times (100/71)^2 = 3\text{m/s}$$

答：压出管中水的流速为 3m/s。

5. 某闭合回路中电源电动势 $E = 24\text{V}$，内阻 $r = 1\Omega$，负载电阻 $R = 5\Omega$，试求该电路的电流 I。

解：

$$I = \frac{E}{R + r} = \frac{24}{5 + 1} = \frac{24}{6} = 4\text{ A}$$

答：该闭合回路的电流 $I = 4\text{A}$。

6. 已知某交流电路中，$u = 311\sin 314t\text{V}$，$R = 11\Omega$，求电路中的电流瞬时值。

解：电压的有效值：$U = U_m/\sqrt{2} = 311/\sqrt{2} = 220\text{V}$

电流的有效值：$I = U/R = 220/11 = 20\text{A}$

电流的瞬时值：$i = \sqrt{2}I\sin 314t = 28.3\sin 314t\text{A}$

答：电路中电流为 $28.3\sin 314t\text{A}$。

7. 如图所示，某混联电路电压 $U=220\text{V}$，已知 $R_1=10\Omega$、$R_2=10\Omega$、$R_3=4\Omega$、$R_4=4\Omega$，求该电路的电流 I。

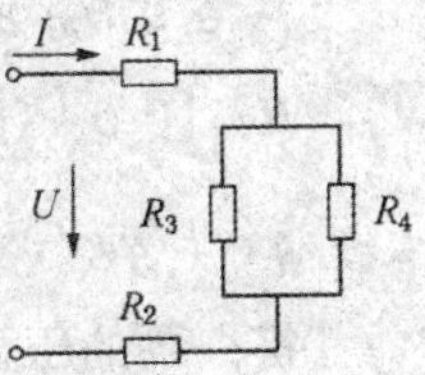

解：$I=\dfrac{U}{R_1+R_2+\dfrac{R_3R_4}{R_3+R_4}}=\dfrac{220}{10+10+\dfrac{4\times4}{4+4}}=\dfrac{220}{22}=10\ \text{A}$

答：该回路的电流 $I=10\text{A}$。

8. 根据下面的水质分析数据，判断水中是否有非碳酸盐硬度。Ca^{2+}：40mg/L；Mg^{2+}：24mg/L；HCO_3^-：183 mg/L（相对原子质量如下：Ca = 40、Mg = 24、C = 12、O = 16、H = 1）。

解：根据相对原子质量计算出各离子的摩尔浓度为：

Ca^{2+}：1mmol/L；Mg^{2+}：1 mmol/L；HCO_3^-：3 mmol/L

答：由计算可知$(HCO_3^-)<2[(Ca^{2+})+(Mg^{2+})]$故水中有非碳酸盐硬度。

9. 已知某换热器传热系数 $K=2\text{W}/(\text{m}^2\cdot℃)$，其换热面积为 200m^2，其对数平均温度差是 $\Delta t_m=50℃$，求其每小时传热为多少？

解：$Q=KF\Delta t_m=2\times200\times50=2\times10^4\text{W}=2\times10^4\text{J/h}$

答：每小时传热为 2×10^4 J。

10. 已知一单作用计量泵柱塞直径为100mm，行程为50mm，往复次数为120次/min，一个泵缸，则该计量泵的平均理论流量为多少？

解：$Q_{th}=\dfrac{ZnS}{240}\pi D^2$

$=\dfrac{1\times120\times0.05}{240}\times3.14\times0.1^2=0.000785\text{m}^3/\text{s}$

答：该计量泵的平均理论流量为 $0.000785\text{m}^3/\text{s}$。

11. 某循环冷却水系统，不使用缓蚀剂时金属的腐蚀速率为0.227mm/a，使用某缓蚀剂时金属的腐蚀速率为0.041mm/a，求该缓蚀剂的缓蚀率。

解：缓蚀率 $=\dfrac{0.227-0.041}{0.227}\times100\%=81.9\%$

答：该缓蚀剂抑制金属腐蚀的效率为81.9%。

12. 对某阻垢剂的阻碳酸钙垢的性能评定试验，在恒温水浴上进行。将1000mL现场水置于1000mL烧杯中，80℃±1℃蒸发浓缩至1/2时，取滤液进行 Ca^{2+} 分析。试液试验前实测的 Ca^{2+} 浓度为50mg/L，加阻垢剂试液试验后的 Ca^{2+} 浓度为96mg/L，不加阻垢剂试液（空白）在相同试验条件下的 Ca^{2+} 浓度为80mg/L。求试验阻垢剂的阻垢率。

解：阻垢率 $=\dfrac{96-80}{50\times2-80}\times100\%=80\%$

答：该阻垢剂的阻垢率为80%。

13. 用水对一离心泵的性能进行测定，在某一次试验中测得：流量 $10\text{m}^3/\text{h}$，泵出口的压力表读数0.17MPa，泵入口的真空表读数160mmHg，轴功率1.07kW，真空表与压力表两侧压截面的垂直距离为0.5m。试计算泵的压力及效率。

解：略去两侧截面间的管路阻力与动压头之差，则

$H=h_0+(P_c-P_b)/\rho g$

已知 $h_0=0.5\text{m}$　$P_c=0.17\text{MPa}$

$P_b = -160 \times (1.013 \times 10^5)/760 = -2.13 \times 10^4 Pa$

$H = [0.5 + (0.17 \times 10^6 + 2.13 \times 10^4)]/9.81 \times 1000 = 200m$

$\eta = HQ\rho g/N = \left(20 \times \frac{10}{3600} \times 9.81 \times 1000\right) /1.07 \times 10^3 = 0.509 = 50.9\%$

答：泵的压力为 $-2.13 \times 10^4 Pa$；效率为 50.9%。

14. 在测定离心泵特性曲线的实验装置中已测出以下的一组数据：

泵出口处压力表读数 $P_c = 1.28atm$

泵入口处压力表读数 $P_b = 230mmHg$

泵的流量 $Q = 10L/s$，泵的轴功率为 2976W，吸水管直径 $d_b = 80mm$，压力管直径为 $d_c = 60mm$，两侧压点间垂直距离 $h_0 = 80mm$

试计算在此流量下泵的压力 H，轴功率 N 和总效率 η。

解：$H = h_0 + \frac{P_c - P_b}{\rho g} + \frac{u_c^2 - u_b^2}{2g} + (h_f)_{bc}$

式中：$u_b = \frac{Q}{\frac{\pi}{4} d_b^2} = \frac{4 \times 10 \times 10^{-3}}{3.14 \times (0.08)^2} = 1.99m/s$

$u_c = \frac{Q}{\frac{\pi}{4} d_c^2} = \frac{4 \times 10 \times 10^{-3}}{3.14 \times (0.06)^2} = 3.54m/s$

$P_c = 1.28 \times 101300 = 1.30 \times 10^5 Pa$

$P_b = 230 \times \frac{101300}{760} = -3.06 \times 10^4 Pa$

$(h_f)_{bc} = 0$

所以 $H = 0.08 + \frac{1.30 \times 10^5 - (-3.06 \times 10^4)}{1000 \times 9.81} + \frac{3.54^2 - 1.99^2}{2 \times 9.81}$

$= 0.08 + 16.37 + 0.44 = 16.89m$

$N_e = \rho gHQ = 1000 \times 9.81 \times 16.89 \times 10 \times 10^{-3} = 1657W$

$\eta = \frac{N_e}{N} = \frac{1657}{2976} = 55.7\%$

答：泵的压力 H 为 16.89m，轴功率 N 为 1657W，总效率 η 为 55.7%。

15. 1999 年全国工业取水量为 $1.159 \times 10^{11} m^3$，重复利用水量为 $1.325 \times 10^{11} m^3$，求该年份全国工业水重复利用率。

解：重复利用率 $= \frac{\text{重复利用水量}}{\text{取水量} + \text{重复利用水量}} \times 100\% = \frac{1.325 \times 10^{11}}{1.159 \times 10^{11} + 1.325 \times 10^{11}} \times 100\% = 53.3\%$

答：该年份全国工业水重复利用率为 53.3%。

16. 某循环水系统运行工况稳定，循环水量 $10000m^3/h$，补水量 $120\ m^3/h$，求该用水系统的循环比。

解：水循环比 $= \frac{\text{总水量}}{\text{补充新水量}} = \frac{\text{循环水量} + \text{补充新水量}}{\text{补充新水量}} = \frac{10000 + 120}{120} = 84.33$

答：该用水系统的循环比为 84.33。

17. 某循环冷却水系统运行工况稳定，循环水量为 $20000m^3/h$，浓缩倍数为 4.0，蒸发水量为 $150m^3/h$，不考虑风吹、泄漏损失，求该循环水系统补充水量。

解：$Q_b = \dfrac{Q_e}{N-1} = \dfrac{150}{4-1} = 50m^3/h$

$Q_m = Q_b + Q_e = 50 + 150 = 200m^3/h$

答：该循环水系统补充水量为 $200m^3$。

18. 某循环水系统，循环水量 $Q = 30000m^3/h$，进出水温差 $\Delta t = 8℃$，浓缩倍数 3.0，在回水管线排污，不考虑风吹、渗漏损失，假设蒸发损失系数 $e = 0.10$，求该循环水系统补充水量。

解：$a = e(t_1 - t_2) = 0.10 \times 8 = 0.8$

$Q_b = \dfrac{Q_e}{n-1}$

$Q_e = a(Q - Q_b)$

则 $Q_e = \left(30000 - \dfrac{Q_e}{3-1}\right) \times 0.8\% = 239m^3/h$

$Q_b = 119.5m^3/h$

$Q_m = Q_e + Q_b = 358.5m^3/h$

答：该循环水系统补充水量为 $358.5m^3$。

19. 计算 0.01mol/LNaOH 溶液的 pH 值。

解：NaOH 为强电解质，全部电离

$NaOH \rightleftharpoons Na^+ + OH^-$

$(OH^-) = c(NaOH) = 0.01mol/L$

$(H^+) = K_w/(OH^-) = 10^{-14}/0.01 = 10^{-12}mol/L$

$pH = -\lg(H^+) = -\lg 10^{-12} = 12$

答：该水溶液的 pH 值为 12。

20. 计算 0.01mol/L 的 $NH_3 \cdot H_2O$ 溶液的 pH 值(已知电离常数为 1.76×10^{-5})。

解：$NH_3 \cdot H_2O \rightleftharpoons NH_4^+ + OH^-$

$[OH^-] = \sqrt{K \cdot c} = \sqrt{1.76 \times 10^{-5} \times 0.01} = 4.2 \times 10^{-4}mol/L$

$[H^+] = \dfrac{K_w}{[OH^-]} = \dfrac{10^{-14}}{4.2 \times 10^{-4}} = 2.4 \times 10^{-11}mol/L$

$pH = -\lg(H^+) = -\lg(2.4 \times 10^{-11}) = 10.62$

答：该水溶液的 pH 值为 10.62。

21. 计算 0.1mol/L 的 HAc 溶液和 0.1mol/L 的 NaAc 溶液等体积混合后溶液的 pH 值。(HAc 的电离常数为 $K_{HAc} = 1.80 \times 10^{-5}$)

解：由于两溶液等体积混合，混合后其浓度均减半，

所以 $c(HAc) = c(NaAc) = 0.1/2 = 0.05mol/L$

$$pH = pK_{HAc} - \lg\frac{c(HAc)}{c(NaAc)} = \lg(1.8 \times 10^{-5}) = 4.75$$

答：该水溶液的 pH 值为 4.75。

22. 将 pH = 8 和 pH = 10 的 NaOH 溶液等体积混合，求混合后溶液的 pH 值。

解：$c(H^+)_1 = 1 \times 10^{-8}$　　$c(H^+)_2 = 1 \times 10^{-10}$

已知在常温下，水的离子积 $K_w = 1 \times 10^{-14}$

则，$c(OH^-)_1 = K_w / c(H^+)_1 = 1 \times 10^{-6}$　　$c(OH^-)_2 = K_w / c(H^+)_2 = 1 \times 10^{-4}$

$c(OH^-)_{混} = \{c(OH^-)_1 + c(OH^-)_2\}/2 = (1 \times 10^{-6} + 1 \times 10^{-4})/2 = 5.05 \times 10^{-5}$

$c(H^+)_{混} = K_w / c(OH^-)_{混} \approx 2 \times 10^{-10}$

$pH = -\lg\{2 \times 10^{-10}\} \approx 9.7$

答：混合后溶液的 pH 值为 9.7。

23. 离心水泵生产能力为 $15m^3/h$，扬程为 62m，轴功率 4.2kW，该泵转速由 970r/min 改为 730r/min，试求效率有什么变化？

解：$\because N_1 = \dfrac{Q_1 H_1 \rho g}{\eta}$　$\therefore \eta = \dfrac{Q_1 H_1 \rho g}{N_1} = \dfrac{15 \times 62 \times 1000 \times 9.81}{3600 \times 4200} = 0.603 = 60.3\%$

当转速由 970r/min 改为 730r/min 时：

$$Q_2 = Q_1 \cdot \frac{n_2}{n_1} \qquad H_2 = H_1 \cdot \left(\frac{n_2}{n_1}\right)^2 \qquad N_2 = N_1 \cdot \left(\frac{n_2}{n_1}\right)^3$$

代入公式得：

$$\eta_2 = \frac{Q_1 \cdot \dfrac{n_2}{n_1} \cdot H_1 \cdot \left(\dfrac{n_2}{n_1}\right)^2 \cdot \rho \cdot g}{N_1\left(\dfrac{n_2}{n_1}\right)^3} = \frac{Q_1 H_1 \rho g}{N_1} = 0.603 = 6.03\%$$

答：改变转速前后效率都为 60.3%，故前后无变化。

24. 已知某泵轴功率为 100kW，转速为 2950r/min，求转速为 1450r/min 时的轴功率？

解：$\because \dfrac{N_1}{N_2} = \left(\dfrac{n_1}{n_2}\right)^3$

$\therefore N_2 = N_1\left(\dfrac{n_2}{n_1}\right)^3 = 100 \times \left(\dfrac{1450}{2950}\right)^3 = 11.9kW$

答：轴功率为 11.9kW。

三、技能操作鉴定要素细目表

鉴定范围						鉴定点	
一级		二级		三级		代码	名　称
代码	名　称	代码	名　称	代码	名　称		
A	技能要求	A	工艺操作	A	开车准备	001	监测换热器的投用
						002	循环水管网系统冲洗操作
						003	循环水装置开车前公用工程检查
				B	正常操作	001	监测换热器运行的检查
						002	循环水浓缩倍数偏低的处理

续表

鉴定范围						鉴定点	
一级		二级		三级		代码	名称
代码	名称	代码	名称	代码	名称		
						003	二氧化氯的投加操作
						004	水质稳定剂的现场验收
						005	重力式无阀滤池的强制反洗操作
						006	重力式无阀滤池运行的检查
						007	余氯的快速测定
						008	循环水浊度的测定
						009	水中悬浮物的测定
				C	开、停车操作	001	循环水管网系统试压的操作
						002	汽轮机正常开车操作
						003	循环水场开工操作
						004	循环水装置停工操作步骤
		B	设备使用和维护	A	使用设备	001	汽轮机开车前的保安系统静态试验
						002	安装盲板
						003	测温仪的使用
						004	测振仪的使用
						005	托盘天平的使用
						006	透平泵投用前的检查
						007	浊度仪的使用方法
				B	维护设备	001	水冷却器检修工作注意事项
						002	离心水泵检修后的验收
						003	电动阀门限位的调试步骤
		C	事故判断与处理	A	判断事故	001	循环水泵倒转的处理
						002	水射器加药系统的故障处理
						003	循环水余氯不合格的处理
				B	处理事故	001	循环水装置停电事故的处理
						002	电气设备运行故障的相应处理
						003	电机着火处理
						004	加氯系统泄漏的处理
		D	绘图与计算	A	绘图	001	绘制重力式无阀滤池结构示意图
						002	绘制自然通风冷却塔示意图

四、技能操作试题

试题 1：监测换热器的投用

（考核时间：25min）

序号	考核内容	考核要点	配分	评分标准	检测结果	扣分	得分	备注
1	准备工作	穿戴劳保用品	3	未穿戴整齐扣 3 分				
		工具、用具准备	2	选错不得分				
2	监测换热器的投用操作程序	投用前的检查、准备	10	未确认换热器已检修完毕并复位不得分				
			5	未确认试管安装完毕不得分				
			10	未确认温度计、压力表、流量计完好不得分				
			5	未关闭所有阀门不得分				
3		投用监测换热器操作	10	未开循环水进、出水阀不得分				
			10	未调节循环水流量达到规定范围不得分				
			10	未缓慢开蒸汽进、出阀不得分				
			10	未控制蒸汽温度、压力在指标内不得分				
			10	未调节蒸汽量和循环水量，控制循环水进、出口温差到规定值不得分				
4		投用后的检查、记录	10	未进行投用后的检查扣 5 分				
				未做好投用记录扣 5 分				
5	使用工具	正确使用工具	2	工具使用不正确扣 2 分				
		正确维护工具	3	工具乱摆乱放扣 3 分				
6	安全及其他	按国家法规或企业规定		违规一次总分扣 5 分；严重违规停止操作			—	
		在规定时间内完成操作		每超时 1min 总分扣 5 分，超时 3min 停止操作			—	
		合　计	100					

否定项说明：若出现先开蒸汽后开水等情况，该题为零分。

试题 2：循环水管网系统冲洗操作

（考核时间：25min）

序号	考核内容	考核要点	配分	评分标准	检测结果	扣分	得分	备注
1	准备工作	穿戴劳保用品	3	未穿戴整齐扣 3 分				
		工具、用具准备	2	工具选择不正确扣 2 分				
2	循环水管网系统冲洗操作程序	冲洗准备工作	20	未制定管网系统冲洗方案扣 5 分				
				未联系调度，关闭冷却器进、出口阀，打开旁路阀，每项扣 5 分				
				系统注水结束后，未检查各冲洗放空点是否关闭，冷却水系统是否有乱排现象，每项扣 5 分				

续表

序号	考核内容	考核要点	配分	评分标准	检测结果	扣分	得分	备注
3		冲洗操作步骤	15	未联系调度扣5分，未正常启用单台循环水泵扣10分				
			20	未缓慢打开泵出口阀扣10分，未将供水压力提到冲洗要求扣10分				
			20	未按系统流程前后顺序依次打开各放空阀进行冲洗扣10分，冲洗过程中未保持总管压力达到冲洗要求扣10分				
			15	未同时加大补水，冲洗至各放空口出水清澈扣10分，未按冲洗顺序依次关闭各冲洗点扣10分				
4	使用工具	正确使用工具	2	工具使用不正确扣2分				
		正确维护工具	3	工具乱摆乱放扣3分				
5	安全及其他	按国家法规或企业规定		违规一次总分扣5分；严重违规停止操作			—	
		在规定时间内完成操作		每超时1min总分扣5分，超时3min停止操作			—	
		合　计	100					

试题3：循环水装置开车前公用工程检查

（考核时间：15min）

序号	考核内容	考核要点	配分	评分标准	检测结果	扣分	得分	备注
1	准备工作	穿戴劳保用品	3	未穿戴整齐扣3分				
		工具、用具准备	2	工具选择不正确扣2分				
2	循环水装置开车前公用工程检查	水系统的检查	35	未检查各种水源是否引到装置，每项扣5分				
				未检查水系统管线是否完好扣5分				
				未检查补水阀等是否完好扣5分				
				未检查水压是否符合要求扣5分				
				未检查清净下水是否畅通扣5分				
3		蒸汽系统的检查	25	未检查蒸汽是否引到装置扣10分				
				未检查蒸汽系统是否完好扣5分				
				未检查蒸汽压力是否符合要求扣10分				
4		电气仪表的检查	30	未检查仪表风是否引到装置扣10分				
				未检查仪表风压力是否符合要求扣5分				
				未检查流量计是否完好扣10分				
				未检查电气系统是否具备投用条件扣10分				

续表

序号	考核内容	考核要点	配分	评分标准	检测结果	扣分	得分	备注
5	使用工具	正确使用工具	2	工具使用不正确扣2分				
		正确维护工具	3	工具乱摆乱放扣3分				
6	安全及其他	按国家法规或企业规定		违规一次总分扣5分；严重违规停止操作			—	
		在规定时间内完成操作		每超时1min总分扣5分，超时3min停止操作			—	
	合　计		100					

试题4：监测换热器运行的检查

（考核时间：25min）

序号	考核内容	考核要点	配分	评分标准	检测结果	扣分	得分	备注
1	准备工作	穿戴劳保用品	3	未穿戴整齐扣3分				
		工具、用具准备	2	选错不得分				
2	监测换热器的检查内容	检查监测换热器设备状况是否完好	20	检查监测换热器设备时漏查(管线、阀门、流量计、挂片器等)一项扣5分				
3		检查监测换热器入口蒸汽压力、温度是否符合要求	20	未检查监测换热器入口蒸汽压力扣10分				
				未检查监测换热器入口蒸汽温度扣10分				
4		检查监测换热器循环水进、出水温差是否符合要求	20	未检查监测换热器循环水进水温度扣10分				
				未检查监测换热器循环水出水温度扣10分				
5		检查监测换热器循环水流量是否符合要求	20	未检查挂片器流量扣10分				
				未检查换热管流量扣10分				
6		对检查、操作调整情况进行记录	10	对检查、操作调整情况，未进行记录扣10分				
7	使用工具	正确使用工具	2	工具使用不正确扣2分				
		正确维护工具	3	工具乱摆乱放扣3分				
8	安全及其他	按国家法规或企业规定		违规一次总分扣5分；严重违规停止操作			—	
		在规定时间内完成操作		每超时1min总分扣5分，超时3min停止操作			—	
	合　计		100					

试题5：循环水浓缩倍数偏低的处理

（考核时间：25min）

序号	考核内容	考核要点	配分	评分标准	检测结果	扣分	得分	备注
1	准备工作	穿戴劳保用品	3	未穿戴整齐扣3分				
		工具、用具准备	2	工具选择不正确扣2分				

续表

序号	考核内容	考核要点	配分	评分标准	检测结果	扣分	得分	备注
2	检查影响浓缩倍数偏低的因素	检查管网系统运行工况	10	未检查系统渗漏情况扣5分				
				未检查系统乱排情况扣5分				
3		检查循环水场运行工况	10	未检查循环水场排污水量是否偏大扣5分				
				未检查凉水塔运行情况是否正常扣5分				
				未检查滤池运行情况是否正常扣5分				
4		检查系统热负荷情况	10	未检查循环水系统热负荷是否偏低不得分				
5		检查循环水水质、化验分析情况	10	未检查循环水水质情况是否合格扣5分				
				未检查水质分析是否有误差扣5分				
6	循环水浓缩倍数偏低的处理	进行系统堵漏、禁止乱排	15	若管网系统渗漏未处理扣5分				
				若系统用户乱排未处理扣10分				
7		调整循环水场运行工况	15	若排污水量偏大，未调整操作扣5分				
				若上塔布水不均匀或收水器损坏未进行相应处理，每项扣5分				
				若滤池有跑水现象，未进行处理扣5分				
8		提高循环水系统热负荷	10	未向主管部门汇报，对部分冷却器进行节流扣5分				
				未说明降低循环水流量扣5分				
				未说明减少冷却水系统容积扣5分				
9		提高水质、消除分析误差	10	若有物料漏入循环水未堵漏处理扣5分				
				若化验分析有误差未消除扣5分				
10	使用工具	正确使用工具	2	工具使用不正确扣2分				
		正确维护工具	3	工具乱摆乱放扣3分				
11	安全及其他	按国家法规或企业规定		违规一次总分扣5分；严重违规停止操作			—	
		在规定时间内完成操作		每超时1min总分扣5分，超时3min停止操作			—	
		合　计	100					

试题6：二氧化氯的投加操作

（考核时间：25min）

序号	考核内容	考核要点	配分	评分标准	检测结果	扣分	得分	备注
1	准备工作	穿戴劳保用品	3	未穿戴整齐扣3分				
		工具、用具准备	2	工具选择不正确扣2分				

续表

序号	考核内容	考核要点	配分	评分标准	检测结果	扣分	得分	备注
2	二氧化氯的投加操作	打开加氯间的排风扇	5	未操作不得分				
3		关闭二氧化氯和活化剂罐及混合罐出口阀	10	未操作不得分				
4		开喷射器动力水进出口阀，检查混合罐真空度是否符合要求	15	未操作不得分				
				不检查真空扣3分				
5		按规定的数量和比例向药剂罐分别加二氧化氯和活化剂	15	未操作不得分				
				未说明比例扣5分				
6		打开药剂罐出口阀门；当抽吸结束后关出口阀	10	少一项操作扣5分				
7		活化10~15min后开混合罐出口阀	20	未操作不得分				
				活化时间不足扣10分				
8		混合罐抽空后关出口阀	10	未操作不得分				
9		关闭喷射器动力水进出口阀	5	未操作不得分				
10	使用工具	正确使用工具	2	工具使用不正确扣2分				
		正确维护工具	3	工具乱摆乱放扣3分				
11	安全及其他	按国家法规或企业规定		违规一次总分扣5分；严重违规停止操作			—	
		在规定时间内完成操作		每超时1min总分扣5分，超时3min停止操作			—	
		合　　计	100					

试题7：重力式无阀滤池强制反冲洗操作

（考核时间：15min）

序号	考核内容	考核要点	配分	评分标准	检测结果	扣分	得分	备注
1	准备工作	穿戴劳保用品	3	未穿戴整齐扣3分				
		工具、用具准备	2	工具选择不正确扣2分				
2	重力式无阀滤池强制反冲洗操作	开大进水阀，提高分配水箱水位，使水位淹没分配水箱堰口	15	未开大进水阀扣10分，未达到要求扣5分				
3		开强制反冲洗抽气阀，使虹吸管中真空值提高	30	未开强制反冲洗抽气阀扣30分				
4		当强制反冲洗形成后，关强制反冲洗抽气阀	30	迟关强制反冲洗抽气阀扣15分，未关强制反冲洗抽气阀扣30分				
5		关小进水阀，按设计负荷调节进水水量	15	未关小进水阀扣10分，未达到要求扣5分				
6	使用工具	正确使用工具	2	工具使用不正确扣2分				
		正确维护工具	3	工具乱摆乱放扣3分				
7	安全及其他	按国家法规或企业规定		违规一次总分扣5分；严重违规停止操作			—	
		在规定时间内完成操作		每超时1min总分扣5分，超时3min停止操作			—	
		合　　计	100					

否定项说明：若使用开大进水阀形成反冲洗后未恢复正常运行等情况，该题为零分。

试题8：重力式无阀滤池的运行检查

（考核时间：25min）

序号	考核内容	考核要点	配分	评分标准	检测结果	扣分	得分	备注
1	准备工作	穿戴劳保用品	3	未穿戴整齐扣3分				
		工具、用具准备	2	工具选择不正确扣2分				
2	重力式无阀滤池的运行检查	检查滤池进水情况	20	未检查滤池进水流量扣15分				
				未检查滤池进水浊度扣10分				
3		检查滤池出水情况	20	未检查滤池出水浊度扣10分				
				未检查滤池水面藻类情况扣15分				
4		检查滤池反洗情况	30	未检查滤池反洗强度情况扣15分				
				未检查滤池运行周期扣15分				
5		检查滤池的设备情况	20	未检查滤池的设备完好情况扣10分				
				未检查滤池完好情况扣10分				
6	使用工具	正确使用工具	2	工具使用不正确扣2分				
		正确维护工具	3	工具乱摆乱放扣3分				
7	安全及其他	按国家法规或企业规定		违规一次总分扣5分；严重违规停止操作			—	
		在规定时间内完成操作		每超时1min总分扣5分，超时3min停止操作			—	
		合　计	100					

试题9：余氯的快速测定

（考核时间：30min）

序号	考核内容	考核要点	配分	评分标准	检测结果	扣分	得分	备注
1	准备工作	穿戴劳保用品	3	未穿戴整齐扣3分				
		工具、用具准备	2	工具选择不正确扣2分				
2	试剂准备	从分析室领取盐酸－邻联甲苯胺溶液储于棕色瓶中	10	未正确领取扣5分				
				未正确储存扣5分				
		从分析室领取序列为0.2、0.3、0.4、0.6、0.7、0.8、1.0mg/L余氯标准比色液标牌	10	未正确领取扣10分				
3	测定步骤	吸取100mL水样于比色管中，加入1mL盐酸－邻联甲苯胺溶液，混合均匀	15	操作不当扣15分				
		立即与余氯标准比色液进行比色，其结果代表水中游离性余氯	10	未立即比色扣10分				
		将水样静置5～10min，再进行比色，其结果代表水中总余氯	10	操作时间不正确扣10分				

续表

序号	考核内容	考核要点	配分	评分标准	检测结果	扣分	得分	备注
4	注意事项	若水温低于10℃时，应将水样瓶浸入热水中或放在暖气片上进行升温，使水样温度升到30～40℃进行比色	15	未加热扣15分，加热温度不对扣10分				
		水样碱度过高而余氯浓度较浓时，显色不正常，可多加1mL邻联甲苯胺溶液，即产生正常淡黄色	10	在显色不正常时未采取措施扣10分				
		水样中余氯很高时，可再加入1mL盐酸－邻联甲苯胺溶液	10	水样中余氯很高时操作不当扣10分				
5	使用工具	正确使用工具	2	工具使用不正确扣2分				
		正确维护工具	3	工具乱摆乱放扣3分				
6	安全及其他	按国家法规或企业规定		违规一次总分扣2分；严重违规停止操作			—	
		在规定时间内完成操作		每超时1min总分扣3分，超时3min停止操作			—	
合　计			100					

试题10：循环水浊度的测定

（考核时间：25min）

序号	考核内容	考核要点	配分	评分标准	检测结果	扣分	得分	备注
1	准备工作	穿戴劳保用品	5	未穿戴整齐扣5分				
		正确选择所需的试剂和仪器	5	选错1件扣2分				
2	比色	以蒸馏水为参比液，将参比液和试样分别倒入比色皿中	20	手拿比色皿的姿势不正确扣10分				
				溶液撒到外面扣10分				
3		用参比液调透光度和吸光度	20	未用参比液调透光度和吸光度不得分				
4		将样品盒向外拉一挡测定水样的吸光度	20	未测定水样的吸光度不得分				
				操作不正确扣10分				
5	计算	按公式计算循环水的浊度	20	计算不正确不得分				
6	仪器的使用、维护	正确使用仪器	5	操作不当扣5分				
		仪器的常规维护	5	不会仪器的常规维护扣5分				
7	安全及其他	按国家法规或企业规定		违规一次总分扣2分；严重违规停止操作			—	
		在规定时间内完成操作		每超时1min总分扣5分，超时3min停止操作			—	
合　计			100					

试题 11：循环水管网系统试压操作程序

（考核时间：25min）

序号	考核内容	考核要点	配分	评分标准	检测结果	扣分	得分	备注
1	准备工作	穿戴劳保用品	3	未穿戴整齐扣 3 分				
		工具、用具准备	2	工具选择不正确扣 2 分				
2	循环水管网系统试压操作程序	制定循环水管网系统试压方案	10	未制定循环水管网系统试压方案不得分				
3		检查系统阀门开关状态是否符合要求	25	未联系调度关冷却器进、出水阀，开装置旁通阀，每项扣 5 分				
				未检查冷却水系统是否有乱排现象扣 10 分				
				未稍开低位阀扣 10 分				
4		启用单台循环水泵，建立水联运	25	未联系调度扣 5 分				
				未正常开泵扣 5 分				
				未缓慢打开泵出口阀，调节上塔低位阀开度扣 10 分，				
				未控制出水压力有一定的上升速度扣 10 分				
5		检查循环水管网系统试压、保压情况	30	未将出水压力提到试压要求扣 10 分				
				未按方案要求保持此压力一定的时间扣 5 分				
				未检查系统泄漏情况扣 5 分				
				未逐渐关闭低位阀、泵出口阀（调节过程中，维持总管压力平稳）扣 5 分				
				未关死低位阀、泵出口阀并停泵扣 5 分				
				未进行观察，检查保压情况（以无明显下降为合格）扣 5 分				
6	使用工具	正确使用工具	2	工具使用不正确扣 2 分				
		正确维护工具	3	工具乱摆乱放扣 3 分				
7	安全及其他	按国家法规或企业规定		违规一次总分扣 5 分；严重违规停止操作			—	
		在规定时间内完成操作		每超时 1min 总分扣 5 分，超时 3min 停止操作			—	
		合　计	100					

试题 12：汽轮机正常开车操作

（考核时间：60min）

序号	考核内容	考核要点	配分	评分标准	检测结果	扣分	得分	备注
1	准备工作	穿戴劳保用品	3	未穿戴整齐扣 3 分				
		工具、用具准备	2	工具选择不正确扣 2 分				

续表

序号	考核内容	考核要点	配分	评分标准	检测结果	扣分	得分	备注
2	汽轮机正常开车操作要点	确认汽轮机处于完好状态、进行保安系统静态试验、暖管及疏水	10	未做好汽轮机开车前的检查和准备，每项扣5分				
3		拉起危急遮断器，使紧急停车按钮处于断电	5	未拉起危急遮断器不得分				
4		将调速器调至最低转速	5	未至最低速不得分				
5		缓慢打开主汽门，使汽机升到500～600r/min，进行低速暖机	10	未缓慢打开主汽门进行低速暖机不得分				
6		机组运行平稳后手拍危急遮断器，做动态保安试验，合格后继续开车	10	未做动态保安试验不得分				
7		重新冲转汽机，暖机15～20min，同时逐渐关闭疏水阀，全开汽机轴封抽汽阀	15	未重新冲转汽机，关闭疏水阀，全开汽机轴封抽汽阀，每项扣5分				
8		确认机组运行正常后，按升速曲线提速，直到汽机进入自动控制状态，并全开主汽门	15	未按升速曲线提速到汽机进入自动控制状态，并全开主汽门，每项扣5分				
9		调节调速器转速，使汽机升速到额定转速	5	未调节调速器至转速到额定值不得分				
10		检查机组油温、油压、振动和泄漏情况	5	未检查机组运行情况不得分				
11		回收放空蒸汽，关闭排汽放空阀，并做好记录	10	未回收放空蒸汽及记录，每项扣5分				
12	使用工具	正确使用工具	2	用错工具扣2分				
		正确维护工具	3	乱摆工具扣3分				
13	安全及其他	按国家法规或企业规定		违规一次总分扣5分；严重违规停止操作			—	
		在规定时间内完成操作		每超时1min总分扣5分，超时3min停止操作			—	
		合　计	100					

试题13：循环水装置停车操作步骤

（考核时间：25min）

序号	考核内容	考核要点	配分	评分标准	检测结果	扣分	得分	备注
1	准备工作	穿戴劳保用品	3	未穿戴整齐扣3分				
		工具、用具准备	2	工具选择不正确扣2分				
2	循环水装置降负荷运行	关注出水压力变化，视装置用水减少情况，可停运一、二台循环水泵	10	未关注出水压力变化及时调整操作扣10分				
				未及时停泵扣5分				
3		视循环冷却水温下降情况，逐台停运风机	10	未及时停风机不得分				
4		停止投加缓蚀阻垢剂和杀菌剂	10	未停加药不得分				
5		将滤池强制反冲洗后停运	10	未强制反洗滤池不得分				

续表

序号	考核内容	考核要点	配分	评分标准	检测结果	扣分	得分	备注
6	循环水装置停车放空	关补充水阀，停止补水	10	未停补水不得分				
7		联系调度，停循环水泵	10	未联系停泵不得分				
8		管网系统和水处理构筑物排空	20	管网系统未排空扣10分				
				水处理构筑物未排空扣10分				
9		联系电仪，切除机泵电源	10	未联系停电源不得分				
10	使用工具	正确使用工具	2	工具使用不正确扣2分				
		正确维护工具	3	工具乱摆乱放扣3分				
11	安全及其他	按国家法规或企业规定		违规一次总分扣5分；严重违规停止操作			—	
		在规定时间内完成操作		每超时1min总分扣5分，超时3min停止操作			—	
		合　计	100					

否定项说明：若循环水装置停车过程中出现总管压力超标等情况，该题为零分。

试题14：汽轮机开车前的保安系统静态试验

（考核时间：15min）

序号	考核内容	考核要点	配分	评分标准	检测结果	扣分	得分	备注
1	准备工作	穿戴劳保用品	3	未穿戴整齐扣3分				
		工具、用具准备	2	工具选择不正确扣2分				
2	汽轮机开车前的保安系统静态试验	做好汽轮机开车前的检查和准备	10	未做好汽轮机开车前的准备不得分				
3		启动辅助油泵，使润滑油系统处于正常状态，各润滑点油压符合要求	20	未启动辅助油泵扣10分				
				未检查润滑油系统状态扣10分				
4		将危及遮断器拉起，全开主汽门手轮，然后手拍危及遮断器。观察主汽门开关动作是否灵敏	20	未将危及遮断器拉起，全开主汽门手轮，然后手拍危及遮断器扣15分				
				未观察主汽门开关动作是否灵敏扣5分				
5		将危及遮断器拉起，全开主汽门手轮，然后按紧急停车按钮，观察主汽门是否迅速关闭	20	未将危及遮断器拉起，全开主汽门手轮，然后按紧急停车按钮扣15分				
				未观察主汽门是否迅速关闭扣5分				
6		将事故油泵切到自动控制状态，关小辅助油泵出口阀，观察当油压低于给定值时，事故油泵能否自启动	20	未将事故油泵切到自动控制状态，关小辅助油泵出口阀扣15分				
				未观察当油压低于给定值时事故油泵能否自启动扣5分				
7	使用工具	正确使用工具	2	用错工具扣2分				
		正确维护工具	3	乱放工具扣3分				

续表

序号	考核内容	考核要点	配分	评分标准	检测结果	扣分	得分	备注
8	安全及其他	按国家法规或企业规定		违规一次总分扣5分；严重违规停止操作			—	
		在规定时间内完成操作		每超时1min总分扣5分，超时3min停止操作			—	
	合　计		100					

试题15：测温仪的使用

（考核时间：30min）

序号	考核内容	考核要点	配分	评分标准	检测结果	扣分	得分	备注
1	准备工作	穿戴劳保用品	3	未穿戴整齐扣3分				
		工具、用具准备	2	选错1件扣1分				
2	测温仪的检查	检查测温仪电池电量显示	10	对测温仪电池电量不足的未进行更换扣10分				
		检查测温仪的工作、显示状态	10	对工作、显示状态不正常未发现的扣10分				
3	使用环境确认	消除热冲击(由于环境温度变化太大引起)	5	使用测温仪未进行恒定消除热冲击扣5分				
		测温仪均需避免在电焊和感应加热器引起的强电磁场(EMF)使用	5	未注意避免事项扣5分				
4	按照规定测量	将测温仪对准物体并打开测量开关，并注意距离与测量点的比例关系和视场	15	未做到扣15分				
		找到冷点和热点，将测温仪指向目标区域，然后在这块区域上下扫描，直到定位好热点或冷点	20	方法不对扣10分				
				测量位置不对扣10分				
		确保目标要比测点大，目标越小应当越靠近它。当精确度很重要时，确保目标不小于测点的两倍。单点激光瞄准时，激光点显示被测量区域的中心	20	测量方法不对扣10分				
				测量位置不对扣10分				
5	测温仪的维护	摆放时不要将测温仪靠近或放在高温物体上	5	未注意避免事项扣5分				
		防静电损坏	5	未注意防静电扣5分				
6	安全及其他	按国家法规或企业规定		违规一次总分扣5分；严重违规停止操作			—	
		在规定时间内完成操作		每超时1min总分扣5分，超时3min停止操作			—	
	合　计		100					

试题16：测振仪的使用

（考核时间：15min）

序号	考核内容	考核要点	配分	评分标准	检测结果	扣分	得分	备注
1	准备工作	穿戴劳保用品	3	未穿戴整齐扣3分				
		工具、用具准备	2	工具选择不正确扣2分				
2	电池电量检查	检查测振仪电量是否充足，电量不足应及时更换电池以保证测量精度	10	未检查扣10分				
				未更换电量不足电池扣5分				
3	测定的一般步骤	按下"MEAS"按钮，将测振仪探头直接垂直置于被测物体上，待数据稳定后，松开按键，记录数据	10	测量方法不正确扣10分				
		光标显示置于"cm/s"挡，可测量振动速度	10	使用错误扣10分				
		光标显示置于"mm"挡，可测量振动位移	10	使用错误扣10分				
		将本仪器测量值按被测机组功率与国际标准（ISO2372）比对，可直接判断被测设备运行状态	10	不会比对扣10分				
4	故障判断	振动速度值和振动位移值都很大时，被测物体出现故障，调节光标置于"m/s²"挡（测振动加速度）	10	使用错误扣10分				
		分别测量高、低频振动加速度值	10	不会使用扣10分				
		当高频值小于低频值时，可考虑低频故障引起的原因，如轴不对称、不对中、轴弯曲、机座松动等	10	判断错误扣10分				
		当高频值大于低频值的4、5倍以上时，可考虑高频故障引起的原因，如滚动轴承的磨损，齿面摩擦、撞击或有断齿等	10	判断错误扣10分				
5	使用工具	正确使用工具	2	工具使用不正确扣2分				
		正确维护工具	3	工具乱摆乱放扣3分				
6	安全及其他	按国家法规或企业规定		违规一次总分扣5分；严重违规停止操作			—	
		在规定时间内完成操作		每超时1min总分扣5分，超时3min停止操作			—	
		合　计	100					

试题17：透平泵投用前的检查

（考核时间：15min）

序号	考核内容	考核要点	配分	评分标准	检测结果	扣分	得分	备注
1	准备工作	穿戴劳保用品	3	未穿戴整齐扣3分				
		工具、用具准备	2	工具选择不正确扣2分				

续表

序号	考核内容	考核要点	配分	评分标准	检测结果	扣分	得分	备注
2	透平泵投用前的检查内容	确认汽轮机、泵完好，进出汽总阀及旁路阀全关	10	未确认汽轮机完好等，每项扣5分				
3		确认所有仪表正常	8	未确认仪表正常不得分				
4		确认电气及联锁调试合格	8	未确认电气及联锁调试合格每项扣5分				
5		确认安全阀完好	8	未确认安全阀完好不得分				
6		确认汽水系统、润滑油系统正常；机泵油位、油质正常	8	未确认汽水系统等正常，每项扣5分				
7		确认汽轮机出汽放空阀开	8	未确认不得分				
8		确认水泵进水阀和出水旁通阀及轴、填料冷却水阀开	8	未确认每项扣5分				
9		检查机泵盘车是否正常，给泵排气	8	未盘车等，每项扣5分				
10		检查调节器阀杆是否在使阀全开位置	8	未确认不得分				
11		确认危及遮断器处于脱扣状态，速关阀及其手轮处于全关的位置	8	未确认危及遮断器处于脱扣状态，速关阀及其手轮处于全关的位置，每项扣5分				
12		确认油冷器进出口阀全开	8	未确认油冷器进出口阀全开不得分				
13	使用工具	正确使用工具	2	使用错误扣2分				
		正确维护工具	3	乱摆乱放扣3分				
14	安全及其他	按国家法规或企业规定		违规一次总分扣5分；严重违规停止操作			—	
		在规定时间内完成操作		每超时1min总分扣5分，超时3min停止操作			—	
合计			100					

试题18：水冷却器检修工作注意事项

（考核时间：30min）

序号	考核内容	考核要点	配分	评分标准	检测结果	扣分	得分	备注
1	准备工作	穿戴劳保用品	3	未穿戴整齐扣3分				
		工具、用具准备	2	工具选择不正确扣2分				
2	水冷器检修中防止泄漏注意事项	检查垫片规格是否合适	10	未检查垫片规格不得分				
3		检查垫片材质是否符合要求	10	未检查垫片材质不得分				
4		检查密封面是否清理干净	15	未检查密封面不得分				
5		检查垫片安装是否正确	15	垫片安装错误不得分				
6		检查螺栓紧固顺序是否正确	15	螺栓紧固顺序错不得分				
7		检查试压是否符合规格	15	试压不符合规格不得分				
8		针对该水冷器介质实际情况进行相应处理	10	未针对该水冷器实际情况进行相应处理不得分				

续表

序号	考核内容	考核要点	配分	评分标准	检测结果	扣分	得分	备注
9	使用工具	正确使用工具	2	工具使用不正确扣2分				
		正确维护工具	3	工具乱摆乱放扣3分				
10	安全及其他	按国家法规或企业规定		违规一次总分扣5分；严重违规停止操作			—	
		在规定时间内完成操作		每超时1min总分扣5分，超时3min停止操作			—	
		合　计	100					

否定项说明：若出现最终投用后水冷器严重泄漏等情况，该题为零分。

试题19：离心水泵检修后的验收

（考核时间：30min）

序号	考核内容	考核要点	配分	评分标准	检测结果	扣分	得分	备注
1	准备工作	穿戴劳保用品	3	未穿戴整齐扣3分				
		工具、用具准备	2	工具选择不正确扣2分				
2	资料	验收检修资料	5	未验收资料扣5分				
3	试车前的检查	检查水泵检修是否结束，现场是否整洁	10	未检查水泵检修情况及现场整洁情况，每项扣5分				
4		检查水泵水密及润滑系统是否完好	5	未检查润滑系统扣5分				
				未检查水泵水密情况扣5分				
5		检查冷却水系统是否通畅无泄漏	5	未检查冷却水系统扣5分				
6		检查压力表及其他部件是否完好	5	未检查压力表量程扣3分				
				未检查压力表根部扣2分				
7		检查连接部件是否松动	5	未检查是否松动扣5分				
8		检查轴承转动是否均匀，有无卡滞现象	10	未盘车检查扣10分				
9	试车情况检查	带负荷运行	20	未指明带负荷运行扣10分				
				未点试观察转向扣10分				
10		检查机泵电流、压力、流量是否正常及轴承等情况	20	未检查轴承温度、振动、密封、润滑，每项扣5分				
				未检查机泵电流、压力、流量是否正常，每项扣5分				
11		做好试车记录	5	未做试车记录扣5分				
12	使用工具	正确使用工具	2	工具使用不正确扣2分				
		正确维护工具	3	工具乱摆乱放扣3分				
13	安全及其他	按国家法规或企业规定		违规一次总分扣5分；严重违规停止操作			—	
		在规定时间内完成操作		每超时1min总分扣5分，超时3min停止操作			—	
		合　计	100					

试题20：循环水泵倒转的处理

（考核时间：25min）

序号	考核内容	考核要点	配分	评分标准	检测结果	扣分	得分	备注
1	准备工作	穿戴劳保用品	3	未穿戴整齐扣3分				
		工具、用具准备	2	工具选择不正确扣2分				
2	循环水泵启动时倒转的处理	现象：泵出口压力低、电流波动大、声音异常	15	未说明泵出口压力低、电流波动大、声音异常不得分				
3		原因：电机反相	15	未说明电机反相不得分				
4		处理：停泵、停电并联系电气人员倒相	15	未停泵、停电并联系电气人员倒相不得分				
5	循环水泵停泵时倒转的处理	现象：停泵后在轴停止转动的瞬间又反相加速旋转	15	未说明停泵后在轴停止转动的瞬间又反相加速旋转不得分				
6		原因：出口阀未关严，止回阀不起作用	15	未说明出口阀未关严，止回阀不起作用不得分				
7		处理：关严出口阀，如无效再关进口阀	15	未关严出口阀，如无效再关进口阀不得分				
8	使用工具	正确使用工具	2	工具使用不正确扣2分				
		正确维护工具	3	工具乱摆乱放扣3分				
9	安全及其他	按国家法规或企业规定		违规一次总分扣5分；严重违规停止操作			—	
		在规定时间内完成操作		每超时1min总分扣5分，超时3min停止操作			—	
	合　计		100					

否定项说明：若出现用外力进行制动等情况，该题为零分。

试题21：循环水余氯偏低的处理

（考核时间：15min）

序号	考核内容	考核要点	配分	评分标准	检测结果	扣分	得分	备注
1	准备工作	穿戴劳保用品	3	未穿戴整齐扣3分				
		工具、用具准备	2	工具选择不正确扣2分				
2	检查影响循环水余氯偏低的因素	检查是否投加非氧化性杀生剂	5	未检查是否投加非氧化性杀生剂扣5分				
3		检查加氯管线是否泄漏	5	未检查加氯管线是否泄漏扣5分				
4		检查加氯点布局是否合理	5	未检查加氯点布局是否合理扣5分				
5		检查加氯时间是否偏少	5	未检查加氯时间是否偏少扣5分				
6		检查加氯系统加氯量是否偏小	5	未检查加氯量是否偏小扣5分				
7		检查系统补充水量是否偏大	5	未检查补充水量是否偏大扣5分				
8		检查系统是否有工艺介质泄漏	5	未检查是否有工艺介质泄漏扣5分				
9		检查水中菌藻是否超标	5	未检查水中菌藻是否超标扣5分				
10		检查化验分析是否有误差	5	未检查确认分析是否有误差扣5分				

续表

序号	考核内容	考核要点	配分	评分标准	检测结果	扣分	得分	备注
11	循环水余氯偏低的处理	改变杀菌灭藻剂投加方式	5	若同时投加非氧化性杀生剂未停止不得分				
12		确保加氯管线完好	5	若加氯管线泄漏未处理不得分				
13		合理布局加氯点	5	若加氯点布局不合理未处理不得分				
14		延长加氯时间	5	若氯时间偏少未延长不得分				
15		加大加氯系统加氯量	5	若加氯量偏小未加大投加量不得分				
16		适当增加加氯量	5	若补水量偏大未增加加氯量不得分				
17		联系堵漏处理	5	若系统发生有机物、氨等泄漏，未联系堵漏处理不得分				
18		加大杀菌灭藻力度	5	若水中菌藻严重超标未加大杀菌灭藻力度不得分				
19		消除化验分析误差，联系分析工检查分析结果	5	若化验分析有误差未消除不得分				
20	使用工具	正确使用工具	2	工具使用不正确扣2分				
		正确维护工具	3	工具乱摆乱放扣3分				
21	安全及其他	按国家法规或企业规定		违规一次总分扣5分；严重违规停止操作			—	
		在规定时间内完成操作		每超时1min总分扣5分，超时3min停止操作			—	
		合　　计	100					

试题22：循环水装置停电事故的处理

（考核时间：15min）

序号	考核内容	考核要点	配分	评分标准	检测结果	扣分	得分	备注
1	准备工作	穿戴劳保用品	3	未穿戴整齐扣3分				
		工具、用具准备	2	工具选择不正确扣2分				
2	停电判断	循环水场机泵全部停运，供水压力为零	10	未说明停电现象，及时判明停电不得分				
3	停电处理	立即向调度报告，联系电气处理	20	未报告调度扣10分				
				未联系电气扣10分				
4		关闭循环水泵的出口阀	10	未关闭循环水泵的出口阀扣10分				
5		按机泵停车按钮，防止机泵自启动	10	未按停车按钮不得分				
6		停止加氯、加药	10	未停止加氯扣5分				
				未停止加药扣5分				
7		停止系统补水、排污	10	未停止不得分				
8		关注水池液位，做好恢复生产的准备工作	10	未关注水池液位，并做好恢复准备不得分				
9		做好停车情况记录	10	未做停车记录不得分				

续表

序号	考核内容	考核要点	配分	评分标准	检测结果	扣分	得分	备注
10	使用工具	正确使用工具	2	工具使用不正确扣2分				
		正确维护工具	3	工具乱摆乱放扣3分				
11	安全及其他	按国家法规或企业规定		违规一次总分扣5分；严重违规停止操作			—	
		在规定时间内完成操作		每超时1min总分扣5分，超时3min停止操作			—	
	合计		100					

试题23：加氯系统漏氯的处理

（考核时间：15min）

序号	考核内容	考核要点	配分	评分标准	检测结果	扣分	得分	备注
1	准备工作	穿戴劳保用品	3	未穿戴整齐扣3分				
		工具、用具准备	2	工具选择不正确扣2分				
2	做好自身防护	佩戴防毒面具	5	未正确佩戴防毒面具不得分				
		在有人监护下进入现场	5	进入有毒现场，无人监护不得分				
		判明加氯系统漏氯	5	未判明加氯系统漏氯不得分				
		及时汇报有关人员	5	未及时汇报有关人员不得分				
		关氯瓶阀检查	10	未关氯瓶阀检查、处理扣8分				
				未用10%氨水检查扣5分				
3	检查影响漏氯的因素	检查加氯机进氯管接头是否严密	5	未检查管线接头不得分				
		检查加氯机进氯管管身是否破裂	5	未检查加氯管线不得分				
		检查加氯机本体是否泄漏(若是转子加氯机还应检查水封情况)	5	未检查加氯机本体(若是转子加氯机含检查水封)不得分				
		检查加氯系统真空度是否不足	5	未检查加氯系统真空度不得分				
4	加氯系统漏氯的处理	更换垫片，拧紧接头	10	未更换垫片处理不得分				
		更换进氯管线	10	未更换进氯管线不得分				
		修理或更换加氯机(若是转子加氯机水封漏氯，需调整水封液位)	10	未进行相应处理不得分				
		检修水射器，提高真空度	10	未检修水射器不得分				
5	使用工具	正确使用工具	2	工具使用不正确扣2分				
		正确维护工具	3	工具乱摆乱放扣3分				
6	安全及其他	按国家法规或企业规定		违规一次总分扣5分；严重违规停止操作			—	
		在规定时间内完成操作		每超时1min总分扣5分，超时3min停止操作			—	
	合计		100					

试题24：绘制重力式无阀滤池结构示意图

（考核时间：30min）

序号	考核内容	考核要点	配分	评分标准	检测结果	扣分	得分	备注
1	绘制重力式无阀滤池结构示意图	检查重力式无阀滤池结构示意图主要绘制内容是否正确	35	未画出进水分配槽、进水管、虹吸上升管、顶盖、挡板、滤料层、承托层、配水系统、底部空间、连通渠、冲洗水箱、出水管、虹吸辅助管、抽气管、虹吸下降管、水封井、虹吸破坏斗和虹吸破坏管，每项扣4分				
2		检查重力式无阀滤池结构示意图主要部件的形状或位置是否正确	25	进水分配槽、进水管、虹吸上升管、顶盖、挡板、滤料层、承托层、配水系统、底部空间、连通渠、冲洗水箱、出水管、虹吸辅助管、抽气管、虹吸下降管、水封井、虹吸破坏斗和虹吸破坏管的形状或位置，错误一处扣3分				
3		检查重力式无阀滤池结构示意图的各组成部分标识是否正确	20	未标识进水分配槽、进水管、虹吸上升管、顶盖、挡板、滤料层、承托层、配水系统、底部空间、连通渠、冲洗水箱、出水管、虹吸辅助管、抽气管、虹吸下降管、水封井、虹吸破坏斗和虹吸破坏管或标错一处扣2分				
4		检查重力式无阀滤池结构示意图是否符合规范要求	20	未绘出连接管线或绘错扣5分				
				线条不符合规范扣5分				
				未标识流程方向或标错扣5分				
				无阀滤池结构示意图不整洁扣5分				
合　计			100					

试题25：绘制自然通风冷却塔示意图

（考核时间：25min）

序号	考核内容	考核要点	配分	评分标准	检测结果	扣分	得分	备注
1	绘制自然通风冷却塔示意图	检查自然通风冷却塔示意图主要绘制内容是否正确	35	未画出配水系统扣5分				
				未画出填料扣5分				
				未画出百叶窗扣5分				
				未画出集水池扣5分				
				未画出空气分配区扣5分				
				未画出风筒扣5分				
				未画出热空气和水蒸气扣5分				
				未画出冷水扣5分				

续表

序号	考核内容	考核要点	配分	评分标准	检测结果	扣分	得分	备注
2		检查自然通风冷却塔示意图各部件的形状或位置是否正确	25	配水系统形状或位置错误一处扣5分				
				填料位置错误扣4分				
				百叶窗位置错误扣4分				
				集水池位置错误扣4分				
				空气分配区位置错误扣4分				
				风筒形状或位置错误扣4分				
				热空气和水蒸气位置错误扣4分				
3		检查自然通风冷却塔示意图的各组成部分标识是否正确	20	未标识配水系统或标错扣3分				
				未标识填料或标错扣3分				
				未标识百叶窗或标错扣3分				
				未标识集水池或标错扣3分				
				未标识空气分配区或标错扣3分				
				未标识风筒或标错扣3分				
				未标识热空气和水蒸气或标错扣3分				
				未标识冷水或标错扣3分				
4		检查自然通风冷却塔示意图是否符合规范要求	20	未绘出连接管线或绘错扣5分				
				线条不符合规范扣5分				
				未标识流程方向或标错扣5分				
				自然通风冷却塔示意图不整洁扣5分				
合计			100					

第四部分

技　师

一、理论知识鉴定要素细目表

行业通用理论知识鉴定要素细目表

鉴定范围						鉴定点		
一级		二级		三级		代码	名称	重要程度
代码	名称	代码	名称	代码	名称			
A	基本要求	B	基础知识	B	识图基础知识	001	设备布置图基础知识	X
						002	管道布置图基础知识	X
						003	化工设备图尺寸标注方法	X
						004	装配图内容	X
				D	质量基础知识	001	ISO 9000 族标准质量管理审核的依据	X
						002	ISO 9001 标准质量管理体系的总体思路	X
				E	计算机基础知识	001	数据库的概念	X
						002	数据表的建立	X
						003	PowerPoint 课件的制作	X
B	相关知识	E	管理知识	A	生产管理	001	生产的管理	X
						002	设备的管理	X
						003	现场的管理	X
				B	编写技术文件	001	生产总结报告的常用格式	X
						002	技术论文的结构内容	X
						003	技术论文标题拟订的基本原则	X
						004	技术论文摘要拟订的基本原则	X
						005	技术论文编写的基本要素	X
						006	装置标定报告主要内容	X
						007	装置验收报告主要内容	X
						008	工艺技术规程主要内容	X
						009	岗位操作法的主要内容	X
						010	检修方案的主要内容	X
						011	开工方案的主要内容	X
						012	停工方案的主要内容	X
				C	技术改进	001	技术改造的目的	X
						002	技术改造的程序	X
						003	技术改造方案的主要内容	X
						004	技术改造的有关步骤	X
						005	技术改造申请书的编写格式	X
						006	技术革新成果的鉴定知识	X
						007	技术改造的注意事项	X
						008	技术革新成果报告的主要内容	X

续表

鉴定范围						鉴定点		
一级		二级		三级		代码	名称	重要程度
代码	名称	代码	名称	代码	名称			
		F	培训与指导	A	培训与指导	001	专项培训方案制定的要求	X
						002	培训教学常用方法	X
						003	培训教案编写的要求	X
						004	培训教学的组织实施	X
						005	评估培训效果的意义	X

工种理论知识鉴定要素细目表

鉴定范围						鉴定点		
一级		二级		三级		代码	名称	重要程度
代码	名称	代码	名称	代码	名称			
A	基本要求	B	基础知识	G	石化基本常识	001	加氢精制的工艺特点	Z
						002	加氢裂化的工艺特点	Z
						003	石油的热加工工艺特点	Z
				H	化学基础知识	001	烷烃的特性	Y
						002	烯烃的特性	Z
						003	炔烃的特性	Z
						004	苯的特性	Y
						005	卤烃的特性	X
						006	有机化学的相关计算	Y
				I	水力学基础知识	001	流体运动的动量方程式	X
						002	明渠水流的流态形式	Y
				J	机械设备基础知识	001	离心泵的相关计算	X
						002	设备可靠性的概念	X
						003	设备可靠性的常用度量	X
						004	常用腐蚀调查的方法	Y
						005	常见的腐蚀环境类型	Y
				K	电气基础知识	001	电磁感应的概念	Y
						002	同步电动机的工作原理	Z
						003	电功率及功率因数的分析计算	X
						004	三相交流电路的分析与计算	X
				L	仪表基础知识	001	电导率表的构造特点	X
						002	水处理常用测量仪表的特性	X
						003	PLC 系统的特点	Y
						004	先进控制的概念	Z
				M	计量基础知识	001	测量仪表准确度的概念	X
						002	测量结果的有效数字	X
						003	测量数据的修约规则	X

续表

鉴定范围						鉴定点		
一级		二级		三级		代码	名称	重要程度
代码	名称	代码	名称	代码	名称			
B	相关知识	A	工艺操作	A	循环水基础知识	001	工业用水预处理概念	X
						002	工业用水管理的重要性	Z
						003	循环冷却水系统容积的概念	X
						004	冷却水的水质变化特点	X
						005	沉积物成因	X
						006	冷却水系统水量平衡	X
						007	冷却水系统热量平衡	X
						008	水冷却器的类型	X
						009	杀菌率和缓蚀率的概念	X
						010	浓度积的应用	Y
						011	pH 值的测定方法	X
						012	电渗析除盐原理	Y
						013	污水回用于循环水要注意的问题	X
						014	冷却水系统中引起故障的微生物	X
						015	COD 监测的意义	X
						016	微生物生长的影响因素	X
						017	杀菌率的测定	X
						018	微生物对污染物的降解	Y
						019	污染物的微生物处理方法	X
						020	给水管网的管径确定	X
						021	水体富营养化的特征	Y
						022	含铁地下水的水质特点	Y
						023	海水取水的特点	Y
						024	水质与疾病的关系	Z
				B	循环水原、辅材料	001	常用金属盐混凝剂	Y
						002	水的分子结构	Y
						003	污水资源化概念	X
						004	影响氯气杀菌作用的主要因素	X
						005	影响缓蚀剂作用的主要因素	X
						006	影响阻垢剂作用的主要因素	X
						007	腐蚀速率和污垢热阻的测定	X
						008	电渗析除盐工艺的特点	Z
						009	示踪剂的示踪过程	X
						010	药剂停留时间的估算	X

续表

鉴定范围						鉴定点		
一级		二级		三级		代码	名称	重要程度
代码	名称	代码	名称	代码	名称			
				C	开、停工操作	001	格栅间距的确定方法	X
						002	预膜药剂选择方法	X
						003	过滤池主要工艺参数	X
						004	水稳剂配方选择	X
						005	循环冷却水系统现场监测项目	X
						006	化学清洗原理	Z
						007	化学清洗操作的方法	Y
						008	工业用水处理技术概述	X
						009	工业循环冷却水处理设计有关术语的规范	X
						010	化学清洗操作要点	X
				D	正常操作	001	混凝剂投加方式	X
						002	循环水水质的控制方法	X
						003	水冷却器的综合管理	X
						004	不停车清洗控制方法	X
						005	循环水处理新技术	X
						006	凉水塔、池壁藻类大量繁殖的处理方法	X
						007	补水软化处理的意义	X
						008	循环水碱度的测定方法	Y
						009	循环水浊度的测定方法	Y
						010	氧化除铁法原理	Z
						011	挂片的处理要点	X
						012	各种浓缩倍数的测定方法差异	X
						013	循环冷却水系统的日常运行管理	X
						014	水质分析中溶液浓度的表示方法	X
						015	沉积物的分析方法	Z
						016	常用水处理药剂的分析方法	Y
		B	设备使用与维护	A	使用设备	001	多级离心泵的性能特点	X
						002	比转数的含义	X
						003	交流电动机调速原理	X
						004	转子流量计的原理	X
						005	换热器的使用方法	X
						006	换热器介质走管程、壳程的选择	X
						007	游标卡尺的使用方法	Y
						008	分析电导仪的使用方法	X
						009	设备联锁设置原则	X
						010	软性填料的主要技术参数	Y

续表

鉴定范围						鉴定点		
一级		二级		三级		代码	名称	重要程度
代码	名称	代码	名称	代码	名称			
						011	常见的给水管道的质量要求	Z
						012	离心泵的性能参数	X
						013	水泵的选择原则	X
						014	吸水管路的布置要求	X
						015	出水管路的布置要求	X
						016	液位联锁设置原理	X
						017	滚动轴承作用原理	Y
						018	滑动轴承作用原理	Y
				B	维护设备	001	电气设备运行原理	Y
						002	电气设备维修方法	Y
						003	常用无损探伤的方法	Z
						004	润滑油的理化指标	X
						005	设备的选择原则	X
						006	常用润滑油(脂)的规格	X
		C	事故判断与处理	A	判断事故	001	冷却水系统中物料泄漏的判断	X
						002	循环水中总铁高原因	X
						003	影响预膜质量的因素	X
						004	沉积物的分析	Y
						005	设备易出故障的部位	X
						006	凉水塔冷却效果差的原因	X
						007	监测管腐蚀率高的原因	X
						008	水稳剂控制指标异常的原因	X
				B	处理事故	001	冷却水系统中物料泄漏的处理方法	X
						002	地下管线外防腐措施	X
						003	凉水塔冷却效果差的处理	X
						004	设备易出故障的处理方法	X
						005	中毒人员的现场施救方法	X
						006	补充水中断处理方法	X
						007	酸碱使用中的安全注意事项	Y
						008	水稳剂控制指标异常的处理方法	X
		D	绘图与计算	A	绘图	001	装配图表达方法	X
						002	装配图识读	X
						003	水平衡图的绘制	X
				B	计算	001	冷却水系统热量平衡计算	X
						002	水泵叶轮切削计算	Y
						003	管路的水力计算	X
						004	平衡常数的计算	X
						005	滴定分析的计算	Z
						006	水泵最大安装高度的计算	X

二、理论知识试题

行业通用理论知识试题

判断题

1. 设备布置图是构思建筑图的前提，建筑图又是设备布置图的依据。（√）

2. 化工设备图中，如图管道立面图，其平面图为。（×）

正确答案：化工设备图中，如图管道立面图，其平面图为。

3. 在化工设备图中，由于零件的制造精度不高，故允许在图上将同方向(轴向)的尺寸注成封闭形式。（√）

4. 装配图中，当序号的指引线通过剖面线时，指引线的方向必须与剖面线平行。（×）

正确答案：装配图中当序号的指引线通过剖面线时，指引线的方向必须与剖面线不平行。

5. 只有 ISO 9000 质量保证模式的标准才能作为质量审核的依据。（×）

正确答案：除 ISO 9000 族质量标准以外，还有其他一些国际标准可以作为质量审核的依据。

6. ISO 9000:2000 版标准减少了过多强制性文件化要求，使组织更能结合自己的实际，控制体系过程，发挥组织的自我能力。（√）

7. 数据库就是存储和管理数据的仓库。（×）

正确答案：数据库就是按一定结构存储和管理数据的仓库。

8. 在计算机应用软件中 VFP 数据表中日期字段的宽度一般为 10 个字符。（×）

正确答案：在计算机应用软件中 VFP 数据表中日期字段的宽度一般为 8 个字符。

9. 在应用软件 PowerPoint 中可以插入 WAV 文件、AVI 影片，但不能插入 CD 音乐。（×）

正确答案：在 PowerPoint 中可以插入 WAV 文件、AVI 影片，也能够插入 CD 音乐。

10. 在应用软件 PowerPoint 中播放演示文稿的同时，单击鼠标右键，选择“指针选项”中的“画笔”选项，此时指针会自动的变成一支画笔的形状，按住鼠标左键，就可以随意书写文字了。（√）

11. 基本生产过程在企业的全部生产活动中居主导地位。（√）

12. 企业的生产性质、生产结构、生产规模、设备工装条件、专业化协作和生产类型等因素都会影响企业的生产过程组织，其中影响最大的是生产规模。（×）

正确答案：企业的生产性质、生产结构、生产规模、设备工装条件、专业化协作和生产类型等因素都会影响企业的生产过程组织，其中影响最大的是生产类型。

13. 日常设备检查是指专职维修人员每天对设备进行的检查。（×）

正确答案：日常设备检查是指操作者每天对设备进行的检查。

14. 现场管理是综合性、全面性、全员性的管理。（√）

15. 通过对工艺指标分析和对比可以找出设备运行中存在的不足和问题，指导有目的地加以优化和改进。（√）

16. 关键词是为了文献标引工作，从论文中选取出来，用以表示全文主要内容信息款目的单词或术语，一般选用 3～8 个词作为关键词。（√）

17. 技术论文的摘要是对各部分内容的高度浓缩，可以用图表和化学结构式说明复杂的问题，并要求对论文进行自我评价。 (×)

正确答案：技术论文的摘要是对各部分内容的高度浓缩，在摘要中不可以用图表和化学结构式，不要对论文进行自我评价。

18. 理论性是技术论文的生命，是检验论文价值的基本尺度。 (×)

正确答案：创见性是技术论文的生命，是检验论文价值的基本尺度。

19. 生产准备应包括：组织机构(附组织机构图)、人员准备及培训、技术准备及编制《投料试车总体方案》(附投料试车统筹网络图)、物资准备、资金准备、外部条件准备和营销准备。 (√)

20. 工艺技术规程侧重于主要规定设备如何操作。 (×)

正确答案：工艺技术规程侧重于主要规定设备为何如此操作。

21. 岗位操作法应由车间技术人员根据现场实际情况编写，经车间主管审定，并组织有关专家进行审查后，由企业主管批准后执行。 (√)

22. 技术改造的过程中竣工验收时应以基础设计为依据。 (×)

正确答案：技术改造的过程中竣工验收的依据是批准的项目建议书、可行性研究报告、基础设计(初步设计)、有关修改文件及专业验收确认的文件。

23. 技术改造项目正式验收后要按照对技术经济指标进行考核标定，编写运行标定报告。 (×)

正确答案：技术改造项目正式验收前要按照对技术经济指标进行考核标定，编写运行标定报告。

24. 培训需求分析是培训方案设计和制定的基础和指南。 (√)

25. 案例教学因受到案例数量的限制，并不能满足每个问题都有相应案例的需求。 (√)

26. 主题是培训教案的灵魂，提纲是教案的血脉，素材是培训教案的血肉。 (√)

27. 在培训活动中，学员不仅是学习资料的摄取者，同时也是一种可以开发利用的宝贵的学习资源。 (√)

28. 对内容、讲师、方法、材料、设施、场地、报名的程序等方面的评价属于结果层面的评价。 (×)

正确答案：对内容、讲师、方法、材料、设施、场地、报名的程序等方面的评价属于反应层面的评价。

单选题

1. 设备布置图中，用(B)线来表示设备安装基础。

A. 细实　　B. 粗实　　C. 虚　　D. 点划

2. 如图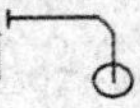为一根管道空间走向的平面图，它的左视图是(B)。

A. 　　B. 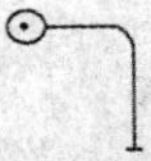　　C. 　　D. 

3. 在储罐的化工设备图中，储罐的筒体内径尺寸 $\phi 2000$ 表示的是(A)尺寸。

A. 特性　　B. 装配　　C. 安装　　D. 总体

4. 关于零件图和装配图，下列说法不正确的是(C)。

A. 零件图表达零件的大小、形状及技术要求

B. 装配图是表示装配及其组成部分的连接、装配关系的图样

C. 零件图和装配图都用于指导零件的加工制造和检验

D. 零件图和装配图都是生产上的重要技术资料

5. 在 ISO 9000 族标准中，可以作为质量管理体系审核的依据是(A)。

A. GB/T 19001　　B. GB/T 19000　　C. GB/T 19021　　D. GB/T 19011

6. 按 ISO 9001：2000 标准建立质量管理体系，鼓励组织采用(A)方法。

A. 过程　　B. 管理的系统

C. 基于事实的决策　　D. 全员参与

7. 目前，比较流行的数据模型有三种，下列不属于这三种的是(D)结构模型。

A. 层次　　B. 网状　　C. 关系　　D. 星形

8. 在计算机应用软件中 VFP 数据库中浏览数据表的命令是(A)。

A. BROWS　　B. SET　　C. USE　　D. APPEND

9. 在应用软件 PowerPoint 中演示文稿的后缀名是(C)。

A. doc　　B. xls　　C. ppt　　D. ppl

10. 在生产过程中，由于操作不当造成原材料、半成品或产品损失的，属于(A)事故。

A. 生产　　B. 质量　　C. 破坏　　D. 操作

11. 对设备进行清洗、润滑、紧固易松动的螺丝、检查零部件的状况，这属于设备的(C)保养。

A. 一级　　B. 二级　　C. 例行　　D. 三级

12. 分层管理是现场 5S 管理中(C)常用的方法。

A. 常清洁　　B. 常整顿　　C. 常组织　　D. 常规范

13. 目视管理是现场 5S 管理中(D)常用的方法。

A. 常组织　　B. 常整顿　　C. 常自律　　D. 常规范

14. 按规定中、小型建设项目应在投料试车正常后(D)内完成竣工验收。

A. 两个月　　B. 一年　　C. 三个月　　D. 半年

15. 下列叙述中，(A)不是岗位操作法中必须包含的部分。

A. 生产原理　　B. 事故处理

C. 投、停运方法　　D. 运行参数

16. 下列选项中，不属于标准改造项目的是(A)。

A. 重要的技术改造项目　　B. 全面检查、清扫、修理

C. 消除设备缺陷，更换易损件　　D. 进行定期试验和鉴定

17. 在停车操作阶段不是技师所必须具备的是(D)。

A. 组织完成装置停车吹扫工作

B. 按进度组织完成停车盲板的拆装工作

C. 控制并降低停车过程中物耗、能耗

D. 指导同类型的装置停车检修

18. 下列选项中，属于技术改造的是(C)。
A. 原设计系统的恢复的项目　　B. 旧设备更新的项目
C. 工艺系统流程变化的项目　　D. 新设备的更新项目

19. 为使培训计划富有成效，一个重要的方法是(A)。
A. 建立集体目标
B. 编成训练班次讲授所需的技术和知识
C. 把关于雇员的作茧自缚情况的主要评价反馈给本人
D. 在实施培训计划后公布成绩

20. 在培训教学中，案例法有利于参加者(D)。
A. 提高创新意识　　B. 系统接受新知识
C. 获得感性知识　　D. 培养分析解决实际问题能力

21. 课程设计过程的实质性阶段是(C)。
A. 课程规划　　B. 课程安排　　C. 课程实施　　D. 课程评价

22. 正确评估培训效果要坚持一个原则，即培训效果应在(B)中得到检验。
A. 培训过程　　B. 实际工作　　C. 培训教学　　D. 培训评价

多选题

1. 设备布置图必须具有的内容是(A，B，D)。
A. 一组视图　　B. 尺寸及标注　　C. 技术要求　　D. 标题栏

2. 在化工设备图中，当控制元件位置与任一直角坐标轴平行时，可用(A，C，D)表示。

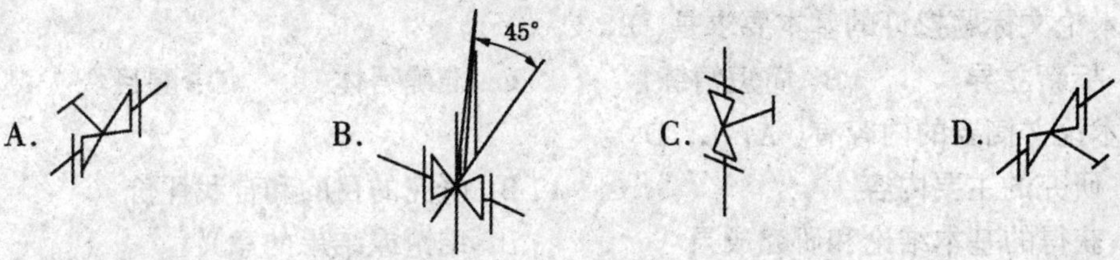

3. 在化工设备图中，可以作为尺寸基准的有(A，B，C，D)。
A. 设备筒体和封头的中心线　　B. 设备筒体和封头时的环焊缝
C. 设备法兰的密封面　　D. 设备支座的底面

4. 在化工设备图中，可以作为尺寸基准的有(A，B，D)。
A. 设备筒体和封头的中心线　　B. 设备筒体和封头时的环焊缝
C. 设备人孔的中心线　　D. 管口的轴线和壳体表面的交线

5. 下列叙述中，不正确的是(A，B，D)。
A. 根据零件加工、测量的要求而选定的基准为工艺基准。从工艺基准出发标注尺寸，能把尺寸标注与零件的加工制造联系起来，使零件便于制造、加工和测量
B. 装配图中，相邻零件的剖面线方向必须相反
C. 零件的每一个方向的定向尺寸一律从该方向主要基准出发标注
D. 零件图和装配图都用于指导零件的加工制造和检验

6. 在 ISO 9000 族标准中，内部质量体系审核的依据是(A，B，C，D)。
A. 合同要素　　B. 质量文件
C. ISO 9000 族标准　　D. 法律、法规要求

7. ISO 9001 标准具有广泛的适用性，适用于(B，D)。

A. 大中型企业　　B. 各种类型规模及所有产品的生产组织

C. 制造业　　D. 各种类型规模及所有产品的服务的组织

8. 在计算机应用软件中 VFP 能用来建立索引的字段是(C，D)字段。

A. 通用型(图文型)　B. 备注(文本型)　C. 日期　D. 逻辑

9. 关于幻灯片的背景，说法不正确的是(A，C，D)。

A. 只有一种背景　B. 可以是图片　C. 不能更改　D. 以上都错

10. 企业在安排产品生产进度计划时，对市场需求量大，而且比较稳定的产品，其全年任务可采取(A，B)。

A. 平均分配的方式　　B. 分期递增方法

C. 抛物线形递增方式　　D. 集中轮番方式

11. 设备的一级维护保养的主要内容是(A，B，C)。

A. 彻底清洗、擦拭外表　　B. 检查设备的内脏

C. 检查油箱油质、油量　　D. 局部解体检查

12. 现场目视管理的基本要求是(A，B，C，D)。

A. 统一　B. 简约　C. 鲜明　D. 实用

13. 在月度生产总结报告中对工艺指标完成情况的分析应包括(A，B，C，D)。

A. 去年同期工艺指标完成情况　　B. 本月工艺指标完成情况

C. 计划本月工艺指标情况　　D. 未达到工艺指标要求的原因

14. 技术论文标题拟订的基本要求是(B，C，D)。

A. 标新立异　B. 简短精练　C. 准确得体　D. 醒目

15. 技术论文摘要的内容有(A，C，D)。

A. 研究的主要内容　　B. 研究的目的和自我评价

C. 获得的基本结论和研究成果　　D. 结论或结果的意义

16. 技术论文的写作要求是(A，B，D)。

A. 选题恰当　B. 主旨突出　C. 叙述全面　D. 语言准确

17. 装置标定报告的目的是(A，B，D)。

A. 进行重大工艺改造前为改造设计提供技术依据

B. 技术改造后考核改造结果，总结经验

C. 完成定期工作

D. 了解装置运行状况，获得一手资料，及时发现问题，有针对性地加以解决

18. 下列选项中，属于竣工验收报告的内容有(A，B，C，D)。

A. 工程设计　B. 竣工决算与审计　C. 环境保护　D. 建设项目综合评价

19. “三级验收”是指(B，C，D)验收。

A. 个人　B. 班组　C. 车间　D. 厂部

20. 在技术改造过程中(A，B，C)的项目应该优先申报。

A. 解决重大安全隐患　　B. 生产急需项目

C. 效益明显项目　　D. 技术成熟项目

21. 在技术改造方案中(A，C，D)设施应按设计要求与主体工程同时建成使用。
A. 环境保护　B. 交通　C. 消防　D. 劳动安全卫生
22. 技术改造申请书应包括(A，B，C，D)。
A. 项目名称和立项依据　B. 项目内容和改造方案
C. 项目投资预算及进度安排　D. 预计经济效益分析
23. 进行技术革新成果鉴定必要的条件是(A，B，C，D)。
A. 技术革新确实取得了良好的效果
B. 申报单位编制好技术革新成果汇报
C. 确定鉴定小组人员、资格
D. 确定鉴定的时间、地点和参加人员，提供鉴定时所需各种要求
24. 培训方案应包括(A，B，C，D)等内容。
A. 培训目标　B. 培训内容　C. 培训指导者　D. 培训方法
25. 在职工培训活动中，培训的指导者可以是(A，B，C，D)。
A. 组织的领导　B. 具备特殊知识和技能的员工
C. 专业培训人员　D. 学术讲座
26. 在职工培训中，案例教学具有(A，B，C)等优点。
A. 提供了一个系统的思考模式
B. 有利于使受培训者参与企业实际问题的解决
C. 可得到有关管理方面的知识与原则
D. 有利于获得感性知识，加深对所学内容的印象
27. 在职工培训中，讲授法的缺点是(A，B，D)。
A. 讲授内容具有强制性　B. 学习效果易受教师讲授水平的影响
C. 适用的范围有限　D. 没有反馈
28. 培训教案一般包括(A，B，C，D)等内容。
A. 培训目标　B. 教学设计　C. 培训目的　D. 重点、难点
29. 编写培训教案的基本技巧是(A，B，C，D)。
A. 确立培训的主题　B. 构思培训提纲　C. 搜集素材　D. 整理素材
30. 培训项目即将实施之前需做好的准备工作包括(A，B，C，D)。
A. 通知学员　B. 后勤准备　C. 确认时间　D. 准备教材
31. 生产管理或计划部门对培训组织实施的(A，B)是否得当具有发言权。
A. 培训时机的选择　B. 培训目标的确定
C. 培训计划设计　D. 培训过程控制
32. 在评估培训效果时，行为层面的评估，主要包括(B，C，D)等内容。
A. 投资回报率　B. 客户的评价　C. 同事的评价　D. 主管的评价
33. 培训评估的作用主要有(B，D)等几个方面。
A. 提高员工的绩效和有利于实现组织的目标
B. 保证培训活动按照计划进行
C. 有利于提高员工的专业技能
D. 培训执行情况的反馈和培训计划的调整

简答题

1. 在 ISO 9000 族标准中质量体系审核的依据包括哪些内容?

答: ①相关的质量保证模式标准(一般是 ISO 9001、9002、9003);②质量手册或质量管理手册或质量保证手册;③程序文件;④质量计划;⑤合同或协议;⑥有关的法律、法规。

2. 简述生产过程的基本内容。

答: ①生产准备过程;②基本生产过程;③辅助生产过程;④生产服务过程。

3. 什么是设备检查?设备检查的目的是什么?

答: ①设备检查是指对设备的运行状况、工作性能、磨损腐蚀程度等方面进行检查和校验;②设备检查能够及时查明和清除设备隐患,针对发现的问题提出解决的措施,有目的地做好维修前的准备工作,以缩短维修时间,提高维修质量。

4. 现场管理有哪些具体要求?

答: ①组织均衡生产;②实现物流有序化;③设备状况良好;④纪律严明;⑤管理信息准确;⑥环境整洁,文明生产;⑦组织好安全生产,减少各种事故。

5. 经济指标分析时应注意什么?

答: ①指标的准确性。指标的采集汇总必须准确,错误的数据缺乏参照和分析性,甚至产生错误的结论。②指标的可比性。在进行指标分析时通常要在相同运行的状况下进行比较,通常要参照上个月和去年同期的指标。如果运行的状况发生变化要对指标进行相应的修正,否则就失去了指标的可比性。③突出指标分析指导的作用。通过指标分析和对比要找出设备运行中存在的不足和问题,指导有目的地加以优化和改进。

6. 国家标准技术论文应该包括哪些内容?

答: 技术论文应包括题目、作者、摘要、关键词、引言、正文、结论、致谢、参考文献、附录等十个部分。

7. 通常情况下技术论文的结构是怎样的?

答: 在通常情况下技术论文的正文结构应该是按提出问题——分析问题——提供对策来布置的。①要概括情况、阐述背景、说明意义、提出问题。②在分析问题时必须观点明确,既要抓住矛盾的主要方面,又不能忽视次要方面,析因探源,寻求出路。③要概括前文,肯定中心论点,提出工作对策。提供的对策要有针对性和必要的论证。

8. 技术论文摘要的要求是什么?

答: 摘要文字必须十分简练,篇幅大小一般限制字数不超过论文字数的 5%。论文摘要不要列举例证,不讲研究过程,不用图表,不给化学结构式,也不要作自我评价。

9. 简述技术论文的写作步骤。

答: ①选题,确定论文的主攻方向和阐述或解决的问题。选题时一般要选择自己感兴趣的和人们关心的"焦点"问题;②搜集材料,要坚持少而精的原则,做到必要、可靠、新颖,同时必须充分;③研究资料,确定论点,选出可供论文作依据的材料,支持论点;④列出详细的提纲,使想法和观点文字化、明晰化、系统化,从而可以确定论文的主调和重点。提纲拟订好后,可以遵循论文写作的规范和通常格式动笔拟初稿。

10. 在竣工验收报告中关于工程建设应包括哪些内容?

答: ①工程建设概况;②工程建设组织及总体统筹计划;③工程进度控制;④工程质量控制;⑤工程安全控制;⑥工程投资控制;⑦未完工程安排;⑧工程建设体会。

11．工艺技术规程应包括哪些内容？

答：①总则；②原料、中间产品、产品的物、化性质以及产品单耗；③工艺流程；④生产原理；⑤设备状况及设备规范；⑥操作方法；⑦分析标准；⑧安全计划要求。

12．岗位操作法应包括哪些内容？

答：①名称；②岗位职责和权限；③本岗位与上、下游的联系；④设备规范和技术特性，原料产品的物、化性质；⑤开工准备；⑥开工操作步骤；⑦典型状况下投、停运方法和步骤；⑧事故预防、判断及处理；⑨系统流程图；⑩运行参数正常范围和各种试验。

13．检修方案应包括哪些内容？

答：①设备运行情况；②检修组织机构；③检修工期；④检修内容；⑤检修进度图；⑥检修的技术要求；⑦检修任务落实情况；⑧安全防范措施；⑨检修备品、备件；⑩检修验收内容和标准。

14．在开车准备阶段技师应具备哪些技能要求？

答：①能完成开车流程的确认工作；②能完成开车化工原材料的准备工作；③ 能按进度组织完成开车盲板的拆装操作；④能组织做好装置开车介质的引入工作；⑤能组织完成装置自修项目的验收；⑥能按开车网络图计划要求，组织完成装置吹扫、试漏工作；⑦能参与装置开车条件的确认工作。

15．开工方案应包括哪些内容？

答：①开工组织机构；②开工的条件确认；③开工前的准备条件；④开工的步骤及应注意的问题；⑤开工过程中事故预防和处理；⑥开工过程中安全分析及防范措施；⑦附录，重要的参数和控制点、网络图。

16．停工方案应包括哪些内容？

答：①设备运行情况；②停工组织机构；③停工的条件确认；④停工前的准备条件；⑤停工的步骤及应注意的问题；⑥停工后的隔绝措施；⑦停工过程中事故预防和处理；⑧停工过程中安全分析及防范措施；⑨附录，重要的参数和控制点。

17．技术改造的目的是什么？

答：通过采用新技术、新工艺，解决制约系统安、稳、优生产运行的问题，推动技术进步和技术创新，更好地提高企业经济效益。

18．技术改造的前期准备是什么？

答：通过选题和论证确定技术改造的项目和内容，提出立项申请和改造方案。经领导和专家批准后，进行改造设计和设计审查。改造项目确定后，需及时落实资金，完成设备、材料的采购，落实施工单位，组织设计交底。

19．技术改造方案的主要内容是什么？

答：①项目名称；②项目负责单位；③项目负责人；④建设立项理由和依据，包括原始状况、存在问题和改造依据；⑤改造主要内容，需要写明改造涉及装置设备及详细改造内容；⑥改造技术方案，需写明技术分析、技术要求、方案选择、设备选型及详细的技术方案，并注明动力消耗指标及公用工程配套情况；⑦预计改造效果及经济效益，包括改造后主要经济、技术指标及取得效果；经济效益(附计算式)及技术经济分析；⑧投资计划，包括主要设备材料清单和费用安排(设备询价、材料费用、安装施工费用等)；⑨计划进度安排；⑩安全环保措施。

20. 技术改造的步骤是什么?

答: ①前期准备，确定技术改造的项目和内容，经领导和专家批准后，进行改造设计和设计审查。改造项目确定后，需及时落实资金，完成设备、材料的采购，落实施工单位，组织设计交底。②实施阶段，根据改造设计的要求，施工单位应在规定工期内保质保量地完成改造的各项内容。在此过程中应对工程进度、工程质量、工程安全、工程投资进行重点控制。③验收阶段，改造项目完成后，应及时组织投用试车，进行性能考核，检验是否达到设计要求，在运行正常后组织进行竣工验收，并填写竣工验收报告。④后评估阶段，在设备稳定运行一段时间后，应组织对技术改造进行后评估，总结技术改造的效果和经验，根据生产运行实际情况提出建议。

21. 技术革新成果鉴定小组主要程序和主要内容是什么?

答: ①听取申报单位技术革新成果汇报情况；②实地查验技术革新成果完成情况，审阅技术革新成果申报资料；③讨论对技术革新成果验收意见，签署技术革新成果验收证书；④颁发技术革新成果验收证书。

22. 在技术改造过程中施工管理时应注意什么?

答: ①对改造工程施工全过程应进行组织和管理，及时发现并解决施工存在的问题，严格按照技术检修规程及施工图纸进行施工，确保工程质量和施工进度；②在施工过程中，应加强质量监督并进行实施阶段的设计协调工作，对检查发现的工程质量问题有权责令其停止施工并限期整改；③在施工过程中，应加强对施工现场安全、人身安全的监督，禁止“三违”现象的出现，对不符合要求的有权责令其停止施工并限期整改；④在施工过程中，应加强对施工周围环境的影响的监管，对施工过程中产生的废物要及时妥善处理。

23. 技术革新成果的主要内容是什么?

答: 技术革新成果的主要内容是：①项目编号、成果名称、完成单位、申报日期、项目负责人、主要完成人、工作起止时间；②系统原始状况和技术难点；③实施报告，包括方案、措施、完成时间、取得成果(附图纸、资料、技术说明)；④社会、经济效益；⑤申报车间审核意见、技术主管部门审核意见、专业评审小组意见和企业主管领导意见。

24. 培训方案由哪些要素组成?

答: 培训方案主要由培训目标、培训内容、培训指导者、受训者、培训日期和时间、培训场所与设备以及培训方法等要素组成。

25. 培训需求分析包括哪些内容?

答: 培训需求分析需从多维度来进行，包括组织、工作、个人三个方面：①组织分析指确定组织范围内的培训需求，以保证培训计划符合组织的整体目标与战略要求；②工作分析指员工达到理想的工作绩效所必须掌握的技能和知识；③个人分析是将员工现有的水平与预期未来对员工技能的要求进行比照，发现两者之间是否存在差距。

26. 什么是培训方案?

答: 培训方案是培训目标、培训内容、培训指导者、受训者、培训日期和时间、培训场所与设备以及培训方法的有机结合。

27. 什么是演示教学法? 在教学中演示教学法具有哪些优点?

答: 演示法是运用一定的实物和教具，通过实地示范，使受训者明白某种事务是如何完成的。演示法优点为：①有助于激发受训者的学习兴趣；②可利用多种感官，做到看、听、想、问相结合；③有利于获得感性知识，加深对所学内容的印象。

28. 如何准备教案?

答: 准备教案要从以下几个方面着手:

①做好培训需求分析。②教案的编写：确定教案的核心内容与结构；选择合适的教案模式。③培训方式的选择与应用。

29. 在培训教学的组织实施与管理的前期准备阶段，主要的工作有哪些?

答: ①确认和通知参加培训的学员；②培训后勤准备；③确认培训时间；④教材的准备；⑤确认理想的讲师。

30. 培训评估具有什么意义?

答: ①能为决策提供有关培训项目的系统信息，从而做出正确的判断。②可以促进培训管理水平的提升。③可使培训管理资源得到更广泛的推广和共享。

31. 应从哪些方面评价培训效果?

答: 主要应从以下四个层面评估培训效果：①反应，即课程刚结束时，了解学员对培训项目的主观感觉；②学习，即学员在知识、技能或态度等方面学到了什么；③行为，即学员的工作行为方式有多大程度的改变；④结果，即通过诸如质量、数量、安全、销售额、成本、利润、投资回报率等可以量度的指标来考查，看最终产生了什么结果。

工种理论知识试题

判断题

1. 加氢精制主要用于油品的精制，其主要目的是改善油品的使用性能。 (√)

2. 加氢裂化使重质油品轻质化，它同时提高了氢碳比和油品的相对分子质量。 (×)

正确答案: 加氢裂化使重质油品轻质化，它提高了氢碳比，使油品的相对分子质量减小。

3. 在热裂化、减黏裂化及焦化等热加工过程中，主要化学反应有裂解反应和缩合反应等两大类。 (√)

4. 烷烃中碳原子之间是以双键相连，其他的碳键全部被氢原子所饱和。 (×)

正确答案: 烷烃中碳原子之间是以单键相连，其他的碳键全部被氢原子所饱和。

5. 烯烃与卤代氢进行加成反应时，氢原子加在双键一端含氢较少的碳原子上，卤素则加在另一端含氢较多的碳原子上，这个规则叫做马尔柯夫尼可夫规则。 (×)

正确答案: 烯烃与卤代氢进行加成反应时，氢原子加在双键一端含氢较多的碳原子上，卤素则加在另一端含氢较少的碳原子上，这个规则叫做马尔柯夫尼可夫规则。

6. 苯不容易氧化，但较易起加成和取代反应。 (×)

正确答案: 苯不容易氧化和加成，但较易起取代反应。

7. 当明渠中水流由缓流状态过渡到急流状态时，会产生水跃现象。 (×)

正确答案: 当明渠中水流由急流状态过渡到缓流状态时，会产生水跃现象。

8. 固有可靠性是设备在设计、制造之后所具有的可靠性。 (√)

9. 目视检查是腐蚀调查最常用、最基本的方法。 (√)

10. 同步电动机是依据异性磁极相吸的原理，由旋转磁极吸引转子磁极并带动转子同步运转的。 (√)

11. 当电导池用交流电作电源时，电导池仅表现出电阻性质。 (×)

正确答案: 当电导池用交流电作电源时，电导池表现出电阻和电容性质。

12. 用量程为1.6MPa的1.0级压力表比用量程为1.0MPa的1.5级压力表测量0.8MPa压力的准确度高。（×）

正确答案： 用量程为1.0MPa的1.5级压力表比用量程为1.6MPa的1.0级压力表测量0.8MPa压力的准确度高。

13. 测量值属于准确数。（×）

正确答案： 由于测量值具有误差，仅与真值近似，所以它属于近似数。

14. 在检定数据修约时，通常规定修约间隔为被检计量器具允许误差。（×）

正确答案： 在检定数据修约时，通常规定修约间隔为被检计量器具允许误差的1/10。

15. 工业用水的预处理是在对其进行深层次处理之前，将有碍深层次处理的悬浮物和胶体预先除去的水处理工艺。（×）

正确答案： 工业用水的预处理是在对其进行深层次处理之前，将有碍深层次处理的杂质预先除去的水处理工艺。

16. 循环水量是指在循环冷却水系统中，用水泵输送的总水量。（×）

正确答案： 循环水量是指在循环冷却水系统中，每小时用水泵输送的总水量。

17. 湿球温度代表当地气温条件下，热水可能被冷却的理论最低温度。（√）

18. 用电位法测量水溶液的pH值，将饱和甘汞电极作为指示电极，玻璃电极作为参比电极，组成一个工作电池。（×）

正确答案： 用电位法测量水溶液的pH值，将玻璃电极作为指示电极，饱和甘汞电极作为参比电极，组成一个工作电池。

19. 污水回用于冷却水系统所遇到的主要技术问题，是要解决由于污水的水质变差给系统造成更为严重的腐蚀、结垢和黏泥故障等危害。（√）

20. 循环冷却水系统漏氨时，容易引起氨化菌群的大量繁殖。（×）

正确答案： 循环冷却水系统漏氨时，容易引起硝化菌群的大量繁殖。

21. 有机污染物厌氧分解过程中，产酸阶段的时间要比产气阶段时间长。（×）

正确答案： 有机污染物厌氧分解过程中，产酸阶段的时间要比产气阶段时间短。

22. 当管网造价最小时，其相应的管网流速即为经济流速。（×）

正确答案： 当管网造价与经营管理费用(主要指电费)之和最小时，其相应的管网流速即为经济流速。

23. 当湖泊富营养化后，如果断绝外来的营养物来源，很快能恢复正常。（×）

正确答案： 当湖泊富营养化后，即使断绝外来的营养物来源，还需要很长时间才能逐渐恢复正常。

24. 水在0℃时，具有最大密度。（×）

正确答案： 水在3.98℃时，具有最大密度。

25. 工业企业内生产过程中水的回用，属于污水资源化的范围。（×）

正确答案： 工业企业内生产过程中水的回用，不属于污水资源化的范围，而是工业企业提高用水效率，节约用水的内容。

26. 循环水中污染物含量增加时，可有效提高加氯杀生效果。（×）

正确答案： 循环水中污染物含量增加时，会降低加氯杀生效果。

27. 铬酸盐容易被还原而失效，不宜用于有还原性物质(如硫化氢)泄漏的炼油厂的冷却

水系统中。（√）

28. 示踪式自动控制加药系统可以与所有的水稳剂结合使用。（×）

正确答案： 示踪式自动控制加药系统需与特定的水稳剂结合使用。

29. 循环冷却水的停留时间是指循环冷却水在系统内的平均停留时间。（√）

30. 格栅间隙的总面积一般为进水管有效面积的1.2~2.0倍。（√）

31. 采用聚磷酸盐—锌盐预膜方案，当水中钙离子低于一定值时应补加钙离子。（√）

32. 在传统磷系配方中的有机膦酸盐通常主要是起缓蚀作用。（×）

正确答案： 在传统磷系配方中的有机膦酸盐通常主要是起阻垢作用。

33. 不停车清洗结束后即可转入正常的生产运行。（×）

正确答案： 不停车清洗结束后必须进行系统预膜，然后方可转入正常的生产运行。

34. 原水中钙含量高而补水量又较大的循环冷却水系统，可采用石灰软化法除去水中钙离子。（√）

35. 用火焰光度法测定钾离子浓度时，水中的钙离子浓度对测定不会产生干扰。（×）

正确答案： 用火焰光度法测定钾离子浓度时，如果水中钙离子浓度高对测定有干扰。

36. 按照联锁管理规定，机组负荷调整时应先摘除联锁。（×）

正确答案： 按照联锁管理规定，机组负荷调整时联锁不应摘除。

37. 软性填料纤维束越长，成膜后密度越大。（×）

正确答案： 软性填料纤维束越长，成膜后密度越小。

38. 为了使水泵能及时排出吸水管内的空气，吸水管应有沿水流方向连续下降的坡度，一般大于0.005，以免形成气囊。（×）

正确答案： 为了使水泵能及时排出吸水管内的空气，吸水管应有沿水流方向连续上升的坡度，一般大于0.005，以免形成气囊。

39. 滚动轴承的原理是以滚动摩擦代替滑动摩擦起作用的。（√）

40. 滚动轴承的寿命较滑动轴承长。（×）

正确答案： 滚动轴承的寿命较滑动轴承短。

41. 电力变压器并列运行是指将其一次、二次侧互相连接的运行方式。（×）

正确答案： 电力变压器并列运行是将其一次、二次侧分别连接的运行方式。

42. 对于冷却水系统，常规垢样的取样点一般设在换热器管壁部位，特殊情况下也可以在管板和封头处取样。（√）

43. 在冷却塔中，空气所吸收的热量大于水在淋水装置冷却所散发的热量。（×）

正确答案： 在冷却塔中，空气所吸收的热量小于水在淋水装置冷却所散发的热量。

44. 采用沥青正常防腐层，适用于敷设在腐蚀性高或一般泥土中的管道。（×）

正确答案： 采用沥青正常防腐层，适用于敷设在腐蚀性低或一般泥土中的管道。

45. 冷却塔淋水装置应根据循环水水质选择确定。（×）

正确答案： 冷却塔淋水装置应根据塔型、热力性能、通风条件、材质、检修、循环水水质、造价等因素通过技术经济分析比较选择确定。

46. 浓硫酸稀释时会放出大量热，所以应特别小心，应将稀释水缓慢倒入浓硫酸中，以免出现意外。（×）

正确答案： 浓硫酸稀释时会放出大量热，所以应特别小心，应将浓硫酸缓慢倒入水中，并不停搅拌，切记不可将水倒入浓硫酸中，以免出现意外。

47. 装配图中所有零件都必须编写序号。 (√)

单选题

1. 加氢精制催化剂要周期性地进行更换，其原因为(A)会造成其活性下降，并导致床层压降升高。

A. 脱金属　B. 脱硫　C. 脱氮　D. 脱氧

2. 下列石油炼制方法中，(C)能够加工渣油。

A. 常压蒸馏工艺　B. 减压蒸馏工艺　C. 焦化工艺　D. 催化重整工艺

3. 石油炼制中，减黏裂化是一种(D)热裂化过程，其主要目的在于减小原料油的黏度，生产合格的重质燃料油和少量轻质油品，也可为其他工艺过程提供原料。

A. 浅度　B. 中度　C. 中深度　D. 深度

4. 最简单的饱和烃是(A)，它是天然气的主要成分。

A. CH_4　B. C_2H_2　C. CH_2　D. C_2H_4

5. 下列物质中，不能与水发生化学反应的是(D)。

A. CH_3Cl　B. C_2H_2　C. C_2H_4　D. C_2H_6

6. 烯烃很容易和卤代氢起反应，生成卤代物，该反应属于(A)。

A. 加成反应　B. 取代反应　C. 酯化反应　D. 加聚反应

7. 含有(D)的不饱和烃称为炔烃。

A. 单键　B. 双键　C. 两个双键　D. 叁键

8. 下列物质中，既能使 $KMnO_4$ 褪色，又能使溴水褪色的是(C)。

A. 乙烷　B. 苯　C. 乙炔　D. 丙烷

9. 有机物分子中，不饱和的碳原子跟其他原子或原子团直接结合生成别的物质的反应叫做(B)。

A. 聚合反应　B. 加成反应　C. 取代反应　D. 酯化反应

10. 在日光或紫外线照射下，苯能与氯起加成反应，生成(D)即俗称的杀虫剂“六六六”。

A. 二氯化苯　B. 三氯化苯　C. 四氯化苯　D. 六氯化苯

11. 3,4－苯并芘是一个(C)化合物，一般呈黄色针状或片状结晶，难溶于水，有致癌作用。

A. 三苯环　B. 四苯环　C. 五苯环　D. 六苯环

12. 三氯甲烷遇空气、日光和水分，容易分解生成氯化氢和(A)。

A. $COCl_2$　B. CCl_4　C. CO_2　D. CHOCl

13. 四氯甲烷又称四氯化碳，其特性为(B)。

A. 易溶于水　B. 不能燃烧　C. 不易挥发　D. 汽化后比空气轻

14. 流体经过管道转弯处将产生一个离心力作用，为克服这个作用力，必须设置支墩加固，这个现象符合流体(D)。

A. 伯努利方程式　B. 连续性方程式

C. 状态变化方程式　D. 动量方程式

15. 某矩形断面明渠，流量为 $30m^3/s$，宽 8m，水深 3m，则其水流流态为(A)。

A. 缓流　B. 临界流　C. 层流　D. 急流

16. 设备的可靠性是指设备在规定的时间内和规定的条件下完成(A)的可能性。

A. 规定功能　B. 必要功能　C. 一定功能　D. 特定功能

17. 气体腐蚀是指金属在完全没有(B)在其表面的情况下所发生的腐蚀。

A. 湿气　B. 湿气凝结　C. 水气　D. 水气凝结

18. 腐蚀疲劳是应力腐蚀开裂的特殊形式之一。在腐蚀介质和周期交变应力的相互作用下导致金属材料的(A)大大降低，因而过早地破裂。

A. 疲劳极限　B. 强度极限　C. 弹性极限　D. 持久极限

19. 下列选项中，(D)属于电磁感应现象。

A. 通电导体周围产生磁场

B. 磁场对感应电流发生作用，阻碍导体运动

C. 由于导体自身电流发生变化，导体周围磁场发生变化

D. 穿过闭合线圈的磁感应线条数发生变化，一定能产生感应电流

20. 电导率表测量高纯水的电导率时，宜使用(A)。

A. 亮铂电极　B. 铂黑电极　C. 半导体电极　D. 甘汞电极

21. 二氧化硅表的测量原理是光学分析法，具体为硅钼蓝法，其选用的波长为(C)nm。

A. 420 ~ 450　B. 630 ~ 680　C. 790 ~ 815　D. 920 ~ 945

22. PLC 系统是(D)的简称。

A. 紧急停车系统　B. 分散控制系统

C. 事件顺序记录　D. 可编程控制器

23. PLC 系统主要用于(C)。

A. 控制机组的转速　B. 连续量的模拟控制

C. 开关量的逻辑控制　D. 与其他系统通讯

24. 下列控制方法中，(B)不属于先进控制。

A. 自适应控制　B. 超驰控制　C. 预测控制　D. 神经元网络控制

25. 某 0.5 级电流表，其满量程值为 500mA，则该表的允许误差是(C)mA。

A. 0.25　B. 0.5　C. 2.5　D. 5

26. 下列测量结果中，(B)为三位有效数字。

A. 1.350　B. 0.0135　C. 135.0　D. 1.035

27. 按照数值修约规则，若要求数据修约至小数点后两位，正确的修约结果是(A)。

A. 0.8451 修约为 0.85　B. 0.845 修约为 0.85

C. 0.855 修约为 0.85　D. 0.856 修约为 0.85

28. 工业水预处理中，絮凝和沉淀两个过程同时完成的处理单元是(C)。

A. 沉砂池　B. 斜管沉淀池　C. 澄清池　D. 絮凝反应池

29. 敞开式循环冷却水的系统容积宜小于小时循环水量的(B)。

A. 1/2　B. 1/3　C. 1/6　D. 1/5

30. 循环冷却水系统容积超过规定值时，应调整(C)。

A. 设备中的水容积　B. 管道容积

C. 集水池容积　　D. 污水池容积

31. 循环冷却水系统水的饱和指数计算公式正确的是(D)。

A. 2pHs - pH　　B. pHs - pH　　C. 2pH - pHs　　D. pH - pHs

32. 某循环冷却水系统，循环水泵出水流量为10000m^3/h，其蒸发损失率为1%，回水管排污水量为100m^3/h，若不考虑渗漏和风吹损失，则其补水量应为(B)m^3/h。

A. 198　　B. 199　　C. 200　　D. 201

33. 某循环冷却水系统，循环水量为10000m^3/h，在夏季生产时其循环水温差为5.8℃，水的汽化潜热为580kcal/kg，则该系统蒸发水量约为(B)m^3。

A. 50　　B. 100　　C. 150　　D. 200

34. 循环冷却水系统中使用最多的换热器是(A)。

A. 管壳式　　B. 套管式　　C. 蛇管式　　D. 板式

35. 向某循环冷却水系统中投加一定量的异塞唑啉酮，对冷却水中异养菌生长进行控制，投加前该循环冷却水中的异养菌数高达3×107个/mL，加药后24h其异养菌数为3.0×10^4个/mL，则该剂量的异塞唑啉酮杀灭异养菌的效率为(D)。

A. 90.90%　　B. 93.90%　　C. 96.90%　　D. 99.90%

36. 某循环冷却水系统，无缓蚀剂(空白)时金属的腐蚀速度为0.219mm/a，使用某缓蚀剂时金属的腐蚀速度为0.044mm/a，则该缓蚀剂的缓蚀率为(C)。

A. 60%　　B. 70%　　C. 80%　　D. 90%

37. 在某溶液中，如果离子积大于溶度积，则(A)。

A. 有沉淀析出　　B. 沉淀物溶解　　C. 达到饱和状态　　D. 无沉淀析出

38. 当pH = 8时，水中$[OH^-]$ = (B)mol/L。

A. 10^{-4}　　B. 10^{-6}　　C. 10^{-8}　　D. 10^{-10}

39. 在石化行业，回用水作循环冷却水系统补充水，其异养菌数一般不宜大于(D)个/mL。

A. 1×10^4　　B. 5×10^4　　C. 1×10^5　　D. 5×10^5

40.《我国污水综合排放标准》中规定COD属于第(B)类污染物。

A. 一　　B. 二　　C. 三　　D. 四

41. 测定某药剂的杀生率时，在测定中最少要分析循环水菌数(B)次。

A. 1　　B. 2　　C. 3　　D. 4

42. 高能位的有机物通过一系列的好氧生化反应后，使其变为小分子的无机物，其能位(A)。

A. 变低　　B. 增高　　C. 不变　　D. 无法判断

43. 已知某城镇日最高时用水量为3600m^3/h，水厂设计时采用两根同管径钢管输送清水，经济流速按经验值取1.0m/s，则其管径应为(B)mm。

A. 500　　B. 800　　C. 1100　　D. 1200

44. 我国生活饮用水卫生标准GB 5749—85规定，含铁量为不超过(C) mg/L。

A. 0.1　　B. 0.2　　C. 0.3　　D. 0.5

45. 我国《生活饮用水卫生标准》(GB 5749—85)规定，总大肠菌群不超过(B)个/L。

A. 2　　B. 3　　C. 4　　D. 5

46. 精制硫酸铝为(D)色的结晶体。

A. 绿　B. 蓝　C. 红　D. 白

47. 水分子中氧原子的核外电子排布情况是(B)。

A. $1s^22s^22p^4$　B. $1s^22s^22p^6$　C. $1s^22s^42p^4$　D. $1s^22s^32p^3$

48. 氯气消毒的适宜 pH 值范围为(A)。

A. 5 ~ 7　B. 7 ~ 9　C. 9 ~ 11　D. 11 ~ 13

49. 聚丙烯酸对(C)的阻垢效果较好。

A. $MgSiO_4$　B. $Ca_3(PO_4)_2$　C. $CaCO_3$　D. $CaSO_4$

50. 敞开式循环冷却水系统中换热设备的水侧管壁的污垢热阻值应为(B)$m^2 \cdot K/W$。

A. $0.86 \times 10^{-4} \sim 1.72 \times 10^{-4}$　B. $1.72 \times 10^{-4} \sim 3.44 \times 10^{-4}$

C. $3.44 \times 10^{-4} \sim 5.16 \times 10^{-4}$　D. $5.16 \times 10^{-4} \sim 6.88 \times 10^{-4}$

51. 滤速、工作周期和(D)是快滤池工作能力的三个主要指标。

A. 滤料级配　B. 滤池面积　C. 滤料孔隙率　D. 反冲洗耗水量

52. 碱清洗时，要同时向水中添加(A)去润湿油脂、尘埃和生物物质，以提高清洗效果。

A. 表面活性剂　B. 阻垢剂　C. 缓蚀剂　D. 杀菌剂

53.《工业循环冷却水处理设计规范》GB/T 50102—2003 中规定排污水量术语符号是(B)。

A. Q_C　B. Q_b　C. Q_m　D. Q_n

54. 在投加聚合铝同时，加入了少量的有机高分子絮凝剂，则会(B)。

A. 使聚合铝形成的絮凝体变得细小而松散，不利于沉降

B. 使聚合铝形成的絮凝体变得粗大而密实，有利于沉降

C. 使聚合铝形成的絮凝体变得细小而密实，不能沉降

D. 由于有机和无机混凝剂的作用机理不同，一般对絮凝体的沉降无影响

55. 单台换热器垢样中铁含量很高，则清洗时应采用(B)方案。

A. 碱洗　B. 酸洗　C. 有机溶剂清洗　D. 加氧化性杀生剂

56. 用盐酸溶液进行碱度滴定时，若用酚酞作指示剂时消耗的盐酸量表示为 P，用甲基橙作指示剂时消耗的盐酸量表示为 T，那么当(C)时，水样中只含有碳酸盐。

A. $P = T$　B. $P > T$　C. $P = T/2$　D. $P > T/2$

57. 当水中有溶解氧存在时，水中的二价铁易氧化成三价铁，反应式为：$4Fe^{2+} + O_2 + 2H_2O = 4Fe^{3+} + 4OH^-$，按照此式计算，每氧化 1mg 的 Fe^{2+} 约需要(B)mg 的溶解氧。

A. 0.07　B. 0.14　C. 0.28　D. 0.57

58. 曝气氧化法除铁就是使含铁地下水与空气接触，空气中的 O_2 迅速溶于水中，使 Fe^{2+} 氧化成 Fe^{3+} 进而水解生成(B)，然后沉淀和过滤将其去除。

A. $Fe_2(SO_4)_3$　B. $Fe(OH)_3$　C. $Fe_2(CO_3)_3$　D. Fe_2O_3

59. 对于碳钢换热器，通常采用(D)制成的腐蚀挂片。

A. 铝片　B. 不锈钢　C. 铜　D. 20# 钢

60. 使用四苯硼酸钠滴定分析季铵盐，二氯荧光黄可用做指示剂是因为季铵盐能与二氯荧光黄生成(B)。

A. 聚合物　B. 螯合物　C. 无机盐类　D. 低聚物

61. 在最高效率下，当标准模型泵的有效功率为(D)kW，扬程为 1m，流量为 $0.075m^3/s$，该泵的转速就称为与它相似的实际泵的比转数。

A. 1　　B. 0.875　　C. 0.75　　D. 0.735

62. 转子流量计是用(B)℃水标定的。

A. 10　　B. 20　　C. 15　　D. 25

63. 被冷却的高温流体宜走水冷器壳程的主要原因是(A)。

A. 增加冷却效果　　B. 降低壳程的给热系数

C. 减小能量损失　　D. 以便排出冷凝液

64. 在换热器中应走壳程的流体是(A)的流体。

A. 黏度大　　B. 压力高　　C. 腐蚀性强　　D. 有泄漏危险

65. 软性填料的孔隙率是(D)。

A. >96%　　B. >97%　　C. >98%　　D. >99%

66. 泵的吸入口管道使用钢管时，由于会处于负压状态，其壁厚(D)。(δ—壁厚、D_0—管道内径)

A. $\delta \geqslant D_0/70$　　B. $\delta \geqslant D_0/100$　　C. $\delta \geqslant D_0/100$　　D. $\delta \geqslant D_0/130$

67. 离心泵的叶片的形式由(B)决定。

A. 进水角　　B. 出水角　　C. 迎水角　　D. 送水角

68. 为了提高水泵的扬程和改善吸水性能，大多数离心泵在水流进入叶片时，绝对速度的方向垂直圆周速度，此时，离心泵的基本方程式可简化为 $H_T\infty$ = (C)。[用 u_1、u_2 表示叶轮叶槽进、出口处水流的圆周速度(m/s)，c_{1u}、c_{2u}表示叶轮叶槽进、出口处水流绝对速度的圆周分速(m/s)]

A. u_2c_{1u}/g　　B. u_1c_{2u}/g　　C. u_2c_{2u}/g　　D. u_1c_{1u}/g

69. 对离心泵基本方程式进行如下修正：$H_T = H_T\infty/(1+P)$，是基于(B)的假定。

A. 水流是稳定流　　B. 叶轮具有无限多及无限薄的叶片

C. 水流是理想液体　　D. 不存在泄漏和回流损失

70. 如果要使某台水泵既要单独运行，又要并联运行，则在选泵时，应使它在并联时的工况点接近高效段的(A)。

A. 左边边界　　B. 额定效率点　　C. 右边边界　　D. 最高效率点

71. 在吸水管路和压水管路上，为了安装方便和避免管路上的应力传至水泵，通常设置(D)。

A. 焊接接口　　B. 法兰接口　　C. 承插接口　　D. 柔性接口

72. 下列各项中，(A)液位测量法的理论基础是阿基米德原理。

A. 浮沉式　　B. 电容式　　C. 静压式　　D. 超声波

73. 下列关于 X 射线探伤的作用正确的是(A)。

A. 可探测内部缺陷　　B. 只能探测近表面缺陷

C. 只能探测金属工件　　D. 可探测金属、非金属工件

74. 润滑油(A)的变化可以说明润滑油品质是否有迅速恶化的倾向。

A. 总酸值　　B. 无机酸值　　C. 总碱值　　D. 凝固点

75. 润滑油(C)是测定润滑油中有效添加剂成分的一个指标。

A. 总酸值　　B. 无机酸值　　C. 总碱值　　D. 凝固点

76. 柔性石墨填料一般可压制成型，适用公称压力≤(C)MPa。

A. 16　　B. 25　　C. 32　　D. 60

77. 循环冷却水系统中，当水的 pH 值降到(C)以下时，金属表面的保护膜被破坏。

A. 4.0　　B. 4.5　　C. 5.0　　D. 6.0

78. 铁细菌是循环冷却水中主要危害微生物之一，是水处理监控的主要对象，监控指标是小于(B)个/mL。

A. 10　　B. 100　　C. 1000　　D. 10000

79. $CaCO_3$ 在水中的溶解度随水温的升高而(B)。

A. 升高　　B. 降低　　C. 不变　　D. 先升高后降低

80. 硫酸盐还原菌能起阴极去极化作用，对金属的腐蚀的影响是(A)。

A. 加速　　B. 降低　　C. 无影响　　D. 加速或降低

81. 防腐层施工中，用聚氯乙烯作外包保护层时，应在沥青胶结材料为(C)℃时包扎上去。

A. 20 ~ 30　　B. 30 ~ 40　　C. 40 ~ 60　　D. 60 ~ 70

82. 操作现场空气中氯气含量的国家标准是(D)mg/m^3。

A. <5　　B. <4　　C. <2　　D. <1

83. 对因氯气中毒人员抢救，下列方法正确的是(B)。

A. 就地抢救，争取时间　　B. 将中毒人员救离中毒现场，然后正确抢救

C. 立即进行口对口人工呼吸　　D. 立即给患者尽快吸氧

84. 当被强酸灼伤后，应立即用大量的清水彻底冲洗，然后可以用(B)碳酸氢钠溶液中和。

A. 1% ~ 2%　　B. 2% ~ 5%　　C. 5% ~ 10%　　D. 10% ~ 15%

85. 为了便于读图和进行图样管理，在装配图中对所有零件(或部件)都必须编写序号；并画出(B)，填写零件的序号、代号、名称、数量、材料等内容。

A. 号签　　B. 明细栏　　C. 标题栏　　D. 序号栏

多选题

1. 根据可靠性的形成过程，可靠性可分为(A，B)。

A. 固有可靠性　　B. 使用可靠性　　C. 功能可靠性　　D. 附加可靠性

2. 可靠性的特性值主要为(A，B，C，D)。

A. 可靠度　　B. 不可靠度

C. 故障率　　D. 平均故障间隔期和平均寿命

3. 常用的腐蚀调查方法为(A，B，C，D)。

A. 资料收集(包括内窥镜)　　B. 测厚

C. MT/PT/UT/RT　　D. 金相检查

4. 下列关于同步电动机的说法中，正确的是(B，D)。

A. 同步电动机的转速总是小于定于定子旋转磁场的转速

B. 同步电动机的定子通的是交流电，转子通的是直流电

C. 同步电动机的转子都是凸级的

D. 同步电动机的转速总是和定子旋转磁场的转速相等

5. 下列关于电功率概念的说法中，错误的是(C，D)。

A. 电功率是描述电流所做的功

B. 电功率是描述电能转化为导体内能的能力

C. 电功率是描述电流做功快慢的物理量

D. 电功率是描述电能转化为其他能量功率的物理量

6. 在三相交流电路中，关于相电压与线电压、相电流与线电流的关系，下面说法正确的是(B，C)。

A. 在Δ形连接时，负载上的线电流等于相电流

B. 在Δ形连接时，负载上的线电压等于相电压

C. 在Y形连接时，负载上的线电流等于相电流

D. 在Y形连接时，负载上的线电压等于相电压

7. 电导池电极极化分为(B，D)。

A. 压力极化　　B. 浓差极化　　C. 温度极化　　D. 化学极化

8. 光电式浊度计可分为(A，B，D)。

A. 透射光　　B. 散射光　　C. 红外线　　D. 积分球

9. 我国工业用水的现状是(A，B，C，D)。

A. 工业用水增长较快　　B. 工业用水效率低

C. 非传统水资源利用量低　　D. 工业废水排放量大

10. 循环冷却水在其运行过程中，补充水不断进入冷却水系统，一部分水被蒸发进入大气，使循环水被浓缩，此时水中(A，C，D)会增加。

A. 浊度　　B. 二氧化碳　　C. 溶解氧　　D. 碱度

11. 电渗析器的工作要求有(A，B，C，D)。

A. 电绝缘性能好　　B. 机械强度高

C. 水头损失小　　D. 所用材料耐化学腐蚀

12. 循环水中亚硝酸细菌的大量繁殖的原因有(A，B)。

A. 系统漏氨　　B. 杀菌措施不力　　C. 循环水量偏小　　D. 循环水压偏低

13. 下列符合厌氧生物法特点的是(A，D)。

A. 大部分能量以 CH_4 的形式出现

B. 处理出水水质好

C. 生化反应速率快

D. 仅少量的有机物转化、合成新的细胞组成部分

14. 水体尤其是静止水体中，由于过量接受含(A，B)等植物营养物质，使水体生态平衡遭到破坏，表层藻类植物大量繁殖，水体底层缺氧而进行厌氧分解，产生各种有毒的、恶臭的代谢物，从而使鱼类等水生动物大量死亡的现象，称为水体的富营养化。

A. 氮　　B. 磷　　C. 钾　　D. 钠

15. 直流式电渗析脱盐流程特点有(A，B，D)。

A. 可连续供水　　B. 辅助设备少　　C. 动力消耗大　　D. 动力消耗小

16. 关于循环冷却水的酸性处理，下列描述正确的有(A，B，C，D)。

A. 酸性处理是将循环冷却水的 pH 值控制在 7.0 以下的一种方法

B. 酸性处理可以减少阻垢剂的用量

C. 控制在酸性条件下运行，可以防止结垢发生

D. 酸性处理会增加缓蚀剂用量

17. 用试片法监测循环冷却水的腐蚀状况时，对试片的检查处理有(A，B，C)。

A. 检查外观状况　　B. 测定腐蚀速度

C. 检查孔蚀的状况　　D. 分析腐蚀的原因

18. 冷却水系统微生物现场的监测项目中，最常用有(B，D)。

A. 真菌数的测定　　B. 异氧菌数的测定

C. 藻类的测定　　D. 黏泥量的测定

19. 冷却水系统存在的危害主要有(A，B，C)的危害。

A. 微生物　　B. 腐蚀　　C. 垢　　D. 铁离子

20. 循环冷却水系统化学清洗过程中，关于循环水浊度描述正确的有(A，B，C，D)。

A. 一般情况下，随着清洗时间的延长，浊度逐渐升高

B. 在清洗进行一段时间后，浊度达到最大值后呈下降趋势

C. 清洗过程中浊度变化幅度大，表明清洗效果好

D. 清洗置换结束后，循环水浊度应达到控制要求

21. 循环冷却水的酸性处理时，pH 值突然升高，应(A，B，D)。

A. 及时汇报，迅速查明原因　　B. 加酸调节 pH 值至正常范围

C. 加大循环水旁滤量　　D. 增加 pH 值分析频次

22. 循环冷却水信息管理系统的内容有(A，B，C)。

A. 循环冷却水系统的生产运行管理系统　B. 循环冷却水系统的档案管理系统

C. 循环冷却水系统的专家系统　　D. 循环冷却水自动控制系统

23. 凉水塔、池藻类大量繁殖处理方法有(A，C，D)。

A. 加大氧化性杀生剂用量　　B. 进行系统酸洗

C. 选用合适的非氧化性杀生剂　　D. 逐个停运塔、池，自然风干

24. 常用测定浊度的标准溶液可用(A，B，D)配制。

A. 二氧化硅　　B. 漂白土

C. 氯化钾　　D. 硫酸肼－六次甲基四胺

25. 在不同温度下加热或灼烧沉积物，能造成其失重的有(A，B，D)。

A. 水分　　B. 碳酸盐　　C. 硅酸盐　　D. 有机物

26. 多级离心泵的特点有(A，C，D)。

A. 结构复杂　　B. 轴向推力小　　C. 扬程高　　D. 检修困难

27. 下列选项中，属于同步电动机特点的有(A，C)。

A. 绝对硬特性　　B. 绝对软特性　　C. 转速固定　　D. 转速会变化

28. 关于游标卡尺的使用，以下说法正确的是(A，B，C)。

A. 使用游标卡尺时，应将卡尺的两量爪合拢对光检查其接触是否严密

B. 使用游标卡尺时，应先校验尺身零线与游标的零线是否对齐，合格后方可使用

C. 被测表面要干净不能有毛刺、擦伤，以避免损坏卡尺测量表面

D. 游标卡尺的精度为 0.01mm

29. 选用钢管作给水管道，其优点有(A，B，C)。
A. 强度高　B. 摩擦力小
C. 安装、运输方便　D. 耐腐蚀

30. 水泵选择遵循的原则为(A，B，C，D)。
A. 满足各时刻流量和扬程的需要　B. 工况点运行在高效区内
C. 基建和设备费用少　D. 考虑远期，留有余地

31. 下列关于水泵吸水管路布置的表述中，正确的是(B，C)。
A. 所有水泵吸水管上都应设阀门　B. 每台水泵宜设置单独的吸水管
C. 吸水管应尽可能短　D. 吸水管可以上弯越过障碍物

32. 对于供水安全性要求较高的给水泵站，在布置压水管路时，应做到(B，C，D)。
A. 任何时候能保证至少一台水泵和一条输水管工作
B. 能使任何一台水泵检修而不影响其他水泵的工作
C. 能使任何一台水泵阀门检修而不影响其他水泵的工作
D. 每台水泵能输水至任何一条输水管

33. 滑动轴承主要失效形式为(A，B，C)。
A. 磨损　B. 胶合　C. 疲劳破坏　D. 挤压变形

34. 日光灯管两端发红，不能点亮，可能的原因有(B，D)。
A. 开关损坏　B. 起辉器损坏　C. 灯丝烧坏　D. 电源电压低

35. 常用无损探伤的方法有(A，B，C，D)。
A. 磁力探伤　B. 着色法　C. 射线探伤　D. 超声波探伤

36. 国内较常用的液压油有(A，B，C，D)。
A. L－HL 液压油　B. L－HM 抗磨液压油
C. L－HS 低凝抗磨液压油　D. L－HG 液压导轨油

37. 普通汽轮机油的常用规格有(A，B，C)。
A. N32　B. N46　C. N68　D. N80

38. 当有大量的氨泄漏进入循环冷却水系统后，将会发生(A，D)。
A. 水的 pH 值骤然升高　B. 水的 pH 值骤然降低
C. 水中 NO_2 迅速降低　D. 水中 NO_2^- 升高

39. 下列因素中，能导致循环水总铁高的是(A，B，C)。
A. 补充水总铁高　B. 系统腐蚀加重
C. 系统新管线投用　D. 补充水浊度低

40. 使用聚磷酸盐作为循环水缓蚀剂，影响其正磷偏高的可能原因有(A，B，D)。
A. 大量投加活性溴杀菌剂　B. 药剂停留时间过长
C. 大量投加“1227”杀生剂　D. 过量投加该缓蚀剂

41. 潜水泵常见的故障有(A，B，D)。
A. 电缆损坏　B. 电动机腔进水　C. 泵轴断裂　D. 泵绝缘损坏

42. 循环冷却水系统补充水中断后，应停止的操作是(B，D)。
A. 投加缓蚀阻垢剂　B. 排污
C. 加氯　D. 滤池反洗

43. 使用聚磷酸盐作为循环水缓蚀剂，影响其正磷偏高的可能原因及处理方法有（ A，C，D ）。

A. 大量投加活性溴杀菌剂；改加非氧化性杀菌剂并适量排污

B. 大量投加“1227”杀生剂；改加非氧化性杀菌剂并适量排污

C. 药剂停留时间过长，适量排污换水

D. 过量投加该缓蚀剂，视情况适量减少该缓蚀剂投加量

44. 装配图的表达方式有（ A，B，C，D ）。

A. 夸大画法　　B. 视图　　C. 拆卸画法　　D. 剖面图

45. 绘制凉水塔的水平衡图时，应标注出（ A，B，C，D ）。

A. 蒸发水量　　B. 上塔水量　　C. 飘散、损失量　D. 排污水量

46. 泵叶轮切割定律是对同一台泵在转速不变的情况下，即时切割叶轮外径与各参数之间变化关系为：（ A，B，C ）。（其中 Q、H、N、D 分别为切割叶轮外径前泵的流量、扬程、轴功率和叶轮外径；Q'、H'、N'、D' 分别为切割叶轮外径后泵的流量、扬程、轴功率和叶轮外径）

A. $\frac{Q'}{Q}=\frac{D'}{D}$　　B. $\frac{N'}{N}=\left(\frac{D'}{D}\right)^3$　　C. $\frac{H'}{H}=\left(\frac{D}{D}\right)^2$　　D. $\frac{N'}{N}=\left(\frac{D'}{D}\right)^2$

47. 管路计算中的范宁公式的正确表达有（ A，B，D ）。

A. $\Delta P_f=\lambda\frac{1}{d}\cdot\frac{\rho u^2}{2}$　　B. $W_f=\frac{\Delta P_f}{\rho}=\lambda\frac{1}{d}\cdot\frac{u^2}{2}$

C. $h_f=\frac{2\Delta P_f}{\rho g}=\lambda\frac{1}{d}\cdot\frac{u^2}{g}$　　D. $h_f=\frac{\Delta P_f}{\rho g}=\lambda\frac{1}{d}\cdot\frac{u^2}{2g}$

简答题

1. 何谓平均故障间隔期与平均寿命时间？

答：平均故障间隔期是指发生故障后可修复的设备或零部件，在相邻两次故障间的平均工作时间，简称为 MTBF。平均寿命时间是指发生故障后不可修复的设备、零部件，从开始使用到发生故障的平均时间，简称为 MTTF。

2. 什么是局部腐蚀？

答：局部腐蚀就是不均匀腐蚀，它的阴极区和阳极区是截然分开的，阴极区面积较大，阳极区面积较小，因而腐蚀高度集中在局部位置上，腐蚀强度大，危害严重。

3. 什么是点蚀？

答：金属表面上局限在点或孔穴这样小的面积上的腐蚀，叫做点蚀，或称孔蚀，又称小孔腐蚀。点蚀对不锈钢的危害极大。点蚀的原因类似于缝隙腐蚀，点蚀孔内为局部阳极，点蚀外大面积金属为或氧化皮为阴极。

4. 简述 pH 计温度补偿原理。

答：pH 计温度补偿原理是通过二次仪表的电路设计，将参比电极随温度的变化补偿到 25℃时参比电极的电位值。pH 计的温度补偿不能补偿溶液实际 pH 值随温度的变化，因为这种变化是由溶液中各种离子平衡随温度变化产生的，无法预知和补偿。

5. 什么是预测控制系统？最有代表性的预测控制算法是什么？

答：①预测控制系统实质上是指预测控制算法在工业过程控制上的成功应用，预测控制算法是一类特定的计算机控制算法的总称；②最有代表性的预测控制算法，是一种基于模型

的预测控制算法，这种算法的基本思想是先预测后控制，即首先利用模型预测对象未来的输出状态，然后据此以某种优化指标来计算出当前应施加于过程的控制作用。

6. 何为冷却水的自然平衡 pH 值？

答：补充水进入循环冷却水系统后，水中游离的和未结合的酸性气体 CO_2 在曝气过程中逸入大气而散失，故冷却水的 pH 值逐渐上升，直到冷却水中的 CO_2 与大气中的 CO_2 达到平衡为止，此时 pH 值称为冷却水的自然平衡 pH 值。

7. 什么是间接换热？

答：间接换热是指换热介质间接接触的一种热交换方式。

8. 什么是溶度积？

答：在难溶电解质的饱和溶液中，当温度一定时，不论各种离子的浓度如何变化，其乘积为一常数，这一常数就是该电解质的溶度积。

9. 电渗析阳离子交换膜所应具有哪些性能？

答：①具有较高的选择透过性；②具有较低的膜电阻；③较好的化学稳定性；④离子的反扩散和渗水性较低；⑤具有较高的机械强度。

10. 什么是异养菌？

答：必须要利用有机物作为营养物质；在完全无机物的环境中不能生存的细菌叫异养菌。

11. 铁细菌有哪些特点？

答：①在含铁的水中生长；②通常被包裹在铁的化合物中，生成体积很大红棕色的黏性沉积物；③铁细菌是好氧菌，但也可以在氧含量小于 0.5mg/L 的水中生长；④能把水中的两价铁离子氧化成三价铁，并从中获得新陈代谢所需的能量。

12. 循环冷却水中需监测的菌类有哪些？

答：异养菌、铁细菌、硫酸盐还原菌、亚硝酸细菌、反硝化细菌、硫细菌、氨化菌和真菌。

13. 什么是好氧生物处理？

答：①利用好氧微生物在有氧的条件下；②使有机物降解成稳定的小分子无机物，并释放出能量；③微生物利用释放出的能量合成新的原生质的组成部分。

14. 以海水为水源取水的特点是什么？

答：海水含盐量高、腐蚀性强；海水生物影响取水，对安全可靠性构成威胁；潮汐引起水位变化大，波浪也会对取水产生冲击和破坏力；潮汐运动使泥沙移动和淤积，影响取水。

15. 什么叫污水资源化？

答：污水资源化，也称为污水再生回用；是指将城市污水和工业废水经过集中净化处理后，达到一定的水质标准的再生水作为水资源加以利用。

16. 冷却水缓蚀剂应具备的条件是什么？

答：①在经济上是有利的；②它的飞溅、泄漏、排放或经处理后的排放，在环境保护上是允许的；③它与冷却水中存在的各种物质和加入的药剂是相容的，甚至还有协同作用；④对冷却水系统中各种金属材料的缓蚀效果都是可以接受的；⑤不会造成换热金属表面传热系数的降低；⑥在冷却水运行的 pH 值范围内，有较好的缓蚀作用。

17. 通常用试片法测定腐蚀速度时需要监测哪些数据？

答：①试片的总表面积；②试片的密度；③试验时间；④试片的失重。

18. 电渗析器出水水质突然下降的原因有哪些?

答:①电路设备故障,如电极腐蚀断裂,电极接线柱松动;②离子交换膜破裂;③进、出水倒向阀门泄漏。

19. 示踪式自动控制加药系统的主要工作原理是什么?

答:①将向循环水系统投加含有示踪剂的药剂。②通过连续自动测定示踪剂的含量,从而确定水处理剂含量来控制加药量,从而实现自动加药。

20. 循环冷却水的停留时间对聚磷酸盐的缓蚀有什么影响?

答:①聚磷酸盐有一个水解或降解问题,随着时间的延长,聚磷成分下降,正磷成分增加。②正磷使成垢的趋势增加。③故对于磷系配方,一般要求控制停留时间。

21. 锌盐作为缓蚀剂有些什么特性?

答:①锌盐是阴极型缓蚀剂;②锌盐的成膜比较迅速,但这种膜松软且不耐久,不宜单独使用;③复配使用起增效作用;④锌的特点是在 pH 值大于 8.3 时,有产生沉淀的倾向;⑤锌盐受环保要求的限制,使用浓度要低。

22. 为什么"反粒度"过滤能提高滤池性能?

答:①由于单层滤池滤料粒径循水流方向逐渐增大。②使截留在滤层中的杂质分布不均匀,表层最多,越向下越少,以致表层水头损失增加很快,过滤周期明显缩短。③而"反粒度"过滤使滤料粒径循水流方向逐渐减小。④即过滤水流先经过粗粒滤料,再依次流过粒度更小的滤料,使得滤层中杂质分布趋于均匀,滤层含污能力提高,滤层水头损失增加减缓,过滤周期将延长。

23. 化学清洗的优点有哪些?

答:①可以除去多数物理清洗不易除去的硬垢和腐蚀产物;②清洗时可以不打开冷却设备,对设备内间隙小的部位也能进行清洗;③清洗的时间较短,费用较少;④化学清洗可以在不停车的状态下进行。

24. 化学清洗的缺点有哪些?

答:①化学清洗时处理不当或缓蚀剂使用不当,会引起设备严重腐蚀;②清洗后的废液需要进行处理,否则会引起环境污染;③有些化学清洗药剂费用高,有些药剂对操作人员的健康有影响。

25. 怎样确定化学清洗的配方?

答:①在确定采用化学清洗配方时,首先需要了解沉积物的化学组成;②然后根据垢样的组成,选择合适的化学药剂和清洗程序;③先做沉积物溶解试验,再确定清洗配方。

26. 简述循环冷却水系统的定义。

答:①以水作为冷却介质;②由换热设备、水冷却设备、水泵、管道及其他有关设备组成;③并循环使用的一种给水系统。

27. 为什么循环冷却水系统进行酸洗时一定要同时投加缓蚀剂?

答:①酸清洗时,酸不仅溶解水垢,还会腐蚀钢铁的本身;②发生氢的去极化作用,反应中产生的氢会向金属内部扩散,使被洗设备发生氢脆;③另外,所析出的氢气会带出大量的酸性气体,使劳动条件恶化。因此循环冷却水系统进行酸洗时一定要同时投加缓蚀剂。

28. 比较使用水射器与加药泵投加混凝剂的优缺点。

答:①水射器的优点:设备简单、使用方便,不受溶液池高度所限;缺点:效率较低,如药液浓度不当,可能引起堵塞,受动力水压力影响大。②加药泵的优点:可以定量投加,不受动力水压力所限；缺点：价格较贵，易引起泵堵塞，不易维护。

29. 在开式循环冷却水系统日常运行中需要控制和管理的指标有哪些?

答：①浓缩倍数；②pH 值；③缓蚀阻垢剂；④杀生剂；⑤钙硬度和碱度；⑥浊度；⑦污染物；⑧微生物；⑨氯离子、铁离子、电导率等。

30. 水冷却器的综合管理应包括哪些内容?

答：①防止水冷却器的内漏；②防止水冷却器超温超压；③防止水冷却器水流速过低；④建立水冷却器的台账；⑤建立经常性的检查水冷却器泄漏的制度，及早找出泄漏源。

31. 防止水冷却器内漏有何措施?

答：①保证水冷却器的制造质量和所用垫片的质量；②水冷却器采用耐腐蚀性材料和其他防腐技术；③保证水冷却器检修质量；④工艺运行应该平稳操作，防止温度和压力的剧烈变化；⑤及时更新已到使用寿命的水冷换设备。

32. 何为冷却水系统的“零排放”?

答：①“零排放”是指工业水经过重复使用后，将这部分含盐量和污染物高度浓缩的废水全部(99%以上)回收再利用。②水中的盐类和污染物经过浓缩结晶以固体形式排出厂，送垃圾处理厂填埋或将其回收作为有用的化工原料。

33. 循环冷却水自动化管理系统具有哪些功能?

答：①在线测定浓缩倍数，并自动补排水，实现浓缩倍数的自动控制；②塔池液面的自动控制；③循环水泵的控制和监控；④pH 值的控制；⑤自动加药系统；⑥冷却塔风机监测和控制系统；⑦腐蚀和结垢的在线监测；⑧新鲜水和循环水水质在线分析系统；⑨循环水水温测量系统。

34. 从水中除去钙离子的方法主要有哪些?

答：①离子交换树脂法；②石灰软化法；③电渗析；④反渗透。

35. 用盐酸溶液进行碱度滴定，用酚酞作指示剂时，为什么要控制滴定速度?

答：酚酞变色的前后，被测水样中含有 CO_3^{2-} 与其共轭酸 HCO_3^-，或者含有 HCO_3^- 与其共轭酸 H_2CO_3，这都构成了缓冲体系，其 pH 值在滴定时变化不大，突跃很小，变色过程不敏锐，因此在此变色点必须充分振荡，滴定速度要慢。

36. 浊度测定的注意事项?

答：①当测定色度较大的水样时，使用 0.15μm 滤膜过滤器过滤水样，以此水样作参比测定未过滤的水样的吸光度；②采集来的水样应立即测定，最多不得超过 24h，测试时要摇匀；③对于浊度大于一定值的水样，可酌情稀释后再测定。

37. 挂片在使用前的预处理操作有哪些?

答：①启封后放置于丙酮溶液中清洗(去油污)；②用不锈钢镊子把挂片取出放在滤纸上晾干(不能用手直接接触挂片，防止汗渍)；在盛有蒸馏水的容器中，用脱脂棉擦洗棉一遍，再用蒸馏水冲洗 15s；③立即置于盛有化学纯无水乙醇的容器中，用脱脂棉擦洗两遍；④将挂片放在干净滤纸上，用冷风吹干；⑤用滤纸将挂片包好，放在干燥器中，24h 后称重待用。

38. 简述采用钾离子浓度检测计算浓缩倍数的优缺点。

答：优点：①钾盐溶解度大，在循环冷却水的运行过程中不会析出；②钾盐很少用作水处理剂。缺点：补充水中钾离子浓度低，分析常用火焰光度法，不便于现场检测。

39. 简述循环水系统常用的监测手段。

答：①挂片；②监测换热器；③微生物监测；④主要控制项目的监测；⑤工艺换热器的监测。

40. 循环水系统综合管理要注意的外部环节。

答：①补充水的水质对循环水处理效果有直接影响；②冷却塔周围的环境对水处理效果影响也很大；③水处理效果与换热器的结构、材质、加工、操作条件等因素有密切关系。

41. 分析沉积物组分时，为什么要在不同的温度下灼烧？

答：灼烧温度达到550℃时，沉积物中的有机物分解完毕。提高灼烧温度到950℃时碳酸钙、碳酸镁分解完毕。因此550℃失重表示了有机物的含量；950℃失重表示了碳酸盐分解的CO_2的重量，由此可换算出碳酸钙或碳酸镁的含量。

42. 简述使用四苯硼酸钠滴定分析季铵盐的测定原理。

答：①季铵盐类阳离子表面活性剂，能与二氯荧光黄生成螯合物；②当用四苯硼酸钠标准溶液滴定时，可从螯合物中置换出二氯荧光黄，生成红色复合物；③到终点时，过量的四苯硼酸钠与二氯荧光黄反应，溶液中的复合物由嫣红色变成黄色；④由四苯硼酸钠的消耗量计算出试样中活性物含量。

43. 为什么三相异步电动机的转子转速总是低于同步转速？

答：①当定子绕组接通三相正弦交流电时，转子便跟随旋转磁场逐步转动起来，但其转速不可能达到同步转速；②如果转子转速达到同步转速，则转子导体与旋转磁场之间就不存在相互切割运动；③没有感应电动势和感应电流，也就没有电磁转矩，转子转速就会变慢。因此运行状态下三相异步电动机的转子转速总是低于同步转速。

44. 简述转子流量计的工作过程？

答：①转子流量计主要由一段向上扩大的圆锥形管子和在管子内随被测介质流量大小而作上下浮动的转子(又称浮子)所组成；②当被测介质经过转子和锥形管之间的环形缝隙时，由于节流原理所产生的全压力的作用，使得转子在被测介质中的重量相平衡为止，并且流量愈大，转子的平衡位置愈高，即转子在锥形管内的平衡位置的高低与被测介质的流量大小相对应；③因此，转子所处的平衡位置高低，也即环形缝隙流通截面积的大小可作为流量的尺度。

45. 为什么说转子流量计又可以称为恒压差流量计？

答：由于转子的重量在转子作上下浮动时是不变的，因此转子处于任一平衡位置时，其两端压差也为恒定值，故转子流量计又称为恒压差流量计。

46. 防止换热器腐蚀的措施有哪些？

答：①采用耐腐、耐热金属材料；②增加部件壁厚、加覆盖层或双金属壁面；③增加隔热保护层及入口保护套管；④严格加工要求消除应力影响；⑤管板与管子连接采取胀—焊—胀或内孔焊方法；⑥对侵蚀介质进行处理；⑦排除积气。

47. 防止换热器振动大的措施有哪些？

答：①增加结构的稳定性并尽力消除由外部引入的振源；②控制壳程流体流速，使激励频率大大低于固有频率；③大型折流板缺口区不装管子，使所装管子都有众多的折流板支撑；④采取合适的折流板或支撑板的间距，并控制它们与管子之间的间隙。

48. 对于换热器管、壳程的选择原则有哪些？

答：①不洁净或易结垢的物料应当走管程；②需提高流速以增大其对流传热系数的流体

应走管程；③腐蚀性物料宜于通过管程，以免壳体和管束同时被腐蚀；④压力高的物料选管程；⑤饱和蒸气宜走壳程，以便于排出冷凝液；⑥黏度大或流量较大的物料宜走壳程；⑦需要冷却的物料一般选壳程，便于散热。

49. 简述 0.02mm 游标卡尺的读数原理。

答：①游标模数为 1 的卡尺，游标的 50 格刻度线与己身的 49 格刻度线宽度相同；②游标的每格宽度为 49/50 = 0.98mm；③则游标读数值是 1 - 0.98 = 0.02mm；④因此可精确地读出 0.02mm。

50. 为什么测定溶液电导不能使用直流电？

答：是因为直流电通过电解液溶液时，将由于电解而使电极附近溶液的浓度发生改变，并会在电极上析出电解产物而产生反电动势，从而引起测量误差(又称为极化误差)。

51. 简述选用钢筋混凝土管作为给水管道的优缺点。

答：钢筋混凝土管道笨重、易碎，运输及安装较为不便，承压能力不如钢管，与铸铁管差不多，但使用寿命长，几乎不需要日常维护，输水摩擦阻力较大，但随着使用时间的增长而有所下降。

52. 什么是液位检测技术？

答：液位检测技术是基于液位敏感元件在液位发生变化时；把相应的能够表示液位变化且易于检测的物理量变化值检测出来。

53. 按滑动状态分，滑动轴承可分为哪几种？

答：①流体滑动轴承；②非流体滑动轴承；③无润滑轴承(不加润滑剂)。

54. 整体径向滑动轴承组成是什么？

答：①整体径向滑动轴承主要由轴承座；②整体轴套；③油孔等组成。

55. 异步电动机的转子转向由什么决定？怎样改变其转向？

答：①三相异步电动机的转子方向与旋转磁场方向的转向一致；②旋转磁场的方向由三相电源的相序决定；③只要将接在定子首端上的三相电源进线中的任意两相对调，就可以改变三相异步电动机的转向。

56. 在全部停电或部分停电的电气设备上工作，保证安全的技术措施有哪些？

答：①停电；②验电；③装设接地线；④悬挂标示牌和装设遮拦。

57. 选择垫片时应考虑哪些因素？

答：①有良好的弹性和恢复性，能适应压力变化和温度波动；②有适当的柔软性，能与接触面很好地贴合，有足够的韧性而不因压力和紧固力造成破坏；③低温时不硬化，收缩量小，高温时不软化，抗蠕变性能好，加工性能好，安装、压紧方便；④不污染介质，不黏结密封面，拆卸容易，价格便宜，使用寿命长。

58. 简述加氯系统泄漏时查找漏点的操作方法。

答：①佩戴防毒面具，做好人员保护；②两人以上(含两人)方可操作；③停止加氯，通风置换；④微开氯阀，用 10% 氨水进行查漏；⑤查到漏点后关闭氯瓶阀。

59. 磷系配方预膜时，钙离子和锌离子对预膜效果有何影响？

答：聚磷酸盐的保护膜实质上是聚磷酸钙铁的沉积层。所以在预膜中都应控制一定浓度的钙离子。锌离子在预膜中能促进成膜速度，并与聚磷酸盐结合，生成磷酸锌，它能牢固地附着在金属表面上，成为有效的保护层。若与金属表面溶出的铁离子结合，也会产生防腐性能好的磷酸锌铁保护膜。所以在聚磷酸盐预膜剂中都配入了锌盐。

60. 采用磷系配方时，pH 值对预膜效果有何影响？

答：采用磷系配方的循环水系统在预膜时，pH 值是一个重要的指标。pH 值较低时，如低于 5.0 则不能成膜，还会引起金属的腐蚀；如 pH 值较高，则六偏磷酸钠水解率提高，预膜液中的 PO_4^{3-} 含量升高，易形成磷酸钙垢沉积于金属的表面，影响膜的致密性和与金属表面的结合力。一般将 pH 值控制在 5.5 ~ 6.5 为宜。

61. 为什么碟阀不宜在压力波动较大的管路中使用？

答：蝶阀在介质压力波动，或超过调节流量范围使流速增加时，蝶板发生振动，出现噪声，严重时造成零件损坏，发生泄漏。因此，蝶阀不应超范围调节流量，也不宜在压力波动较大的管路中使用。

62. 简述冷却塔配水均匀情况对冷却塔工作效率的影响。

答：①冷却塔配水系统的作用是把热水均匀地洒到整个填料上。②若淋水不均匀，水量过多的部分，通风阻力增大，空气量减少，热负荷集中，冷却条件恶化，造成大量的气流从阻力较小的热负荷较低的地方通过，降低了冷却效果。③因此，选择良好的配水系统对保持配水均匀，保证冷却效果，减小通风阻力，降低运行费用，具有重要的作用。

63. 影响凉水塔冷却效果的因素有哪些？

答：①上塔水量大小；②配水装置情况；③填料规格情况；④填料的完好情况；⑤风机运行工况；⑥环境温度、湿度。

64. 铁细菌有什么特性和危害？

答：特性：①能在氧化亚铁形成高铁化合物中起催化作用；②能利用亚铁氧化所释放的能量来满足生命活动的需要；③能产生氢氧化铁形成某种定型结构。

危害：①形成氢氧化铁沉积而堵塞管道；②促进氧浓度差电池的形成，加速垢下腐蚀；③为硫酸盐还原菌提供生存条件。

65. 微生物的腐蚀作用表现在哪些方面？

答：①形成生物黏泥，促进垢下腐蚀；②腐蚀微电池的去极化作用，如硫酸盐还原菌的阴极去极化作用；③微生物新陈代谢产生腐蚀性物质，如无机盐、有机酸等。

66. 运行中氯瓶大量漏氯应如何处理？

答：①立即向有关人员和主管部门汇报；②在有人监护下正确配戴好防毒面具；③停止加氯，拆除加氯铜管；④将氯瓶迅速推入碱液事故池中；⑤加氯间通风置换，若加氯间内设有水幕装置，则应立即开启投入使用。

67. 循环水系统发生大量漏油事故后应如何处理？

答：①发现循环回水大量带油，立即向主管部门汇报；②停运滤池并排空；③配合主管部门查漏，切除漏油源；④对冷却塔构件进行机械冲洗，并以可能的最高速度除油；⑤对冷却塔系统进行化学清洗或利用生物制剂除油，并视情况重新预膜后恢复正常运行。

68. 埋地管道防腐层施工中，涂抹冷底子油前，应做什么工作？冷底子油层厚度为多少？

答：埋地管道防腐层施工中，涂抹冷底子油前，应清除管道表面上的污垢和杂物，需露出洁净的金属面，并使表面保持干燥。冷底子油层厚度一般为 0.1 ~ 0.15mm。

69. 简述冷却塔淋水装置的作用。

答：淋水装置也称为填料，是冷却设备中的一个关键部分。其作用是将布水器洒下的热水溅洒成水滴或水膜，以增大水和空气的接触面积和接触时间，增强水的蒸发和传导的散热作用，水的冷却过程主要是在淋水装置中进行的。

70. 由于填料被磨损，填料压盖相对松动，阀门出现泄漏时应如何处理？

答：当由于填料被磨损，填料压盖相对松动而出现泄漏时，可关闭阀门，再紧一紧填料压盖。如此方法不能消除泄漏，说明填料失去弹性，无补偿能力，应将填料全部更换。

71. 常用的气防设备有哪些？

答：常用的气防设备有各类有毒气体报警仪、各类防毒面具、急救设施和药品。

72. 循环冷却水补充水中断后应如何处理？

答：①立即向主管部门汇报；②停止系统的排放，关闭系统所有排放阀；③停运旁滤池，防止滤池造成水损；④在保证供水温度的情况下，停运部分风机，减少飘洒损失和蒸发；⑤有条件时使用临时水源补水。

73. 循环水中缓蚀阻垢剂主要控制指标含量偏低的可能原因及处理方法有哪些？

答：①化验分析误差，则查明原因后加样分析；②系统乱排乱放，立即禁止乱排乱放并加大缓蚀阻垢剂投加量；③系统渗漏损失，组织人员查漏、堵漏及加大缓蚀阻垢剂投加量；④循环水场排污量偏大，减小排污量，并相应加大缓蚀阻垢剂投加量；⑤加药量小，加大缓蚀阻垢剂投加量；⑥药剂质量不合格，更换药剂。

74. 列举出装配图的表达方式。

答：视图、剖面图、拆卸画法、单个零件的表达方式、夸大画法、假想投影画法。

计算题

1. 燃烧某一气态有机化合物 1.5g，生成物是 1.2LCO_2（标准状况下）和 0.9g 水。已知该气态有机物对空气的相对密度为 1.04，求该物质的分子式。

解：因 1mol CO_2 在标准状况下的体积为 22.4L，其中含碳 12g，故 1.12LCO_2 中含碳量为：$\frac{12 \times 1.12}{22.4} = 0.6g$

又因 18g 水中含氢 2g，0.9g 水中含氢为：$\frac{2 \times 0.9}{18} = 0.1g$

碳和氢的总数为 $0.1 + 0.6 = 0.7g < 1.5g$，所以断定该物质中还有氧，

其中氧的质量为 $1.5 - 0.7 = 0.8g$

则 $\frac{0.6}{12}:\frac{0.1}{1}:\frac{0.8}{16} = 0.05:0.1:0.05 = 1:2:1$

该物质的最简式为 CH_2O，相对分子质量为 $12 + 2 + 16 = 30$

已知其对空气的相对密度为 1.04，所以该物质的相对分子质量 $M = 29 \times 1.04 = 30$

因此该物质的分子式是 CH_2O

答：该物质分子式为 CH_2O。

2. 采用汞量法测定氯含量，现称取有机氯化物试样 1.0635g，溶解后在一定条件下将其转化为 Cl^-，然后用 $c\left[\frac{1}{2}Hg(NO_3)_2\right] = 0.2000mol/L$ 的硝酸汞标准滴定溶液滴定，消耗 30.02mL，计算试样中氯含量的质量分数。已知 Cl 的相对原子质量为 35.45。

解：Cl^- 和 $Hg(NO_3)_2$ 的反应属于配位反应，其反应式为：

$$Cl^- + \frac{1}{2}Hg(NO_3)_2 = \frac{1}{2}HgCl_2 + NO_3^-$$

故，

$$\omega_{Cl} = \frac{0.2000 \times 30.02 \times 0.03545}{1.0635} \times 100\% = 20.01\%$$

答：试样中氯含量的质量分数为 20.01%。

3. 某水平变径输水管道（如图所示），已知 d_1 为 800mm，d_2 为 600mm，a－d 断面中心处动水压强 p_1 为 0.25MPa，流量为 0.6m³/s，如不计水头损失，试求该支墩所受的轴向作用力。

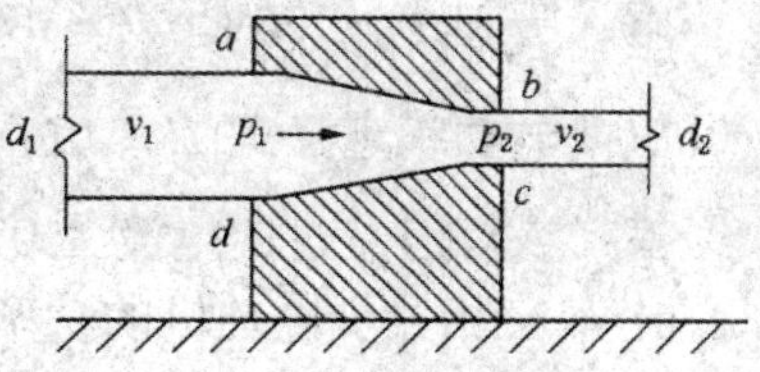

附图

解：

取 *abcd* 这一管流作为研究对象，设支墩对流体的轴向反作用力为 F，

由于 v_1、v_2 和 p_1 同向，F 和 p_2 同向，而与 p_1 反向，现沿水平轴方向建立动量方程式：

$$F + p_2A_2 - p_1A_1 = \rho Q(v_1 - v_2)$$

因 $v_1 = \dfrac{Q}{A_1} = \dfrac{0.6}{\pi \times 0.4^2} = 1.19\text{m/s}$，$v_2 = \dfrac{Q}{A_2} = \dfrac{0.6}{\pi \times 0.3^2} = 2.12\text{m/s}$

根据伯努利方程 $z_1 + \dfrac{p_1}{\rho g} + \dfrac{v_1^2}{2g} = z_2 + \dfrac{p_2}{\rho g} + \dfrac{v_2^2}{2g}$，而 $z_1 = z_2$

得出 $p_2 = 248460.85\text{Pa}$

所以 $F = 1000 \times 0.6 \times (1.19 - 2.12) + 250000 \times \pi \times 0.4^2 - 248460.85 \times \pi \times 0.3^2 = 54827\text{N}$

则支墩受到的轴向作用力为 54827N

答：该支墩受到的轴向作用力为 54827N。

4. 某台离心泵输送流体的密度为 860kg/m³，已知其理论扬程为 68m，实际扬程为 60m，理论流量为 180m³/h，实际流量为 160m³/h，试求该离心泵的有效功率。

解：（1）水力效率 $\eta_{hyd} = H/H_T = 60/68 = 0.882$

（2）容积效率 $\eta_v = Q/Q_T = 160/180 = 0.9$

（3）水力功率 $N_i = (\rho \times H_T \times Q_T)/102 = (860 \times 68 \times 0.5)/102 = 287\text{kW}$

（4）有效功率 $N_{eff} = N_i \times \eta_{hyd} \times \eta_v = 287 \times 0.882 \times 0.9 = 307\text{kW}$

答：该离心泵的有效功率为 307kW。

5. 设有 10 个灯泡投入使用，其中有 5 个使用了 4 个月后失效，2 个使用了 5 个月，3 个使用了 10 个月，求这些灯泡的平均故障率。

解：$\lambda = 10/(45 + 52 + 103) = 10/60 = 16.7\%$

答：这些灯泡的平均故障率为 16.7%。

6. 某设备的平均故障间隔期为 1000h，求其可靠度为 0.9、0.95、0.368 时的工作时间。假设设备的故障率与运转时间无关。

解：已知 $\lambda(t) = $ 常量，$MTBF = 1000\text{h}$

$\lambda = 1/MTBF = 1/1000$

$R(t) = e - \lambda t$，取对数 $\ln R(t) = -\lambda \cdot t$

$\ln 0.9 = -t_1/1000$　　$\ln 0.95 = -t_2/1000$　　$\ln 0.368 = -t_3/1000$

则 $t_1 = 105.4\text{h}$　　$t_2 = 51.4\text{h}$　　$t_3 = 1000\text{h}$

答：可靠度为 0.9、0.95、0.368 时的工作时间分别为 105.4、51.4、1000h。

7. 某同步电动机的频率为 50Hz，转速为 300r/min，试求它的极数是多少？

解：根据 $n = \dfrac{60f}{p}$，则 $p = \dfrac{60f}{n} = \dfrac{3000}{300} = 10$（对极）

答：这台同步电机的极数是 20 极。

8. 一个额定值为"220V，100W"的灯泡，接入直流220V电源，试计算该灯泡的电流。

解：已知 $U=220V$，$P=100W$

根据电功率定义式 $P=UI$，则 $I=\frac{P}{U}=\frac{100}{220}=0.455A$

答：该灯泡流过的电流为0.455A。

9. 某三相异步电动机的功率因数 $\cos\phi=0.86$，效率 $\eta=0.88$，额定电压380V，输出功率2.24kW，试计算此时电动机电流是多少？

解：(1) 输入功率 $\frac{P_2}{P_1}=\eta$，则 $P_1=\frac{P_2}{\eta}=\frac{2.2}{0.88}=2.5kW$

(2) 根据功率公式得：$I=\frac{P_1}{\sqrt{3}U\cdot\cos\phi}=\frac{2500}{1.732\times380\times0.86}=4.4A$

答：此时电机流过电流为4.4A。

10. 计算混凝剂三氯化铁晶体的相对分子质量。(相对原子质量如下：Fe=56、Cl=35、O=16、H=1)

解：三氯化铁晶体的分子式通常描述为：$FeCl_3\cdot6H_2O$；

那么其相对分子质量为：$56+35\times3+6\times(2+16)=269$

答：计算三氯化铁晶体的相对分子质量是269。

11. 需要配置1mol/L硫酸铜溶液1L，需要蓝矾($CuSO_4\cdot5H_2O$)多少克？(相对原子质量：Cu=64、S=32、O=16、H=1)

解：根据蓝矾的分子式计算它的相对分子质量是：$144+90=250$

溶液中 $CuSO_4$ 为：1 mol/L×1L=1 mol

1 mol 的蓝矾为：1 mol×250g/mol=250g

答：需要蓝矾250g。

12. 有一天然水，含 Ca^{2+} 65mg/L，Mg^{2+} 10mg/L，HCO_3^- 190mg/L，分别求出钙硬度、镁硬度、总硬度、总碱度、非碳酸盐硬度的值(单位用mol/L表示)。(相对原子质量：Ca=40、Mg=24、C=12、O=16、H=1)

解：钙硬度：$65\div40\times2=3.25$ mol/L(1/2Ca)

镁硬度：$10\div24\times2=0.83$ mol/L(1/2Mg)

总硬度：$3.25+0.83=4.08$ mol/L

总碱度：$190\div61=3.11$ mol/L

非碳酸盐硬度：$4.08-3.11=0.97$ mol/L

答：钙硬度：3.25 mol/L；镁硬度：0.83 mol/L；总硬度：4.08 mol/L；总碱度：3.11 mol/L；非碳酸盐硬度：0.97mol/L。

13. 在14℃时，测得某KCl溶液的电导率是12000μS/cm，若电导率温度系数 $\alpha=0.02$，则25℃时该溶液的电导率是多少？

解：25℃时的电导率 $L=12000\times(1+0.02\times(25-14))=14640\mu S/cm$

答：25℃时该溶液的电导率是14640μS/cm。

14. 已知离心水泵的流量为680m³/h，扬程为6.8m，轴功率为16kW，则该泵的效率是多少？

解：该泵的效率 $\eta=\frac{1.0\times10^3\times680/3600\times6.8\times100\%}{102\times16}=78.7\%$

答：该泵的效率是 78.7%。

15. 某循环冷却水系统，循环水量为 10000m^3/h，在夏季生产时其循环水温差为 8℃，求该系统每小时的蒸发水量。(假定冷却水从工艺介质得到的总热量与冷却塔内因蒸发而带走的总热量相等，且此时蒸发潜热 $\gamma = 2424kJ/kg$)

解：每克水升高 1℃需 4.18J 热量

$$Q_t = Q \cdot \Delta T/\gamma$$

$$= 10000 \times 4.18 \times 8 \div 2424 = 137.95m^3/h$$

答：该系统每小时的蒸发水量为 137.95m^3/h。

16. 有一管式换热器，循环水在管内流动进口温度为 $t_1 = 31℃$，出口温度为 $t_2 = 40℃$，循环水流量为 300m^3/h，其比热 $c = 4.18kJ/kg·℃$，求循环水流动时每小时在管内吸热多少？

解：$Q = mC(t_2 - t_1)$

$= 300000 \times 4.18 \times (40 - 31) = 11.29 \times 10^6 kJ/h$

答：循环水流动时每小时在管内吸热 $11.29 \times 10^6 kJ/h$。

17. 4B－35 型离心水泵叶轮直径为 200mm，转速为 2900r/min，在最大效率点操作时性能如下：$Q = 90m^3/h$，$H = 43m$，$N = 15.6kW$，$\eta = 69\%$。4B－35a 型与 4B－35 型之间不同是叶轮的直径由 200mm 切削到 178mm。求相同转速下 4B－35a 型最高效率点处的 Q、H、N。

解：因 $\dfrac{D'}{D} = 0.89$

所以 $Q' = Q \times \dfrac{D'}{D} = 90 \times 0.89 = 80.1m^3/h$

$$H' = H \times \left(\frac{D'}{D}\right)^2 = 43 \times (0.89)^2 = 34.1m$$

$$N' = N \times \left(\frac{D'}{D}\right)^3 = 15.6 \times (0.89)^3 = 11kW$$

答：相同转速下最高效率点处的 Q、H、N 分别为 80.1m^3、34.1m、11kW。

18. 已知某离心水泵的额定流量为 10m^3/h，扬程为 58m，轴功率 2.1kW，叶轮直径由 210mm 切割到 200mm，求切割前后泵效率变化？

解：已知 $Q_1 = 10m^3/h$　$N_1 = 2.1kW$　$H_1 = 58m$　$D_1 = 210mm$

$$\eta_1 = \frac{Q_1 H_1 \rho g}{N_1} = \frac{10 \times 58 \times 1000 \times 9.81}{3600 \times 2100} = 0.752 = 75.2\%$$

当叶轮直径由 $D_1 \to D_2$ 时

$$Q_2 = Q_1 D_2/D_1 \qquad H_2 = H_1(D_2/D_1)^2 \qquad N_2 = N_1(D_2/D_1)^3$$

$$\eta_2 = \frac{Q_2 H_2 \rho g}{N_2} = \frac{Q_1 \dfrac{D_2}{D_1} H_1 \left(\dfrac{D_2}{D_1}\right)^2 \rho g}{N_1 \left(\dfrac{D_2}{D_1}\right)^3} = \frac{Q_1 H_1 \rho g}{N_1} = 0.752 = 75.2\%$$

答：叶轮切割前后泵效率无变化。

19. 试计算 20℃的硫酸(相对密度为 1.83，黏度为 23cP)，流经直径为 50mm，长 100mm 的直管的压力损失，每 kg 流体的机械能损失与压头损失。

解：$\rho = 1.83 \times 1000 = 1830kg/m^3$

$\mu = 23 \times 10^{-3} = 0.023kg/m·s$

$d = 0.05\text{m} \qquad l = 100\text{m} \qquad u = 0.4\text{m/s}$

所以 $Re = \dfrac{du\rho}{\mu} = \dfrac{0.05 \times 0.4 \times 1830}{0.023} = 1590$

$$\lambda = \frac{64}{Re} = \frac{64}{1590} \approx 0.04$$

$$\Delta P_{\text{f}} = \lambda \frac{1}{d} \frac{\rho u^2}{2} = 0.04 \times \frac{100}{0.05} \times \frac{1830 \times 0.4^2}{2} = 11700\text{Pa}$$

每公斤流体的机械能损失 $W_{\text{f}} = \dfrac{\Delta P_{\text{f}}}{\rho} = \dfrac{11700}{1830} = 6.4\text{J/kg}$

$$压力损失\frac{\Delta P_{\text{f}}}{\rho g} = \frac{6.4}{9.81} = 0.652\text{m}$$

答：直管的压力损失为11700Pa，每公斤流体的机械能损失为6.4J/kg、压头损失为0.652m。

20. 已知输水管路的管子尺寸为 $\phi89\text{mm} \times 3.5\text{mm}$，管长为138mm。若管路能量损失为50J/kg。求水的流量为若干？水的密度及黏度分别为1000kg/m³ 及1cP，雷诺准数为 1.5×10^5。

解：由 $Re = \dfrac{du\rho}{\mu} = 1.5 \times 10^5 \qquad \mu = 1\text{cP} = 1 \times 10^{-3}\text{kg/m} \cdot \text{s}$

$$u = \frac{Re\mu}{d\rho} = \frac{1.5 \times 10^5 \times 1 \times 10^{-3}}{(0.089 - 0.0035 \times 2) \times 1000} = 1.83\text{m/s}$$

故

$$V = \frac{\pi}{4} d^2 u = 0.785 \times (0.089 - 0.0035 \times 2)^2 \times 1.83 = 9.66 \times 10^{-3}\text{m}^3/\text{s} = 34.8\text{m}^3/\text{h}$$

答：水的流量为 34.8m^3。

21. 计算0.1mol/L的NaAc溶液的pH值？（$K_{\text{HAc}} = 1.76 \times 10^{-5}$）

解：

$$\text{NaAc} = \text{Na}^+ + \text{Ac}^-$$

$$\text{Ac}^- + \text{H}_2\text{O} \rightleftharpoons \text{OH}^- + \text{HAc}$$

水解反应平衡常数 $K_{\text{NaAc}} = \dfrac{K_{\text{W}}}{K_{\text{HAc}}} = \dfrac{10^{-14}}{1.76 \times 10^{-5}} = 5.6 \times 10^{-10}$

由于 K_{NaAc} 远大于 K_{W}，水解生成HAc的同时所增加的 OH^- 也比水中原有的 OH^- 多得多，所以，可近似认为 OH^- 全部由上述水解过程产生，因此：

$$[\text{HAc}] = [\text{OH}^-]$$

从 $K_{\text{HAc}} < 10^{-4}$ 可以知道，由于水解生成HAc所减少的 Ac^- 相对于原有的 Ac^- 浓度c(NaAc)来说，可以忽略不计，所以达到平衡时

$$[\text{Ac}^-] = c(\text{NaAc})$$

则

$$K_{\text{NaAc}} = \frac{[\text{HAc}][\text{OH}^-]}{[\text{Ac}^-]} = \frac{[\text{OH}^-]^2}{c}$$

$$[\text{OH}^-] = \sqrt{K_{\text{NaAc}} c} = \sqrt{5.6 \times 10^{-10} \times 0.1} = 7.5 \times 10^{-6}\text{mol/L}$$

$$[\text{H}^+] = \frac{K_{\text{W}}}{[\text{OH}^-]} = \frac{10^{-14}}{7.5 \times 10^{-6}} = 1.3 \times 10^{-9}\text{mol/L}$$

$$\text{pH} = -\lg[\text{H}^+] = -\lg(1.3 \times 10^{-9}) = 8.9$$

答：此溶液pH值为8.9。

22. 已知水酚酞碱度 $P = 3.0\text{mmol/L}$，总碱度 $M = 7.0\ \text{mmol/L}$，试求水中 $[\text{OH}^-]$、$[\text{CO}_3^{2-}]$、$[\text{HCO}_3^-]$ 各为多少？

解： $\because 2P=6 \quad M=7$

$\therefore 2P<M$，水中无$[OH^-]$，而有$[CO_3^{2-}]$和$[HCO_3^-]$

$$[OH^-]=0$$
$$[CO_3^{2-}]=2P=6\text{mmol/L}$$
$$[HCO_3^-]=M-2P=7-6=1\text{mmol/L}$$

答： 水中$[OH^-]$、$[CO_3^{2-}]$、$[HCO_3^-]$各为0、6mmol/L、1mmol/L。

23. 以0.100mol/LNaOH溶液，滴定20.00mL浓度为0.100mol/L醋酸溶液，现滴加20.00mLNaOH溶液，求滴定后溶液的pH值？（已知$K_{HAc}=1.76\times10^{-5}$）

解： 此时，滴加0.100mol/L的NaOH溶液20.00mL，NaOH与HAc等量完全化合生成NaAc，NaAc是弱酸强碱盐，发生水解，故可按盐溶液的pH值计算方法计算：

$$K_{NaAc}=\frac{K_W}{K_{HAC}}=\frac{10^{-14}}{1.76\times10^{-5}}=5.68\times10^{-10}$$

$$[OH^-]=\sqrt{K_{NaAC}\times C}=\sqrt{5.68\times10^{-10}\times\frac{0.100}{2}}=5.3\times10^{-6}\text{mol/L}$$

$$pOH=5.28 \qquad pH=14-pOH=14-5.28=8.72$$

答： 此时溶液pH值为8.72。

24. 以0.100mol/LNaOH溶液，滴定20.00mL浓度为0.100mol/L的HCl溶液，现滴加20.02mLNaOH溶液，求滴定后溶液的pH值？

解： $[OH^-]=0.100\times(20.02-20.00)/(20.02+20.00)=5.00\times10^{-5}\text{mol/L}$

$pOH=4.3 \qquad pH=14-pOH=14-4.3=9.7$

答： 此时溶液pH值为9.7。

25. 用泵从密闭容器中送出30℃的丁烷。容器内丁烷液面上方的绝压$P_a=343$kPa。输送到最后，液面将降到泵入口以下2.8m。液体丁烷在30℃时的密度$\rho=580\text{kg/m}^3$，饱和蒸气压$P_v=304$kPa。吸入管路的压力损失估计为1.5m。所选用的由泵的气蚀余量为3m。问这个泵能否正常工作？

解： 为核算这一油泵的安装高度是否合理，应先算出允许安装高度

根据 $Z_{s允许}=(P_a-P_v)/\rho g-h_{fs}-\Delta h_{允许}$

$=[(343000-3040000)/(580\times9.81)]-1.5-3$

$=2.4\text{m}<2.8\text{m}$

$2.8-2.4=0.4\text{m}$

答： 故泵安装太高，不能保证整个输送过程中不出现气蚀现象，应将泵的安装高度降低至少0.4m。

26. 某台离心泵从样本上查得允许吸上真空高度$H_s=7$m，先将该泵安装在海拔高度为500m处，若夏季平均水温40℃(查得40℃水的饱和蒸汽压力0.75mH₂O，海拔500m高处大气压力为9.47mH₂O)。问修正后的允许吸上真空高度H_s^1应为多少？若吸入管路的压头损失为1mH₂O，泵入口处动压头为0.2mH₂O。问该泵安装在离水面5m高度处是否合适？

解：

$$H_s^1=H_s+(P_a-10.33)-(P_v-0.24)$$
$$=7+(9.47-10.33)-(0.75-0.24)$$
$$=5.63\text{m}$$

$$Z_{s允许} = H_s^1 - \frac{u_e}{2g} - \Sigma h_{f(s-e)}$$
$$= 5.63 - 0.2 - 1 = 4.43m < 5m$$

答：泵安装离水面5m高度不合适。

三、技能操作鉴定要素细目表

鉴定范围						鉴定点	
一级		二级		三级		代码	名称
代码	名称	代码	名称	代码	名称		
A	技能要求	A	工艺操作	A	开车准备	001	新阳树脂的预处理操作
						002	新阴树脂的预处理操作
						003	阳树脂和阴树脂的鉴别操作
						004	空压机投运前的准备工作
						005	循环冷却水系统开车前的检查
				B	正常操作	001	凉水塔池壁藻类大量繁殖的处理
						002	循环水微生物超标的处理
						003	循环冷却水系统化学清洗的主要操作程序
						004	pH电极法的测定方法
						005	循环冷却水系统预膜的主要操作
						006	水的硬度测定
						007	循环水中正磷酸盐含量的测定
						008	水中油含量的测定
				C	开、停车操作	001	循环冷却水系统监测换热器的停用
						002	汽轮机大修后保安系统静态试验
		B	设备使用和维护	A	使用设备	001	重力式无阀滤池反洗效果差的处理
						002	浊度仪的校验
						003	游标卡尺的使用
						004	电导仪的使用
						005	可燃气体的分析仪使用
				B	维护设备	001	设备安装验收及调试内容
						002	重力式无阀滤池的滤料更换
						003	无阀滤池出水水质变差的处理
		C	事故判断与处理	A	判断事故	001	离心泵组的杂音辨别
				B	处理事故	001	蒸汽管线的水击处理
						002	中毒人员的现场施救
						003	氯气瓶大量泄漏的处理
						004	循环冷却水系统大量漏油的处理
		D	绘图与计算	A	绘图	001	绘制水泵填料函构造示意图
						002	识读简单的电气控制图
						003	绘制大型冷却水系统引风横流型机力通风冷却塔的示意图

四、技能操作试题

试题 1：新阳树脂的预处理操作

（考核时间：15min）

序号	考核内容	考核要点	配分	评分标准	检测结果	扣分	得分	备注
1	准备工作	穿戴劳保用品	3	未穿戴整齐扣 3 分				
		工具、用具准备	2	工具选择不正确扣 2 分				
2	新阳树脂的预处理操作步骤	将新阳树脂装入预处理容器或阳离子交换器中，用约 2 倍于树脂体积的 10% NaCl 溶液浸泡树脂 18～20h 以上。用水冲洗树脂至排出水不呈黄色为止。反洗以除去混在树脂中机械杂质和细碎树脂粉末	35	浸泡液浓度、体积、浸泡时间不符要求分别扣 10 分				
				未冲洗树脂扣 10 分				
				反洗强度不足或跑正常颗粒树脂扣 10 分				
				其他操作漏项，每项扣 5 分				
3		用约 2 倍于树脂体积的 2% NaOH 溶液浸泡树脂 2～4h。冲洗树脂至排出水接近中性为止	30	浸泡液浓度、体积、浸泡时间不符要求分别扣 10 分				
				未冲洗树脂扣 10 分				
4		用约 2 倍于树脂体积的 5% HCl 溶液浸泡树脂 2～4h。冲洗树脂至排出水接近中性为止	30	浸泡液浓度、体积、浸泡时间不符要求分别扣 10 分				
				未冲洗树脂扣 10 分				
5	安全及其他	按国家法规或企业规定		违规一次总分扣 5 分；严重违规停止操作			—	
		在规定时间内完成操作		每超时 1min 总分扣 5 分，超时 3min 停止操作			—	
		合 计	100					

试题 2：阳树脂和阴树脂的鉴别操作

（考核时间：15min）

序号	考核内容	考核要点	配分	评分标准	检测结果	扣分	得分	备注
1	准备工作	穿戴劳保用品	3	未穿戴整齐扣 3 分				
		工具、用具准备	2	工具选择不正确扣 2 分				
2	阳树脂和阴树脂的鉴别操作	取树脂样品 2mL，置于 30mL 的试管中，用吸管吸去树脂层上部的水	20	操作内容不符合要求，每项扣 5 分				
				操作漏项，每项扣 10 分				
3		加入 1mol/LHCl 溶液 5mL，摇动 1～2min，将上部清液吸去	25	加入溶液浓度不符合要求扣 10 分				
				操作内容不合要求，每项扣 5 分				
				操作漏项，每项扣 10 分				

续表

序号	考核内容	考核要点	配分	评分标准	检测结果	扣分	得分	备注
4		加入纯水摇动清洗后，将上部清液吸去，这样重复操作2~3次	15	操作内容不符合要求，每项扣5分				
				操作漏项，每项扣10分				
5		加入已酸化的10% $CuSO_4$（其中含1% H_2SO_4）5mL，摇动1min，放置5min。如树脂呈浅绿色，即为阳树脂；如树脂不变色，则为阴树脂	35	加入溶液浓度、体积不符合要求分别扣10分				
				操作内容不符合要求，每项扣5分				
				操作漏项，每项扣10分				
				树脂鉴别结果判断错误扣20分				
6	安全及其他	按国家法规或企业规定		违规一次总分扣5分；严重违规停止操作			—	
		在规定时间内完成操作		每超时1min总分扣5分，超时3min停止操作			—	
		合　计	100					

试题3：循环冷却水系统开车前的检查

（考核时间：15min）

序号	考核内容	考核要点	配分	评分标准	检测结果	扣分	得分	备注
1	准备工作	穿戴劳保用品	3	未穿戴整齐扣3分				
		工具、用具准备	2	工具选择不正确扣2分				
2	循环冷却水系统开工前的检查内容	系统检查	5	未检查系统水冷器检修、复位情况不得分				
			5	未检查管网检修完成情况不得分				
3		设备检查	10	未检查循环水场检修检项目完成情况不得分				
			10	未检查各机泵备用状态不得分				
			5	未检查检测仪表、控制阀校验情况不得分				
			5	未检查润滑油和维修工具准备情况不得分				
4		工艺检查	5	未检查水池清扫情况扣3分，未检查排污阀关闭情况扣4分				
			5	未检查人孔密封、盲板拆除情况，每项扣3分				
			10	未检查系统工艺流程情况不得分				
			5	未检查化工辅材准备情况不得分				
			5	未检查水、汽、风准备情况不得分				

续表

序号	考核内容	考核要点	配分	评分标准	检测结果	扣分	得分	备注
5		HSE 检查	10	未检查安全设施、消防和气防器材是否齐全好用，每项扣5分				
6		分析检查	10	未检查水质分析、监测工作准备情况，每项扣5分				
7	使用工具	正确使用工具	2	工具使用不正确扣2分				
		正确维护工具	3	工具乱摆乱放扣3分				
8	安全及其他	按国家法规或企业规定		违规一次总分扣5分；严重违规停止操作			—	
		在规定时间内完成操作		每超时1min总分扣5分，超时3min停止操作			—	
		合　计	100					

试题4：凉水塔池壁藻类大量繁殖的处理

（考核时间：15min）

序号	考核内容	考核要点	配分	评分标准	检测结果	扣分	得分	备注
1	准备工作	穿戴劳保用品	3	未穿戴整齐扣3分				
		工具、用具准备	2	工具选择不正确扣2分				
2	凉水塔池壁藻类大量繁殖的处理	杀菌灭藻准备	15	未现场调查凉水塔、池壁藻类情况扣10分，未制定杀菌灭藻方案扣10分				
			5	未按杀菌灭藻方案的要求，准备好杀菌灭藻药剂不得分				
			10	未联系调度，禁止循环水用户乱排乱放，停运旁滤池不得分				
3		加药处理程序	10	未按方案的要求，冲击式投加一定量的杀菌灭藻药剂不得分				
			10	未保持循环回水压力不变，加大单间凉水塔上塔水量不得分				
			10	未用高压水枪冲洗凉水塔、池壁藻类扣5分，未及时清洗滤网扣5分				
			10	各凉水塔、池壁藻类冲洗干净后，未适量溢流换水不得分				
			10	当循环水浊度合格时，未恢复正常运行，投用旁滤池不得分				
4		其他处理方法	10	对凉水塔、池壁，未说明视时适当采用合适的杀生涂料防护扣5分				
				未说明可单间停运凉水塔，自然吹干处理扣5分				

续表

序号	考核内容	考核要点	配分	评分标准	检测结果	扣分	得分	备注
5	使用工具	正确使用工具	2	工具使用不正确扣2分				
		正确维护工具	3	工具乱摆乱放扣3分				
6	安全及其他	按国家法规或企业规定		违规一次总分扣5分；严重违规停止操作			—	
		在规定时间内完成操作		每超时1min总分扣5分，超时3min停止操作			—	
	合　计		100					

试题5：循环水微生物超标的处理

（考核时间：25min）

序号	考核内容	考核要点	配分	评分标准	检测结果	扣分	得分	备注
1	准备工作	穿戴劳保用品	3	未穿戴整齐扣3分				
		工具、用具准备	2	工具选择不正确扣2分				
2	检查微生物超标的影响因素	检查补充水微生物是否超标	5	未检查补充水微生物含量不得分				
3		检查是否旁滤池处理效果差	5	未检查该池效果不得分				
4		检查是否环境卫生差	5	未检查环境卫生不得分				
5		检查是否杀菌效果差	10	未检查杀菌剂投加情况不得分				
6		检查化验分析是否有误差	5	未检查分析误差不得分				
7		检查系统中是否有工艺物料漏入循环水	10	未检查系统工艺介质泄漏情况不得分				
8	循环水微生物超标的处理	降低补水微生物含量	10	若补充水微生物超标，未处理不得分				
9		提高旁滤池处理效果	10	若旁滤池处理效果差，未处理不得分				
10		搞好冷却塔周围环境卫生	5	若环境中有大量灰尘，未清除不得分				
11		调整杀菌剂投加方法或加大杀菌剂投加量	10	未加大杀菌灭藻力度不得分				
12		消除化验分析误差	5	未消除化验分析误差不得分				
13		查漏堵漏后对冷却水系统清洗置换等处理	10	若有物料漏入循环水、未堵漏、未处理不得分				
14	使用工具	正确使用工具	2	工具使用不正确扣2分				
		正确维护工具	3	工具乱摆乱放扣3分				
15	安全及其他	按国家法规或企业规定		违规一次总分扣5分；严重违规停止操作			—	
		在规定时间内完成操作		每超时1min总分扣5分，超时3min停止操作			—	
	合　计		100					

试题6：循环冷却水系统化学清洗主要操作程序

（考核时间：15min）

序号	考核内容	考核要点	配分	评分标准	检测结果	扣分	得分	备注
1	准备工作	穿戴劳保用品	3	未穿戴整齐扣3分				
		工具、用具准备	2	工具选择不正确扣2分				
2	循环冷却水系统化学清洗主要操作程序	化学清洗准备	10	未调查清洗对象(取样分析)扣5分				
				未制定清洗方案扣10分				
			5	未按方案的要求，准备好清洗剂扣5分				
			15	未联系调度禁止循环水用户乱排乱放扣5分，未投用所有水冷器扣5分，未停运旁滤池扣5分				
			10	未在塔池、挂片器挂上预处理好的试片进行监测扣10分				
3		化学清洗步骤	10	未按清洗方案的要求，投加一定量的清洗剂扣10分				
			10	未严格过程控制，对水中主要控制指标进行化验分析扣10分				
			10	未说明主要控制指标相对稳定，无明显变化时结束清洗扣10分				
			10	清洗达到终点后，未联系调度进行快速置换排放扣10分				
			10	未说明当循环水浊度小于预定值时扣5分，未转入下一步操作扣5分				
4	使用工具	正确使用工具	2	使用不正确扣2分				
		正确维护工具	3	工具乱摆乱放扣3分				
5	安全及其他	按国家法规或企业规定		违规一次总分扣5分；严重违规停止操作			—	
		在规定时间内完成操作		每超时1min总分扣5分，超时3min停止操作			—	
		合　计	100					

试题7：循环冷却水系统预膜主要操作

（考核时间：15min）

序号	考核内容	考核要点	配分	评分标准	检测结果	扣分	得分	备注
1	准备工作	穿戴劳保用品	2	未穿戴整齐扣2分				
		工具、用具准备	3	工具选择不正确扣3分				

续表

序号	考核内容	考核要点	配分	评分标准	检测结果	扣分	得分	备注
2	循环冷却水系统预膜主要操作步骤	开始预膜时条件确认	15	未说明预膜前系统需清洗扣5分				
				未说明预膜时浊度控制指标扣5分				
				未联系调度禁止系统乱排乱放扣5分				
				如预膜配方需控制pH值，未加酸调节循环冷却水的pH值扣5分				
3		首次投加预膜剂操作	15	未投加一定量的预膜剂扣10分				
				未缓慢投加预膜剂扣10分				
4		预膜过程控制操作要点	25	未在塔池、挂片器挂上预处理好的试片进行监测扣10分				
				若需投加分散剂，未按预膜方案的要求缓慢加入扣5分				
				未分析预膜剂的浓度扣10分，若含量不足未适量补充投加预膜剂扣5分				
5		预膜终点确定及终点后的处理	20	未以现场挂片确定预膜终点扣10分				
				若是选择专用配方预膜的，预膜终点后未说明进行快速置换扣10分；若是选择运行配方预膜的，预膜终点后未说明停止加药剂并适量换水扣10分				
6		效果评定及转入正常运行程序	15	未分析挂片的预膜情况扣10分				
				当水中预膜剂的含量少于预定值时，未转入正常运行扣5分				
7	使用工具	正确使用工具	2	使用不正确扣2分				
		正确维护工具	3	工具乱摆乱放扣3分				
8	安全及其他	按国家法规或企业规定		违规一次总分扣5分；严重违规停止操作			—	
		在规定时间内完成操作		每超时1min总分扣5分，超时3min停止操作			—	
合　计			100					

试题 8：水的硬度测定

（考核时间：20min）

序号	考核内容	考核要点	配分	评分标准	检测结果	扣分	得分	备注
1	准备工作	穿戴劳保用品	3	未穿戴整齐扣 3 分				
		选择好所有仪器、药品	2	选错不得分				
2	滴定管试漏	手法正确，检查滴定管是否漏	8	不试漏扣 4 分				
				手法不正确扣 4 分				
3	滴定管的洗涤	滴定管必须清洁，壁上不挂水珠；滴定前，滴定管必须用表液润洗	12	使用脏滴定管扣 5 分				
				没有用表液润洗扣 7 分				
4	滴定操作	将 25mL 滴定管盛满 EDTA 标液至刻线，再将滴定管固定在铁架台上	10	表液加入量不准扣 5 分				
				滴定管未固定扣 5 分				
		用待测水样清洗锥形瓶 2～3 次	8	无此步骤扣 8 分				
		用 50mL 大肚吸管量取 50mL 水样于锥形瓶中，滴 2～3 滴铬黑 T 指示剂	17	水样体积不正确扣 7 分				
				指示剂量过多、过少扣 10 分				
		用 EDTA 标液滴定水样，颜色由紫变蓝为终点，记录消耗的 EDTA 体积	20	滴定接近终点速度太快扣 5 分				
				终点颜色判断不准扣 10 分				
				EDYA 消耗体积数不准扣 5 分				
5	读数与计算	读数时必须保留小数点后两位有效数字；根据公式计算硬度	10	读数不准不得分				
			10	计算结果不准不得分				
6	安全及其他	按国家法规或企业规定		违规一次总分扣 5 分；严重违规停止操作			—	
		在规定时间内完成操作		每超时 1min 总分扣 5 分，超时 3min 停止操作			—	
合计			100					

试题 9：循环水中正磷酸盐含量的测定

（考核时间：35min）

序号	考核内容	考核要点	配分	评分标准	检测结果	扣分	得分	备注
1	准备工作	穿戴劳保用品	2	未穿戴整齐扣 2 分				
		正确选择所有的试剂和仪器	3	选错 1 件扣 1 分				

续表

序号	考核内容	考核要点	配分	评分标准	检测结果	扣分	得分	备注
2	试样的显色	取2支比色管，将25mL的蒸馏水及水样分别倒入比色管中	5	操作不正确扣5分				
3		向比色管中加入2mL钼酸铵-硫酸溶液	10	移液管使用不正确扣10分				
4		再向比色管中加入3滴氯化亚锡-甘油溶液	7	超过或不足3滴扣7分				
5		向比色管中加蒸馏水稀释到刻度，摇匀	10	稀释不到或超过刻度线扣5分				
				未摇匀扣5分				
6		将比色管放置15min显色	10	显色时间不够扣10分				
7	比色	将空白溶液和试样分别倒入比色皿中	10	手拿比色皿姿势不正确扣5分				
				溶液撒到外面扣5分				
8		用参比液调透光度和吸光度	13	操作不正确不得分				
9		将样品盒向外拉一挡测定水样的吸光度	10	操作不正确不得分				
10		按公式计算正磷酸盐的含量	10	计算错误不得分				
11	使用仪器	正确使用各种仪器	5	操作不当扣5分				
		仪器的常规维护	5	不会仪器的常规维护扣5分				
12	安全及其他	按国家法规或企业规定		违规一次总分扣5分；严重违规停止操作			—	
		在规定时间内完成操作		每超时1min总分扣5分，超时3min停止操作			—	
		合　计	100					

试题10：水中油含量的测定

（考核时间：90min）

序号	考核内容	考核要点	配分	评分标准	检测结果	扣分	得分	备注
1	准备工作	穿戴劳保用品	2	未穿戴整齐扣2分				
		正确选择所有的试剂和仪器	3	选错1件扣1分				
2	取水样	取已测量体积的水样移入1000mL分液漏斗中	8	取样不准不得分				

续表

序号	考核内容	考核要点	配分	评分标准	检测结果	扣分	得分	备注
3	萃取阶段	加入硫酸 5mL，加入 NaCl，其量约为水量的 2%(m/V)	10	试剂加入量不正确扣 10 分				
4		用 20mL 石油醚清洗采样瓶后，移入分液漏斗中，充分振摇 3min，静置分层，将水层移入采样瓶内	15	振摇不充分扣 8 分				
				静置时间不够扣 7 分				
5		将水层移回分液漏斗内，用 20mL 石油醚重复萃取一次，同上操作，然后用 10mL 石油醚洗涤漏斗，其洗涤液均收集于同一容量瓶内，并与石油醚稀释至标线	10	未重复萃取扣 5 分				
				操作方法不正确扣 5 分				
6	比色阶段	在选定波长处，用 10mm 石英比色皿，以石油醚为参比，测量其吸光度	16	测量吸光度不正确扣 8 分				
				未用石油醚作参比扣 8 分				
7		取与水样相同体积的水，与水样同样操作进行空白实验，测量其吸光度	16	未做空白实验扣 10 分				
				测量吸光度不正确扣 6 分				
8	计算	按公式计算结果，油(mg/L) = $m \times 1000 V$	10	公式不正确扣 8 分				
				结果不准确扣 2 分				
9	仪器维护	正确使用仪器	5	操作不当扣 5 分				
10		仪器的常规维护	5	仪器维护不当扣 5 分				
11	安全及其他	按国家法规或企业规定		违规一次总分扣 5 分；严重违规停止操作			—	
		在规定时间内完成操作		每超时 1min 总分扣 5 分，超时 3min 停止操作			—	
		合　计	100					

试题 11：循环冷却水系统监测换热器的停用(用蒸汽作被冷却介质)

(考核时间：15min)

序号	考核内容	考核要点	配分	评分标准	检测结果	扣分	得分	备注
1	准备工作	穿戴劳保用品	3	未穿戴整齐扣 3 分				
		工具、用具准备	2	工具选择不正确扣 2 分				
2	停用前的检查与准备	检查监测换热器投用时间及运行情况	20	未检查投用时间扣 10 分				
				未检查监测器有无损坏及泄漏情况扣 10 分				

续表

序号	考核内容	考核要点	配分	评分标准	检测结果	扣分	得分	备注
3		检查监测换热器的进、出水流量、温度	15	未检查进水流量扣5分				
				未检查进水温度扣5分				
				未检查出水温度扣5分				
				少记录一项扣2分				
4		检查监测换热器的进、出汽温度	10	未检查进汽温度扣5分				
				未检查出汽温度扣5分				
				少记录一项扣2分				
5	监测换热器的停用操作步骤	先关监测器的进汽阀，后关监测器的出汽阀	15	未先关进汽阀扣10分				
				未关出汽阀扣5分				
6		关监测换热器的进、出水阀	15	未关进水阀扣10分				
				未关出水阀扣5分				
7		联系化验人员拆试管、挂片，并做好停用记录	15	未联系拆试管扣10分				
				未做记录扣5分				
8	使用工具	正确使用工具	2	工具使用不正确扣2分				
		正确维护工具	3	工具乱摆乱放扣3分				
9	安全及其他	按国家法规或企业规定		违规一次总分扣5分；严重违规停止操作			—	
		在规定时间内完成操作		每超时1min总分扣5分，超时3min停止操作			—	
		合　计	100					

试题12：汽轮机大修后保安系统静态试验

（考核时间：45min）

序号	考核内容	考核要点	配分	评分标准	检测结果	扣分	得分	备注
1	准备工作	穿戴劳保用品	3	未穿戴整齐扣3分				
		工具、用具准备	2	工具选错扣2分				
2	试验前的检查确认内容	汽轮机检修已完成	5	未确认检修已完成扣5分				
3		仪表校验、调试合格并投用	5	未确认仪表正常扣5分				
4		电气及联锁装置调试合格	5	未确认电气正常扣5分				
5		油箱内已加注足量的机油	5	未确认油质、油位扣5分				
6		危及遮断器处于脱扣状态，速关阀及其手轮处于全关	10	少检查确认一项扣5分				
7		油冷器进出口阀已全开	5	未检查确认扣5分				

续表

序号	考核内容	考核要点	配分	评分标准	检测结果	扣分	得分	备注
8	汽轮机保安系统静态试验	启动辅助油泵，使润滑油系统处于正常状态，各润滑点油压符合要求	10	未启动辅助油泵扣5分				
				未检查确认润滑油系统处于正常状态扣5分				
9		将危及遮断器拉起，全开主汽门手轮，然后手拍危及遮断器，观察主汽门开关动作	15	试验步骤错误一处扣5分				
				未观察主汽门开关动作是否灵敏扣5分				
10		将危及遮断器拉起，全开主汽门手轮，按紧急停车按钮，观察主汽门关闭情况	15	试验步骤错误一处扣5分				
				未观察主汽门是否迅速关闭扣5分				
11		将事故油泵切到自动控制状态，关小辅助油泵出口阀，观察事故油泵自启动	10	试验步骤错误扣10分				
				未观察当油压低于给定值时，事故油泵自启动扣5分				
12		做好试验记录	5	未做记录扣5分				
13	使用工具	正确使用工具	2	用错工具扣2分				
		正确维护工具	3	乱放工具扣3分				
14	安全及其他	按国家法规或企业规定		违规一次总分扣5分；严重违规停止操作			—	
		在规定时间内完成操作		每超时1min总分扣5分，超时3min停止操作			—	
		合　计	100					

试题13：重力式无阀滤池反洗效果差的处理

（考核时间：25min）

序号	考核内容	考核要点	配分	评分标准	检测结果	扣分	得分	备注
1	准备工作	穿戴劳保用品	3	未穿戴整齐扣3分				
		工具、用具准备	2	工具选择不正确扣2分				
2	检查滤池反洗效果差的影响因素	检查滤池反洗流量	10	未检查滤池反洗流量是否偏小不得分				
3		检查反洗时的时间	5	未检查反洗时的时间是否偏短不得分				
4		检查滤池滤料污染情况	5	未检查滤池滤料是否被污染不得分				
5		检查滤池过滤时的阻力	10	未检查滤池过滤时的阻力是否偏大不得分				
6		检查滤池运行周期	10	未检查滤池运行周期是否过长不得分				

续表

序号	考核内容	考核要点	配分	评分标准	检测结果	扣分	得分	备注
7	无阀滤池反洗效果差的处理	提高旁滤池反洗强度	10	若滤池反洗流量偏小，未增大不得分				
8		延长反洗时的时间	10	若旁滤反洗时的时间偏短，未延长不得分				
9		对滤池滤料进行清洗	10	若滤池滤料被污染，未清洗处理不得分				
10		减小滤池过滤时的阻力	10	若滤料过细未筛分扣5分，若滤料层太高或托架堵未处理扣5分				
11		对滤池进行强制反冲洗	10	若运行周期过长，未强制反冲洗不得分				
12	使用工具	正确使用工具	2	工具使用不正确扣2分				
		正确维护工具	3	工具乱摆乱放扣3分				
13	安全及其他	按国家法规或企业规定		违规一次总分扣5分；严重违规停止操作			—	
		在规定时间内完成操作		每超时1min总分扣5分，超时3min停止操作			—	
		合　计	100					

试题14：浊度仪的校验

（考核时间：45min）

序号	考核内容	考核要点	配分	评分标准	检测结果	扣分	得分	备注
1	准备工作	穿戴劳保用品	3	未穿戴整齐扣3分				
		工具、用具准备	2	工具选错扣2分				
2	浊度仪的校验步骤	将<0.1NTU的标准液样品池放入仪器中，使其方向标识与仪器样品池盒前面的方向标识在一条线上	10	未操作不得分				
				操作不到位扣5分				
3		盖上池盖，按下I/O键	5	未操作不得分				
4		按下CAL键，屏幕显示CAL、S0(0闪烁)和以前校准的S0标准液值	5	未操作不得分				
5		按下→键，得到一个数字显示值	5	未操作不得分				
6		按下READ键，仪器将从60到0记数，显示屏将自动递增到下一个标准液的测试	5	未操作不得分				

续表

序号	考核内容	考核要点	配分	评分标准	检测结果	扣分	得分	备注
7		屏幕上显示 S1(1 闪烁)和 20NTU 或者是以前校准的 S1 标准液值，如果该值不准确，按下→键直到需要编辑的数字闪烁，然后编辑该数值，使用↑键滚动到正确的数字	10	未操作不得分；操作不到位扣 5 分				
8		用 20NTU 的标准液样品池替换 < 0.1NTU 的标准液样品池	5	未操作不得分				
9		重复“第 6 步”操作	5	未操作不得分				
10		屏幕上显示 S2(2 闪烁)和 100NTU 或者是以前校准的 S2 标准液值，如果该值不准确，按下→键直到需要编辑的数字闪烁，然后编辑该数值，使用↑键滚动到正确的数字	5	未操作不得分；操作不到位扣 3 分				
11		用 100NTU 的标准液样品池替换 20NTU 的标准液样品池	5	未操作不得分				
12		重复“第 6 步”操作	5	未操作不得分				
13		屏幕上显示 S3(3 闪烁)和 800NTU 或者是以前校准的 S3 标准液值，如果该值不准确，按下→键直到需要编辑的数字闪烁，然后编辑该数值，使用↑键滚动到正确的数字	5	未操作不得分；操作不到位扣 3 分				
14		用 800NTU 的标准液样品池替换 100NTU 的标准液样品池	5	未操作不得分				
15		重复“第 6 步”操作	5	未操作不得分				
16		将样品池从仪器中取出	5	未操作不得分				
17		按下 CAL 键，自动返回测试模式，校准完毕	3	未操作不得分				
18		做好浊度仪的校验记录	2	未做校验记录不得分				
19	使用工具	正确使用工具	2	工具使用不正确扣 2 分				
		正确维护工具	3	工具乱摆乱放扣 3 分				
20	安全及其他	按国家法规或企业规定		违规一次总分扣 5 分；严重违规停止操作			—	
		在规定时间内完成操作		每超时 1min 总分扣 5 分，超时 3min 停止操作			—	
合计			100					

试题 15：使用游标卡尺测量细铜丝线径并计算截面积

（考核时间：20min）

序号	考核内容	考核要点	配分	评分标准	检测结果	扣分	得分	备注
1	准备工作	穿戴劳保用品	3	未穿戴整齐扣 3 分				
		工具、用具准备	2	工具选择不正确扣 2 分				
2	按照规定进行游标卡尺校零	正确擦拭测量面；检查测量面平行度	10	未擦干净游标卡尺的两个测量面扣 5 分				
				未检查测量面的平行度扣 5 分				
		对零，记录零位读数	10	未对零扣 5 分；未记录零位读数扣 5 分				
3	细铜丝处理	擦净、理直细铜丝	15	未擦净扣 5 分				
				未理直细铜丝扣 10 分				
	导线直径测量	正确测量操作	20	测量时操作方法不当一处扣 5 分				
		准确读数	10	读数不准扣 5 分；不会读数扣 10 分				
		测量三次	10	未测直径三次扣 10 分				
4	截面积计算	正确计算截面积	20	计算时导线直径未采用三次测量结果的平均值扣 10 分				
				计算方法不正确扣 10 分				
				计算结果错误扣 5 分				
5	安全及其他	按国家法规或企业规定		违规一次总分扣 5 分；严重违规停止操作			—	
		在规定时间内完成操作		每超时 1min 总分扣 5 分，超时 3min 停止操作			—	
	合　计		100					

试题 16：电导仪的使用

（考核时间：20min）

序号	考核内容	考核要点	配分	评分标准	检测结果	扣分	得分	备注
1	准备工作	穿戴劳保用品	2	未穿戴整齐扣 2 分				
		正确选择工具	3	选错 1 件扣 1 分				
2	电导仪的使用操作	未开电源前表针调零	9	未调零不得分				
3		将校正、测量开关扳至“校正”位置	9	未扳至“校正”位置不得分				
4		接通电源，预热数分钟	9	未预热不得分				
5		使指针完全稳定，调节“调正”调节器使电表指示偏酸	9	操作不正确扣 9 分				

续表

序号	考核内容	考核要点	配分	评分标准	检测结果	扣分	得分	备注
6	操作程序	根据水样确定“低、高”	9	操作不正确扣9分				
7		将测量开关扳至最大电导率量挡，然后逐挡下降	9	操作不正确扣9分				
8		正确选用电极，夹至固定	9	操作不正确扣9分				
9		电极浸入待测溶液中	9	操作不正确扣9分				
10		校正，K_2扳至“校正”，调节RW3使指示在偏酸	9	操作不正确扣9分				
11		将K_2扳向测量，指示数乘以量程开关K_1的偏率即为被测溶液的实际电导率	9	操作不正确扣9分；电导率计算错误扣5分				
12	使用工具	正确使用工具	2	工具用错扣2分				
		正确维护工具	3	乱放工具扣3分				
13	安全及其他	按国家法规或企业规定		违规一次总分扣5分；严重违规停止操作			—	
		在规定时间内完成操作		每超时1min总分扣5分，超时3min停止操作			—	
	合　计		100					

否定项说明：若出现操作中造成仪表严重损坏等情况，该题为零分。

试题17：重力式无阀滤池滤料更换

（考核时间：30min）

序号	考核内容	考核要点	配分	评分标准	检测结果	扣分	得分	备注
1	准备工作	穿戴劳保用品	2	未穿戴整齐扣2分				
		正确选择工具	3	选错1件扣1分				
2	更换重力式无阀滤池滤料操作	停运滤池，并排空存水	20	未关进水阀扣10分				
				未打开排污阀扣10分				
3		打开滤池人孔，卸尽滤池滤室内旧滤料	20	未打开人孔扣10分				
				未卸尽旧滤料扣10分				
4		清洗好新卵石，按粒径大小先后装入滤池，刮平，装入高度达到规定要求	15	未清洗新卵石扣2分，未按粒径大小先后装入扣6分，未刮平扣2分，装入高度未达到规定要求扣5分				
5		清洗好新石英砂，按粒径大小先后装入滤池，刮平，装入高度达到规定要求	15	未清洗新石英砂扣2分，未按粒径大小先后装入扣6分，未刮平扣2分，装入高度未达到规定要求扣5分				
6		安装滤池人孔	10	未封人孔不得分				
7		滤池进水反洗新装滤层	10	未查密封情况扣5分				
				未强制反冲洗扣5分				

续表

序号	考核内容	考核要点	配分	评分标准	检测结果	扣分	得分	备注
8	使用工具	正确使用工具	2	工具使用不正确扣2分				
		正确维护工具	3	工具乱摆乱放扣3分				
9	安全及其他	按国家法规或企业规定		违规一次总分扣5分；严重违规停止操作			—	
		在规定时间内完成操作		每超时1min总分扣5分，超时3min停止操作			—	
	合　计		100					

试题18：氯气瓶大量泄漏的处理

（考核时间：15min）

序号	考核内容	考核要点	配分	评分标准	检测结果	扣分	得分	备注
1	准备工作	穿戴劳保用品	3	未穿戴整齐扣3分				
		工具、用具准备	2	工具选择不正确扣2分				
2	汇报	判明氯瓶泄漏，并按要求向有关部门汇报	10	未判明氯瓶泄漏扣5分				
				未及时汇报扣5分				
3	检查泄漏原因	检查氯瓶针形阀是否完好	15	未检查氯瓶针形阀密封是否关闭严密及损坏，每项扣5分				
4		检查氯瓶易熔安全塞是否冲脱泄漏	10	未检查氯瓶易熔安全塞是否冲脱泄漏不得分				
5		检查液氯钢瓶是否破裂泄漏	10	未检查液氯钢瓶是否破裂泄漏不得分				
6	针对泄漏原因处理	分别将其关紧、用盖帽封闭	15	未采取相应处理措施，每项扣5分				
7		将氯瓶滚入事故池中	10	未将氯瓶滚入事故池中不得分				
8	注意事项	做好自身防护	10	未戴防毒面具扣5分				
				进入有毒现场，无人监护扣5分				
9		投用水幕装置，视情况向事故池中加碱液	10	未采取相应处理措施，每项扣5分				
10	使用工具	正确使用工具	2	工具使用不正确扣2分				
		正确维护工具	3	工具乱摆乱放扣3分				
11	安全及其他	按国家法规或企业规定		违规一次总分扣5分；严重违规停止操作			—	
		在规定时间内完成操作		每超时1min总分扣5分，超时3min停止操作			—	
	合　计		100					

否定项说明：若氯瓶泄漏时不能采取有效措施出现事故扩大化等情况，该题为零分。

试题 19：循环冷却水系统大量漏油的处理

（考核时间：20min）

序号	考核内容	考核要点	配分	评分标准	检测结果	扣分	得分	备注
1	准备工作	穿戴劳保用品	3	未穿戴整齐扣 3 分				
		工具、用具准备	2	工具选择不正确扣 2 分				
2	循环冷却水系统大量漏油的处理程序	漏油判断	10	未及时发现回水带油扣 5 分				
				未联系化验人员分析确认漏油扣 5 分				
3		及时汇报	15	未汇报扣 5 分				
				未切除漏油源扣 10 分				
4		调整操作	30	未暂停加氯扣 5 分				
				未将旁滤停运、放空，每项扣 5 分				
				未抬高水池水位，清除水池油污，每项扣 5 分				
				未根据补充水量及时调整水稳剂投加量扣 5 分				
5		油垢清洗	30	未向系统投加油垢清洗剂扣 10 分				
				未适量投加消泡剂扣 10 分				
				未调整上塔水量，冲洗冷却塔填料扣 10 分				
6		恢复正常	5	油污清洗结束后，未大量换水至正常扣 5 分				
7	使用工具	正确使用工具	2	工具使用不正确扣 2 分				
		正确维护工具	3	工具乱摆乱放扣 3 分				
8	安全及其他	按国家法规或企业规定		违规一次总分扣 5 分；严重违规停止操作			—	
		在规定时间内完成操作		每超时 1min 总分扣 5 分，超时 3min 停止操作			—	
		合　计	100					

试题 20：绘制水泵填料函构造的示意图

（考核时间：15min）

序号	考核内容	考核要点	配分	评分标准	检测结果	扣分	得分	备注
1	绘制水泵填料函构造的示意图	检查水泵填料函示意图主要绘制内容是否正确	30	未画轴扣 6 分				
				未画轴套扣 6 分				
				未画填料压盖扣 6 分				
				未画填料扣 6 分				
				未画泵体扣 6 分				

续表

<table>
<tr><th>序号</th><th>考核内容</th><th>考核要点</th><th>配分</th><th>评分标准</th><th>检测结果</th><th>扣分</th><th>得分</th><th>备注</th></tr>
<tr><td rowspan="5">2</td><td rowspan="13"></td><td rowspan="5">检查水泵填料函示意图各部件的形状、比例是否正确</td><td rowspan="5">35</td><td>轴形状或比例错误扣 7 分</td><td></td><td></td><td></td><td></td></tr>
<tr><td>轴套形状或比例错误扣 7 分</td><td></td><td></td><td></td><td></td></tr>
<tr><td>填料压盖形状或比例错误扣 7 分</td><td></td><td></td><td></td><td></td></tr>
<tr><td>填料形状或比例错误扣 7 分</td><td></td><td></td><td></td><td></td></tr>
<tr><td>泵体形状或比例错误扣 7 分</td><td></td><td></td><td></td><td></td></tr>
<tr><td rowspan="5">3</td><td rowspan="5">检查水泵填料函示意图的各部件标识是否正确</td><td rowspan="5">20</td><td>未标识轴或标错扣 4 分</td><td></td><td></td><td></td><td></td></tr>
<tr><td>未标识轴套或标错扣 4 分</td><td></td><td></td><td></td><td></td></tr>
<tr><td>未标识填料压盖或标错扣 4 分</td><td></td><td></td><td></td><td></td></tr>
<tr><td>未标识填料或标错扣 4 分</td><td></td><td></td><td></td><td></td></tr>
<tr><td>未标识泵体或标错扣 4 分</td><td></td><td></td><td></td><td></td></tr>
<tr><td rowspan="3">4</td><td rowspan="3">检查水泵填料函示意图是否符合规范要求</td><td rowspan="3">15</td><td>线条不符合规范扣 5 分</td><td></td><td></td><td></td><td></td></tr>
<tr><td>标识不符合规范扣 5 分</td><td></td><td></td><td></td><td></td></tr>
<tr><td>水泵填料函示意图不整洁扣 5 分</td><td></td><td></td><td></td><td></td></tr>
<tr><td colspan="3">合　计</td><td>100</td><td></td><td></td><td></td><td></td><td></td></tr>
</table>

试题 21：识读连续运行控制电路原理图

（考核时间：25min）

<table>
<tr><th>序号</th><th>考核内容</th><th>考核要点</th><th>配分</th><th>评分标准</th><th>检测结果</th><th>扣分</th><th>得分</th><th>备注</th></tr>
<tr><td rowspan="4">1</td><td rowspan="4">根据原理图说明各元件符号名称</td><td rowspan="2">说明主回路部分各元件符号名称</td><td rowspan="2">20</td><td>少说明主回路部分各元件符号名称一处扣 1 分</td><td></td><td></td><td></td><td></td></tr>
<tr><td>不能说明主回路部分各元件符号名称各扣 10 分</td><td></td><td></td><td></td><td></td></tr>
<tr><td rowspan="2">说明控制回路部分各元件符号名称</td><td rowspan="2">20</td><td>少说明控制回路部分各元件符号名称扣 1 分</td><td></td><td></td><td></td><td></td></tr>
<tr><td>不能说明控制回路部分各元件符号名称扣 10 分</td><td></td><td></td><td></td><td></td></tr>
<tr><td rowspan="3">2</td><td rowspan="3">说明主回路工作原理</td><td rowspan="3">根据原理图说明主回路工作原理</td><td rowspan="3">30</td><td>不能根据原理图说明主回路工作原理扣 15 分</td><td></td><td></td><td></td><td></td></tr>
<tr><td>说明主回路工作原理时有错误扣 5 分</td><td></td><td></td><td></td><td></td></tr>
<tr><td>说明主回路工作原理时无逻辑性扣 10 分</td><td></td><td></td><td></td><td></td></tr>
<tr><td rowspan="3">3</td><td rowspan="3">说明控制回路工作原理</td><td rowspan="3">根据原理图说明控制回路工作原理</td><td rowspan="3">30</td><td>不能根据原理图说明控制回路工作原理扣 15 分</td><td></td><td></td><td></td><td></td></tr>
<tr><td>说明控制回路工作原理时有错误扣 5 分</td><td></td><td></td><td></td><td></td></tr>
<tr><td>说明控制回路工作原理时无逻辑性扣 10 分</td><td></td><td></td><td></td><td></td></tr>
<tr><td colspan="3">合　计</td><td>100</td><td></td><td></td><td></td><td></td><td></td></tr>
</table>

试题22：绘制大型冷却水系统引风横流型机力通风冷却塔的示意图

（考核时间：30min）

序号	考核内容	考核要点	配分	评分标准	检测结果	扣分	得分	备注
1	绘制大型冷却水系统引风横流型机力通风冷却塔的示意图	检查横流型机力通风冷却塔的示意图主要绘制内容是否正确	35	未画出配水系统扣5分				
				未画出填料扣5分				
				未画出百叶窗扣5分				
				未画出收水器扣5分				
				未画出检查门扣5分				
				未画出通风系统扣5分				
				未画出集水池扣5分				
2		检查横流型机力通风冷却塔的示意图各部件的形状或位置是否正确	25	配水系统形状或位置错误扣5分				
				填料位置错误扣5分				
				百叶窗形状或位置错误扣5分				
				通风系统形状或位置错误扣5分				
				收水器位置错误扣5分				
3		检查横流型机力通风冷却塔的示意图的各组成部分标识是否正确	25	未标识配水系统或标错扣4分				
				未标识填料或标错扣4分				
				未标识百叶窗或标错扣4分				
				未标识收水器或标错扣4分				
				未标识检查门或标错扣4分				
				未标识通风系统或标错扣4分				
				未标识集水池或标错扣4分				
4		检查横流型机力通风冷却塔的示意图是否符合规范要求	15	未绘出连接管线或绘错扣5分				
				线条不符合规范扣5分				
				横流型机力通风冷却塔示意图不整洁扣5分				
合　计			100					